세상을 바꾼 위대한 혁신가!!

토마스 에디슨의 꿈, 발자취
그리고 에디슨 DNA

제1권

에디슨의 꿈, 발자취 및 전신기 / 전화기 특허

에디슨 전문 연구가 / 에디슬라 박물관 관장 / 공학박사 / 변리사
배 진 용 저

더하심 출판사

국립중앙도서관 출판예정도서목록(CIP)

(세상을 바꾼 위대한 혁신가!!) 토마스 에디슨의 꿈, 발자취 그리고 에디슨 DNA / 저자 : 배진용, ─ 서울 : 더하심 출판사, 2017

권말부록: 토마스 에디슨의 대표 발명
ISBN 979-11-959873-3-7 04500 : ₩18000
ISBN 979-11-959873-2-0 (세트) 04500

에디슨(인명) [Edison, Thomas Alva]
발명가[發明家]
특허[特許]

507.5-KDC6
608-DDC23   CIP2017003477

💡 목차

추천사 ··· 1
책을 내면서 ··· 20
제1장. 토마스 에디슨의 시련과 도전 ······························ 24
  1-1. 토마스 에디슨의 어린 시절과 청력을 잃은 사유 ············ 25
  1-2. 토마스 에디슨과 그에게 영향을 끼친 위대한 과학자들 ··· 31
  1-3. 왜? 『토마스 에디슨』에게 매혹(魅惑)되고, 열광(熱狂)하게
      되었나?? ··· 41
  1-4. 토마스 에디슨의 최대 라이벌과 에디슨이 가장
      존경하는 스승 ··· 51

제2장. 토마스 에디슨이 만든 발명이라는 숲, 그의 연구소 및
      위대한 작품에 도전한 사람들 ······························· 68
  2-1. 토마스 에디슨이 평생 집중했던 10가지 발명 분야 ········· 69
  2-2. 토마스 에디슨이 만든 발명이라는 숲 조망 ··················· 77
  2-3. 토마스 에디슨의 최초 발명품과 20~30대 최초 발명품 ··· 82
  2-4. "천재는 1%의 영감과 99%의 땀으로 이루어진다."의 의미 ····· 90
  2-5. 토마스 에디슨의 꿈을 담은 제1~5 연구소 ···················· 97
  2-6. 천재(天才)와 함께 위대한 작품(作品)에 도전한 사람들 · 129

제3장. 미국의 특허정책의 변화와 에디슨 특허를 바탕으로
      시작된 사업들 ··· 193
  3-1. 미국!!, 발명가와 특허권자의 천국(天國) ······················ 194
  3-2. 미국의 대통령과 특허정책의 변화 ······························ 197
  3-3. 에디슨의 특허를 바탕으로 새롭게 시작된 사업들 ········· 212

제4장. 사람과 사람 사이의 찬란한 연결을 꿈꾸다 ············· 235
　4-1. 토마스 에디슨의 최초 발명품과 모스의 전신기 ············· 236
　4-2. 모스 전신기의 불편함이 눈에 들어오다 ······················· 246
　4-3. 토마스 에디슨의 열정을 담은 전신기 구조 발명 ············ 253
　4-4. 사람과 사람 사이의 찬란한 연결을 이루는 전신기 ········ 260
　4-5. 거리의 한계를 극복하는 전신기 ································· 274
　4-6. 전신 기술로부터 시작된 코넬의 꿈과 에디슨의
　　　 사무기기 발명 ·· 284
　4-7. 한발 늦게 특허 출원한 에디슨의 전화기 발명 ············· 294
　4-8. 에디슨의 전신 및 전화기 특허를 기반으로 성장된
　　　 기업들 ·· 317

부록. 토마스 에디슨의 대표 발명 ··· 331

추천사

달걀을 품은 이야기만으로 기억되던 에디슨이 아니었습니다. 시멘트 기술부터 리튬 배터리와 전기자동차의 초기 모델까지, 현대 문명의 근간을 이룬 많은 기술들은 토마스 에디슨이라는 한 사람으로부터 기초한 것이라는 사실을 접하곤 그 놀라움에 한동안 뒤척임을 거둘 수 없었습니다. 이 책을 여는 독자는 배진용 박사가 전기공학도의 관점에서 통찰력 있게 분석한 에디슨의 전체 특허를 따라가면서 볼 수 있으며, 현재도 끊임없이 발현(發顯)되고 있는 에디슨의 DNA를 큰 감격과 함께 접하게 되리라 확신합니다.

특허청 심사관 계 원 호

토마스 에디슨이라면 계란을 품은 사람, 전구(電球)를 발명한 위대한 발명가 정도로 인식하고 있었는데, 토마스 에디슨의 삶에 대한 일대기와 수많은 업적(業績), 특히 1,093개의 모든 특허와 디자인을 분석하고 연구한 많은 시간과 노력, 무엇보다도 성취의 집념이 저장된 이 책을 읽고 너무나 큰 감명을 받았습니다. 특히 지금 이 시대의 핵심 과제로 떠오르고 있는 리튬 배터리에 대한 연구가 토마스 에디슨에 의해 시작되었다는 부분에서 다시 한 번 우리들의 마음을 감동시킵니다. 이 책을 통하여 쌓은 집념과 경험을 토대로 하여 창성특허의 대표변리사로 새롭게 출발하는 배진용 후배님의 앞날에 무궁한 영광과 발전이 있기를 기도합니다.

특허청 서기관 강 병 섭

현대인들은 미국의 위대한 발명가 토마스 에디슨에 대하여 모르는 사람이 없을 것이다. 그러나 에디슨의 시련과 도전, 집념과 용기 그리고 끈기와 옹고집으로 얻게 된 불후의 명예에 대해 깊이 있게 분석하고 연구한 서적은 많지 않다. 특허청 심사관으로 다년간 재직한 경험이 있는 배진용 변리사가 바라본 에디슨의 일대기와 에디슨의 발명품에 대해 명쾌하게 분석하였고, 이해하기 쉽게 정리한 이 한권의 책을 통해 토마스 에디슨은 우리들 곁으로 새롭게 다가올 것이다.

특허청 서기관 강 철 수

산업(産業)의 시대를 넘어 지식재산(知識財産)의 시대를 사는 우리에게 발명가인 토마스 에디슨은 너무도 많이 알려져 있다. 성공한 사업가나 역사적 인물로 접근한 책들은 많지만, 특허(特許)와 발명(發明)에 대한 순수한 탐색을 통한 에디슨을 재발견하고 싶다면, 이 책을 적극 추천한다.

특허청 심사관 곽 인 구

배진용 박사는 특허청 기독선교회를 섬기는 일뿐만 아니라, 특허청 심사 등 모든 일에 최선을 다하는 일꾼이었다. 저자(著者)는 미국 연수 중에 에디슨의 발명에 매료되어 에디슨이 발명한 특허와 디자인 1,093개를 직접 분석하였고, 이 책에서 에디슨이 발명한 기술을 알기 쉽고 일목요연하게 설명하고 있다. 이 책을 통해 우리는 에디슨이 무엇을 고민했는지, 무엇을 발명했는지, 그의 꿈은 무엇이었는지를 이해할 수 있을 것이다.

특허청 과장 곽 준 영

성장엔진이 꺼져가는 대한민국 경제!!
그 해답은 에디슨 DNA!!
발명왕으로만 알려진 토마스 에디슨의 화려한 성공 뒤에 숨겨진 그의 피, 땀, 눈물....
에디슨의 1,093개의 특허를 모두 분석한 저자(著者)의 열정(熱情)에 경의(敬意)를 표하며, 이 책을 추천한다.

특허청 심사관 곽 중 환

최고의 발명가라는 명성(名聲) 뒤에서 토마스 에디슨이 감당해야 했던 무수한 시도와 실패이야기!!
우리사회에 절실한 것은 실패에 대한 포용(包容)과 인내(忍耐)이다. 이 책은 100년도 더 이전의 에디슨의 발명을 담고 있지만, 현재와 미래의 지침서(指針書)이다..

특허청 심사관 곽 태 근

어린 시절에 알을 품어 병아리를 부화시키려 했던 독특한 생각과 실험 정신을 가진 토마스 에디슨과 가장 가까운 인물일거라 생각되는 사람(배진용 변리사님)이 에디슨에 관한 책을 썼습니다. 가장 독특한 관점과 그 전에 누구도 파헤치지 못했던 기술적 부분에 대한 정리한 이 책을 강력히 추천합니다.

특허청 심사관 권 오 성

'국내 최초의 에디슨 전문가'인 배진용 박사의 땀과 열정이 고스란히 담긴 이 책을 통해 발명가로서의 에디슨, 더 나아가 세상을 바꾸는 혁신가로서의 에디슨의 발명과 인생 및 철학을 충분히 엿볼 수 있다. 특히 특허관점에서 에디슨의 발명을 새로 분석한 점과 에디슨의 정신과 DNA를 통해 우리나라가 가야할 새로운 길을 제시한 점이 인상적이다. 이 책은 미래의 에디슨을 꿈꾸는 발명 꿈나무들은 물론 진로를 고민하는 이공계 대학생, 연구원 및 과학도들에게도 적극 권하고 싶다.

특허청 심사관 김 대 웅

답이 나와 있는 문제를 열심히 외우는 것만으로는 더 복잡해지는 문제로 가득한 세상에서 우리는 더 이상 생존하고 번영하기 어려워졌다. 이 책은 답이 없어 보이는, 어렵고 불가능해 보이는 문제에 도전하는 정신 및 발명가를 넘어 혁신가인 토마스 에디슨에 대하여 시간과 공간을 넘어 우리에게 설명해주고 있다.

특허청 심판관(서기관) 김 동 국

우리는 나무의 줄기와 잎을 늘 보지만, 뿌리는 보지 못하고 보려고 노력도 하지 않는다. 나무의 뿌리는 아무나 볼 수 있는 것이 아니다. 전문성을 가지고 열정을 불태우며 노력한 배진용 변리사를 통해 우리는 에디슨이라는 나무의 뿌리를 오늘날에서야 확인할 수 있게 되었다.

특허청 심사관 김 동 우

'토마스 에디슨'이라는 이름을 들으면 다들 꼬꼬마 시절 위인전을 떠올리며 '전구'를 발명한 사람, '1%의 영감과 99%의 노력' 정도를 떠올릴 수 있을 것이다. 그러나 토마스 에디슨을 통하여 우리가 살고 있는 세상을 얼마나 바꿔놓았는지 아는 사람은 드물 것 이다. 이 책에 토마스 에디슨의 발자취를 따라서 가다보면 우리가 누리고 있는 모든 것들에 그의 노력과 꿈이 녹아 있음을 알게 될 것이다.
그리고 감히 이렇게 얘기할 수 있을 지도 모르겠다... '이 세상을 에디슨 출생 전(前)과 후(後)로 나눌 수 있다'라고...

특허청 심사관 김 려 원

배진용 변리사는 자신의 인생에 대한 열정(熱情)이 넘치는 흔치 않는 사람이다. 그런 열정(熱情)으로 토마스 에디슨에 대하여 연구하고 쓴 이 책은 현대문명에 큰 이정표(里程標)를 세웠던 에디슨에 대한 이해를 돕는 유익한 책이 될 것이다. 4차 산업혁명 시대에 우리나라를 우뚝 세울 수 있는 에디슨과 같은 발명의 거목(巨木)들이 나타나길 기대하며....

특허청 심판장(국장) 김 영 진

22만 공무원 준비생, 답 하나만 강요하는 '정답사회(正答社會)', 꿈과 개성 보다는 대학과 스펙(Specification)에 올인(All in)하는 한국사회와 획일화된 삶을 살아가는 오늘의 우리에게 강요받지 않은 길을 걸어간 한 발명가 에디슨의 발명에 대한 열정(熱情)과 인류(人類)에 대한 공헌(貢獻)을 이 책은 시사하고 있다. 다양한 꿈을 존중하고 인정해 주는 아량이 필요한 우리 사회의 학부형들에게, 또한 꿈을 찾아 맘껏 날아오르고 싶은 우리의 젊은 세대들에게 권해 주고 싶은 책이다.

특허청 심사관 김 영 태

그동안 에디슨은 전구를 개발한 발명가로만 알려져 있었다. 그게 전부가 아니라는 것을 우리는 이 책을 통하여 알게 될 것이다. 또한 이 책은 에디슨의 수많은 특허 분석을 통해 지금의 미국을 이룩한 혁신가임을 증명할 것이다.

이 책이 나오기까지 세상에 알려지지 않았던 것들을 일일이 수집하고 찾아내었던 배진용 변리사의 혁신적인 노력(努力)과 열정(熱情)에 진심으로 응원의 박수를 보내며 많은 독자들에게 길을 열어주길 바라는 마음이다.

특허정보진흥센터 팀장 김 인 수

이 책은 국내 최초이자 유일하게 토마스 에디슨이 이룬 발명의 성공(成功)과 실패(失敗)를 고증(考證)하여, 에디슨의 꿈과 열정(熱情)에 대한 의지(意志)를 그려냈다. 이 책을 읽고 나서 청춘들이 세상을 편리하게 하고자 하는 에디슨의 열정과 경험을 공유하고, 발명을 통해 세상을 열고자하는 이상(理想)을 꿈꾸어 보길 기대한다.

특허청 심사관 김 정 진

위대한 발명가인 토마스 에디슨의 일대기를 탐구하다 보면 느끼게 되는 공학도 및 일반인으로서의 자연스러운 물음에 대해 날카로운 시각으로 접근하는 것 자체는 매우 중요하면서 대단한 결단(決斷)이 필요하다. 저자(著者)는 공학박사 및 변리사로서 기술뿐만 아니라 발명에 대한 해박한 전문지식과 경험을 소유하고 있어서 이런 물음에 대해 좀 더 새로운 시각에서 사이다 같은 감동을 선사할 것으로 기대된다.

특허청 심사관 김 종 희

매사에 철학(哲學)을 갖고 임하시는 배진용 변리사님!!
이번 에디슨 도서에 쏟으신 열정에 또 한 번 존경을 표한다. 단순히 발명왕 에디슨이 아니라, 전기(電氣), 기계(機械), 화학(化學) 및 생명(生命) 등 다(多)방면에서의 발명이 에디슨의 철학(哲學), 집념(執念), 주변 환경 및 시대적 사항과 맞물려 이뤄진 에디슨의 위대한 성과라는 것을 알게 되었다. 공학도가 에디슨의 '창조정신(創造精神)'을 깨닫고 배울 수 있는 책이라고 확신한다.

특허정보진흥센터 조사원 김 준 혁

이 책은 모든 일에 최선을 다하는 배진용 박사의 또 하나의 열정(熱情)이 담긴 작품이다. 저자(著者)는 토마스 에디슨을 단순히 전기(電氣)의 편리함을 우리에게 준 인물 묘사에 그치지 않고 실용성을 갖춘 위대한 발명가로서의 면모를 소개하고 있다. 모쪼록 이 책이 학생들뿐만 아니라, 모든 분야의 사람에게 에디슨과 같은 위대한 실용성을 갖춘 많은 발명가가 되도록 하는 계기를 마련하는 장(場)이 될 것을 기대해본다.

특허청 서기관 김 현 숙

모두가 알고 있는 전구(電球)를 발명한 발명왕 토마스 에디슨!!
공학박사, 변리사, 특허청 심사관으로서 특허 전문가인 배진용 저자(著者)는 우리가 모르는 토마스 에디슨의 발자취와 특허에 대해 소개하고 있다. 지금까지 보아온 '위인(偉人) 에디슨'이 아닌 '에디슨의 특허(特許)'에 대한 새로운 경험이 될 것이다.

특허청 심사관 김 효 석

기술(技術)문서이자 법률(法律)문서인 특허공보 하나를 이해하기는 노력이 많이 든다. 하물며 이들 하나하나를 연결하여 그 동향(動向)을 분류하고, 한 줄로 꿰어 맞추기는 더욱 품이 드는 것이 사실이다. 1,000여개가 넘는 방대한 에디슨의 특허들을 대상으로 그의 연구 실적을 기술적으로 파헤치고 분류한 사실만으로도 에디슨에 대한 그의 사랑을 충분히 느낄 수 있는 대목이다. 이 책을 통해서 에디슨의 발명이 과거의 기술만이 아니고, 현재에도 주류기술로 사용되고, 미래에도 지속적으로 사용될 유망기술임을 밝혀주는 탐험(探險)에 동참할 수 있을 것이다.

특허청 과장 김 희 태

배진용 작가(作家)는 과학자이자 특허청 심사관으로서 또한, 엄마사랑 공부방(서울 중계동) 선생님으로서 열정과 사랑으로 살아왔던 사람이다. 이젠 그간 쌓은 과학에 대한 통찰력과 발명가 에디슨을 매개로 세상에 말을 걸고자 한다. 작가와 함께 에디슨이 발명한 특허의 발자취를 따라가다 보면, 발명가로서의 에디슨의 삶뿐만 아니라 특허와 발명이 뭔지, 어떻게 이 세상을 바꿨는지를 볼 수 있다.

이 책은 대한민국을 향하여 왜 '정답(正答)이 있는 공부(工夫)가 아닌 정답(正答)이 없는 연구(硏究)'에 힘써야 하는지, 왜 '에디슨 DNA가 중요한지'를 절감하게 한다.

특허청 과장 나 광 표

대상이 무엇이든 진지한 자세로 탐구하여 파고드는 배진용 박사만의 깊은 열정이 담긴 책이다. 우리가 잘 안다고 생각했던 에디슨, 그러나 이 책을 통해 우리가 너무나도 몰랐던 에디슨과 조우(遭遇)하게 될 것이다. 10여 년간의 공직생활을 마감하고, 에디슨 연구가(硏究家)로서 변리사로서 새로운 삶을 시작하는 배진용 박사에게도 이 책은 의미있는 이정표(里程標)가 될 것이다.

특허청 심사관 남 배 인

전기(電氣) 분야 최고 전문가인 저자(著者)는 기존의 역사(歷史)학자가 기술한 방식의 스토리(Story) 전개가 아닌, 토마스 에디슨의 1,093개의 특허 및 디자인을 소개 분석함으로써 현 시점에 우리가 왜 에디슨 DNA가 필요한지에 대해서 알기 쉽게 설명하고 있다.

특허청 심사관 문 형 섭

20세기 세상을 변화시킨 발명의 왕인 토마스 에디슨의 발자취를 지식재산권(知識財産權)적 측면에서 새롭게 조명해 본 이 책은, 사회적 기술혁신을 이루기위해서는 발명가의 열정(熱情)과 발명 보호(保護)를 위한 제도적 시스템의 결합(結合)이 얼마나 중요한 것인지를 잘 보여주고 있어, 자라나는 다음 세대(世代)가 발명에 대하여 좀 더 현실적으로 사고하고 접근할 수 있게 도와줄 수 있는 좋은 발명 안내서(案內書)가 될 것으로 확신합니다.

특허청 서기관 박 성 호

우리의 삶에서 떼려야 뗄 수 없는 에디슨의 발명품들...
전기공학 박사이자 특허 심사관이었던 저자(著者)의 눈에 비친 에디슨의 특허(特許)와 발명(發明)에 대한 소개는 딱딱하지 않으면서도 재미있어 단숨에 읽힌다. 그 속에서 발견한 '에디슨 DNA'는 우리가 이 시대에서 모방(模倣)해야 하는 정신(精神)임을 전하고 있다.

특허청 심사관 박 수 진

배진용 저자(著者)는 노력(努力), 열정(熱情), 그리고 재치(才致)로 가득한 사람 같다. 특허청(特許廳)에서 심사 업무를 열심히 하였고, 해외 연수의 기회를 자기의 것으로 만들고, 자신의 장점(長點)을 토마스 에디슨을 만나 극대화(極大化)시켰다. 어쩌면 저자는 에디슨과 닮은꼴이 아닌가 하는 생각도 들게 만든다. 이 책은 특허 및 기술전문가인 저자가 일반인에게 알기 쉽게, 그 동안 알려지지 않은 에디슨의 또 다른 모습을 즐겁게 표현한 책이라 확신한다.

특허청 심사관 박 종 민

이 책은 우연(偶然)을 필연(必然)으로 만들어 낸 에디슨의 땀방울을 되새김질함으로써 우리나라 사람들의 발명에 대한 인식을 재고하고 장려하는데 크게 도움이 될 것으로 기대합니다.

특허청 심사관 송 병 준

다시 한 번 토마스 에디슨의 명언(名言)을 생각하는 하는 순간이다. '천재는 1%의 영감과 99%의 땀으로 이루어진다.' 이 책은 이를 실천하듯, 배진용 박사가 땀으로 찾아낸 자료를 그의 천재적 감각으로 서술되었다. 단지 토마스 에디슨에서 끝나지 않고 에디슨 정신(DNA)으로 이어지고 있다는 점이 흥미롭다.

특허청 심사관 신 상 훈

모르는 것은 모르는 것이고, 아는 것은 아는 것이다!!
우리는 지금까지 토마스 에디슨이 어떤 사람이고 그가 무엇을 했는지 몰랐다는 사실 자체를 잊고 있었다. 무관심(無關心)과 무지(無知) 속에서 철학(哲學)을 지닌 위대한 발명가를 잊고 살아가고 있었다. 저자(著者)는 문득 나에게 묻는 것 같다 '에디슨을 아십니까?'
특허 업무에 18년간 종사하면서도 발명왕 에디슨에 대하여 무관심(無關心)으로 일관했던 나에게 저자(著者)의 이 질문은 나를 당황하게 만들었다. 이 책을 계기로 토마스 에디슨이 어떤 사람이고, 왜 그가 수많은 물건들을 발명해야 했는지 알아가는 좋은 계기가 될 것이다. 나의 무지를 일깨워준 저자(著者)에게 감사를 표한다.

특허청 심사관 신 현 상

발명왕 토마스 에디슨, 그의 천재적이면서 획기적인 특허 발명 기술은 새삼 언급할 필요가 없을 정도로 전 세계 누구나 잘 알고 있을 것이다. 하지만, 우리는 단순히 발명왕 에디슨에 대해서만 알고 있을 뿐이었지, 우리의 삶이 나날이 새로워질 수 있도록 모든 산업분야에서 혁혁한 공헌을 해 준 사실에 대해서는 깊이 알고 있지 못하였다. 이러한 사실들에 대해 저자(著者) 배진용의 역작(力作)인 이 책은 우리에게 에디슨과의 만남을 주선해 주고, 그로부터 우리가 이제껏 알지 못했던 에디슨의 새로운 인간성(人間性)을 알게 해주고, 앞으로의 세상에 대한 새로운 도전(挑戰)에 가슴을 설레게 할 것이라고 확신한다.

특허청 심사관 심 병 로

배진용 님에게는 열정(熱情), 자신감(自信感), 자부심(自負心)이라는 단어가 생각난다. 십여 년간 특허청 심사관으로 근무하면서 전기(電氣)분야의 발명가라고 생각했던 토마스 에디슨을 우연히 접하게 되면서 우리가 미처 알지 못한 토마스 에디슨의 발명 철학(哲學)을 많은 기업가 등에게 용광로의 열정으로 전하고 있다. 이제는 심사관에서 변리사의 입장으로 쉽지 않는 기업가 정신을 깨우치게 노력하는 배진용 님의 지식재산권(知的財産權)적 창의적인 도전정신을 존경합니다.
이 책이 독자들에게 마음으로 소통되어 학벌(學閥)보다는 창조(創造)를 담당하는 발명가에게 좋은 지침서이며, 기업가 정신이 생겨서 어려운 시기에 보다 많은 일자리 창출(創出)에 기여할 것이라고 확신한다.

특허정보진흥센터 본부장(前 특허청 과장) 양 희 용

누구나 다 아는 너무나도 위대한 발명가 토마스 에디슨이지만, 에디슨에 대해 이야기 한번 해보라면 전구(電球)의 발명가 이외에 할 말이 떠오르지 않습니다. 이 책을 통하여 에디슨의 발자취를 보고 그의 인생(人生) 및 업적(業績)을 제대로 알 수 있는 특별한 기회가 되었습니다.

특허청 심사관 오 순 영

내가 알고 있는 에디슨은...
발명왕, 부화시키기 위해 직접 계란을 품은 이야기, 1% 영감과 99%의 노력이라는 정도였다. 하지만, 토마스 에디슨은 1,093개의 특허와 디자인을 발명하였고, 이것이 전기(電氣), 화학(化學), 기계(機械) 및 생명(生命) 등 다양한 분야까지 연구했다니...
천재(天才) 에디슨의 존재를 오늘에서야 제대로 알게 되었다. 이 책은 역사(歷史)학자가 아닌 전기공학 박사이며 특허청 심사관이었던 배진용 님이 쓴 에디슨 이야기이며, 흥미진진한 얘기로 가득 차 있다.
우리나라 국민은 발명 DNA를 갖고 있다는 얘기를 들어본 적 있다. 측우기, 금속활자, 거북선, 석굴암 등.. 그러나 필자(筆者)의 말처럼 우리나라는 '정답(正答)이 있는 연구(硏究)'만 잘 하지, '정답(正答)이 없는 연구(硏究)' 즉 에디슨 DNA가 부족하다는 말이 크게 공감이 된다. 이 책을 읽은 많이 이들이 이제 발명 DNA를 에디슨 DNA로 한층 업그레이드(Upgrade) 하길 바란다.

특허청 심사관 유 철 종

전기공학 박사이자 특허 심사관이었던 배진용 저자(著者)는 누구나 잘 알고 있다고 생각하지만, 구체적으로 느끼지 못하는 위대한 과학자인 에디슨의 삶과 발명을 재조명(再照明)하고 탐구(探究)하였다. 에디슨의 삶과 생각 속에서 발명이 어떤 것인지 알 수 있고, 오랜 노력을 통하여 만들어지는 에디슨의 진정한 발명을 바라보며, 단기간에 결과를 바라는 우리의 현실을 직시할 수 있었다. 과학자의 꿈을 키워가는 학생, 연구하는 연구원만이 아니라, 이 시대를 살아가는 누구에게나 깊은 감동을 주는 책이 될 것이라 확신한다.

특허청 심사관 이 남 숙

이 책에는 토마스 에디슨에 대한 저자(著者)의 특별한 사랑이 담겨 있다. 주제별로 정리된 에디슨의 1,093건이 넘는 특허 기술을 살펴보는 재미가 쏠쏠하다. 특히 저자는 우리에게 리튬을 세계 최초로 배터리에 적용시킨 사람이 바로 에디슨이라는 것도 전해주었다. 이 책에는 에디슨의 성공뿐만 아니라 실패도 담겨 있어, 저자(著者)인 배진용 박사는 진정한 에디슨의 '덕후(德厚, 일본어 오타쿠의 한국식 표현, 마니아 이상의 열정과 흥미를 가진 사람을 의미함)'임을 보여준다.

특허청 심사관 이 명 선

기존에 우리가 알고 있던 토마스 에디슨에 대한 평가(評價)는, 단순한 발명왕이었다. 하지만, 이 책은 공학적이고, 세밀한 기술적인 관점에서 토마스 에디슨을 새롭게 바라보았다. 또한 특허를 심사했었던 특허 심사관의 관점(觀點)에서 보는 에디슨의 발명들은 기존의 책들과 완전하게 다른 에디슨 발명의 심오한 기술적 흐름을 알려주고 있다.

특허청 심사관 이 병 우

어린 시절 누구나, 세계적인 발명왕 또는 발명의 아버지 토마스 에디슨에 대해서는 최소한 한번은 동화책을 읽어 보았겠지만, 특허청 심사관으로 11년 이상 근무하셨던 배진용 박사께서 저술하신 '토마스 에디슨의 꿈, 발자취 그리고 에디슨 DNA'라는 책을 통하여 에디슨 발명에 대한 전문적인 해석과 미국의 기업과 경제를 성장시킨 발명에 대하여 새롭게 조망하는 기회가 되었습니다.

이 책을 통하여 대한민국의 수많은 기업, 학교, 연구소 및 발명가들이 이제까지 답이 없었던 문제에 대하여 새롭고 도전적인 대안(代案)과 아이디어(idea)를 특허로 출원하고, 과감하게 실현시킴을 통하여 대한민국의 경제성장을 더욱 발전시키길 기원하는 바입니다.

특허청 심사국장 이 상 철

우리에게 토마스 에디슨에 관한 흥미진진한 이야기를 들려주기에 배진용 저자(著者)보다 더 어울리는 사람이 또 있을까 싶다. 넘쳐나는 열정(熱情), 해박한 지식(知識)으로 에디슨의 모든 것을 놀랍도록 생생하게 우리의 눈앞에서 펼쳐 보이는 저자(著者)의 능력이 돋보인다.

특허청 심사관 이 석 주

발명(發明)과 특허(特許)는 매우 가깝지만, 한편으로는 멀게 느껴진다. 특별히, 우리에게 토마스 에디슨의 발명(發明)은 친숙하고, 에디슨의 특허(特許)는 왠지 그렇지 않다. 저자(著者)는 십여 년간의 특허 심사관이라는 경험을 바탕으로, 발명(發明)보다는 특허(特許)를 기반으로 토마스 에디슨을 새롭게 바라보았다. 평소 에디슨에 대해 잘 몰랐던 사람들, 혹은 잘 안다고 생각했던 독자(讀者)들에게도, 이 책에서 바라본 저자(著者)만이 특별한 시각(視角)을 통해 토마스 에디슨을 알아볼 수 있는 새로운 경험이 될 것이다.

특허청 심사관 이 석 형

그동안 많은 저자(著者)들에 의해 발명가 토마스 에디슨의 삶과 업적(業績)들이 조명되어왔다. 그러나 이 책은 공학박사이자 지식재산권(知識財産權) 중 특허를 심사하는 심사관이자 변리사의 관점에서 에디슨을 재조명(再照明)하였다는 점에서 가치가 있다고 생각된다. 이 책에서 보여주는 에디슨의 창의력(創意力)과, 상상한 것을 실제로 만들어가는 열정(熱情)과 도전정신(挑戰精神)은 지식재산권의 가치가 점점 더 높이 평가되고 있는 현재를 살아가면서 미래의 먹거리를 걱정하고 고민하는 자들에게 훌륭한 지침서가 될 것이다.

특허청 심사관 이 성 현

이 책은 토마스 에디슨의 끝없는 도전(挑戰), 열정(熱情) 그리고 혁신(革新)을 향한 위대한 삶을 담아내고 있다. 또한, 에디슨의 헌신된 노력이 현재 우리가 누리고 있는 문명의 혜택에 얼마나 많은 영향을 끼쳤는지를 실감하게 한다. 그래서 이 책은 치열한 기술경쟁 시대에 우리나라가 나아갈 방향을 깨닫게 해준다. 그것은 에디슨과 같은 혁신적인 인재들을 배출하는데 있으며, 혁신 인재의 배출을 위한 사회적, 제도적 환경이 마련되어야 할 것이다. 에디슨의 삶을 통하여 새로운 꿈을 갖고 도전하고자하는 모든 분들에게 배진용 변리사가 가이드(Guide)로 직접 안내하는 토마스 에디슨에 대한 이 책의 여행을 강력히 추천한다.

특허청 과장 이 숙 주

유레카(Eureka)!!
인문학에 갇혀있던 토마스 에디슨의 보물들을 발견하였다.
배진용 변리사는 대한민국 최고의 에디슨 전문 연구가이다.
에디슨과 함께 하는 20세기 서구 역사 여행으로 여러분을 초대합니다. 내가 고민했던 대한민국 과학과 경제의 발전에 대한 솔루션(Solution)이 여러분에게도 전해 질 것이라고 확신한다.

특허정보진흥센터 선임연구원 이 승 민

지금까지 에디슨에 대한 전기(傳記)는 많았지만, 이 책처럼 에디슨의 특허를 분석한 책은 없었다!! 이 책은 대한민국 특허청 심사관이었고, 전기기계 및 전력전자 공학박사이며, 변리사인 저자(著者)가 에디슨에 대해 느낀 희열과 감동을 독자들에게 고스란히 전해줄 것이다. 에디슨을 향한 그의 열정(熱情)에 박수를 보낸다.

특허청 심사관 이 윤 아

발명왕 토마스 에디슨에 대한 위인전은 많이 있지만, 그의 특허(特許)들에 대해서 알려주는 책은 찾기 어렵다. 이러한 궁금증을 '토마스 에디슨의 꿈, 발자취 그리고 에디슨 DNA'에서 해결할 수 있을 것이다. 이 책에서 필자(筆者)는 에디슨이 만든 연구소들과 에디슨의 특허(特許)들을 분야별로 정리하여 우리 앞에 환상적으로 펼쳐 보인다.

특허청 심사관 이 재 빈

유익한 결실을 맺기 위해서는 헌신적인 땀과 열정이 필요하다고 합니다. 우리 이공계 과학도로서, 수많은 실패를 거듭하면서도 좌절하지 않은 불굴의 도전 정신으로 세상을 밝게 비추는 전구(電球)를 비롯하여 전기(電氣) 분야뿐만 아니라, 기계(機械), 화학(化學), 생물(生物)까지도 수많은 발명의 업적을 남긴 토마스 에디슨은 동경(憧憬)의 대상이 아닐 수 없습니다.

특허청 재직(在職) 중에 옆에서 지켜 본 필자(筆者) 역시 지식재산권(知識財産權) 업무에 대한 남다른 열정(熱情)과 명쾌한 분석력(分析力)을 가진 분으로서, 토마스 에디슨의 다양한 발명을 분석해 놓은 책을 통해 에디슨의 위대한 발자취를 되새겨 보는 것 또한 크나큰 영광(榮光)이 아닐 수 없습니다.

인성특허사무소 변리사(前 특허청 과장) 이 재 완

책은 저자(著者)를 닮는다더니, 배진용 변리사의 모습이 이 책에서도 느껴진다. 내가 평소에 저자에게 늘 느껴온 열정(熱情)과 상쾌함을 새삼 깨달을 수 있었다. 저자를 잘 아는 독자의 한 사람으로서 나는 이 책장을 넘기며 저자와 에디슨의 DNA 함께 용솟음치고 있음을 느낀다. 특허청에서 같이 근무하면서 나는 그의 자신감과 적극적인 태도, 창의적이고 감사하는 모습이 참 좋다고 느꼈는데, 이 책을 통해 창의적인 이유는 있었다.

그는 우리나라 보통사람의 이력을 밟아 왔지만 일과 자신의 인생에 열정만큼은 아주 특별했다. 특허청의 바쁜 업무 중에도 대한전기학회에 훌륭한 논문을 여러 편 발표하고, 상표법 책을 저술할 정도로 특별했다. 특히 그의 통찰력과 분석의 탁월함을 알았지만 미국에서의 바쁜 연수기간 중에도 방대한 자료를 수집하고 분석하여 책으로 엮어낸 그의 열정(熱情)에 감사와 찬사를 보낸다.

저자는 에디슨에 대한 숨겨진 진주를 캐내어 그것을 아름답게 꿰어 우리들에게 보석의 진가를 보여주고 설명해준 책이라 할 만하다. 리튬 배터리의 아버지, 제련분야의 발명, 전기철도, 전기자동차, 동영상 촬영기 및 영사기로부터 시작되는 미디어의 혁명, 자동차 타이어용 고무 발명, 농업 및 생명공학 분야의 발명 등을 통해 미처 알지 못한 에디슨의 새로운 진가(眞價)를 알게 되었다

인성특허사무소 변리사(前 특허청 서기관) 이 재 훈

다양성을 갖고 있는 구성원이 모여 공통된 정의로운 가치를 추구하고 있는 사회에서 서로의 다양성을 발견하고, 인정하는 과정은 사회의 성숙을 위하여 필요한데, 이 책은 에디슨의 또 다른 각도에서의 발자취를 연구하고, 소개하여 우리의 인식과 다양성을 한층 성장하게 해줄 것이다.

특허청 심판관(과장) 이 정 숙

토마스 에디슨의 꿈을 향한 도전하는 삶의 발자취를 따라가는 이 책의 여정(旅程)을 통해, '인생에서 실패한 사람 중 다수는 성공(成功)을 목전에 두고도 모른 채 포기(抛棄)한 이들이다.'라는 에디슨의 명언(名言)처럼 포기하지 않고 도전하는 에디슨 DNA가 많은 이들에게 널리 확산될 수 있게 되기를 바랍니다.

특허청 심사관 이 준 우

발명가나 사업가로서의 에디슨의 업적(業績)을 논하는 글이 아니다. 기술자의 기질적 호기심과 새로움에 대한 갈망을 이야기한다. 우리 교육 시스템과 과학 기술인들은 이제껏 이미 정해진 답을 누가 빨리 찾느냐에 혈안이 되어 있었다. 검증된 길을 따라 가는 것만이 가장 빠른 성공을 보장하기 때문이다. 글쓴이 배진용은 이 긍정적 타협(妥協)으로부터 벗어나 또 다른 새로운 해결책이나 더 좋은 대안(代案)이 항상 존재할 수 있다는 의심(?)을 갖도록 우리에게 일침(一鍼)을 가한다.

특허청 심사관 이 철 수

우리에게 '에디슨'이 침대광고에서 나오고, 어린 시절 읽었던 위인전이나 학교에서 배웠던 "백열전구" 등을 발명한 발명가로만 알고 있었다. 그런데 전기공학 박사이며, 특허청 심사관을 역임한 배진용 변리사가 미국 연수 중에 토마스 에디슨의 발자취와 그가 우리에게 남긴 1,093건의 특허와 디자인을 잘 정리하여 우리에게 진정한 '에디슨'의 모습을 펼친다. 우리가 잘 몰랐던 에디슨의 발명에 대한 열정(熱情), 미국이 어떻게 유럽을 넘어 기술 및 과학 강국으로 우뚝 설 수 있는지 그 비밀의 이야기가 펼쳐진다.

특허청 심사관 이 흥 재

특허청 심사관 입장에서 1,000건이 넘는 발명을 하였던 토마스 에디슨의 일상을 바라보는 관점이 너무 자세하고 경이롭기까지 하다. 또한, 이 책을 통하여 토마스 에디슨에 대한 모습과 그의 발명품에 대해 새롭게 느껴지는 기회를 얻은 것 같다. 특히, 위대한 발명가 에디슨을 특허라는 문헌을 두고 정리한 점이 대단하고, 이 책을 보는 이에게 특별한 감동을 얻게 되리라 확신한다.

특허청 심사관 임 영 훈

지금까지 토마스 에디슨의 업적(業績)에 대한 많은 책들이 있었지만 대부분 역사학자들이 작성한 위인전들이였으며, 에디슨의 발명들에 대하여 막연하게 훌륭하다는 식의 책들이 대부분 이었습니다. 그러나 "토마스 에디슨의 꿈, 발자취 그리고 에디슨 DNA" 책은 공학도(工學徒)가 작성한 책으로 기술적인 측면에서 에디슨의 업적을 바라보았으며, 그가 출원한 특허를 기반으로 책을 작성하였기 때문에 에디슨의 발명품들을 보다 명확하게 분석·서술하고 있어 에디슨의 치열했던 일대기를 전혀 새로운 시각에서 재해석(再解釋)한 책이라고 생각한다.

특허청 심사관 장 석 환

특허청 심판관 및 법원의 기술심리관을 역임하면서, 전기회로 및 전기기계 구조에 대해 배진용 심사관(現 변리사)에게 많은 도움을 받았는데, 이 책을 통해 또 미처 알지 못했던 토마스 에디슨이 타이어용 고무, 농업 및 생명공학 연구까지도 발명을 했다는 것을 새롭게 알게 되었다. 토마스 에디슨의 노력(努力)과 실패(失敗) 그리고 인내(忍耐), 또 배진용 변리사님이 갖고 있는 열정(熱情)이 현재 우리에게 다가오는 4차 산업혁명의 시기를 안내한 것이 아닌가 생각해 본다.

특허청 심판관(과장) 장 현 숙

어릴 때 위인전으로 처음 접했던 발명가인 토마스 에디슨!!
이 책을 읽고 알게 되었지만, 특허제도가 생긴 이후로 지금까지 수많은 과학자 및 발명가 중에서 1,000건이 넘는 발명을 한 사람은 오직 토마스 에디슨 밖에 없다는 것이다.

또한, 전구(電球)로 대표되는 전기(電氣) 분야만 연구한 것이 아니라, 기계(機械), 화학(化學), 생물(生物) 분야까지도 연구를 하였으며, 심지어는 미국 농업기술의 기반을 제공한 사람이 바로 토마스 에디슨이라는 것이다. 현재까지도 미국이 왜 세계 최고 국가이며, 거의 모든 분야의 최고의 국가이고, 약 70조원이 넘는 로열티를 받는 국가가 되었냐... 바로 토마스 에디슨이라는 위대한 발명가와 그가 남긴 에디슨 DNA 때문이지 않을까?

에디슨 DNA가 녹아있는 발명(發明)과 특허(特許)가 필요함을 이 책은 이야기하고 있다.

특허청 심사관　정 구 원

세상에는 알려진 모습과 알려지지 않은 모습이 판이하게 다른 사람들이 있다. 우리에게 토마스 에디슨은 전구(電球)와 축음기(蓄音機)를 발명한 사람으로 알려져 있지만, 실상 그는 광석(鑛石)에서 구리/철/금/은 등을 분리하는 기술로 전기산업 발전을 촉진시켰고, 시멘트와 콘크리트로 건설산업을 혁신시켰으며, 자동차 타이어용 고무를 개발해 자동차 산업이 융성하게 하였다. 이 책은 에디슨이 단순한 전기(電氣) 기술자가 아니라 현대 산업사회를 창조한 거인(巨人)이었음을 알려주고 있다.

특허청 서기관　정 재 헌

배진용 저자(著者)는 삶을 긍정적이고 열정적으로 개척해 나가는데 탁월하다. 이번에는 오늘날 우리 생활에 큰 영향을 미친 발명왕 에디슨이 남긴 수많은 특허발명을 전문가적 견지(見地)에서 대중이 쉽게 이해할 수 있도록 소개하고 있고 무엇보다 에디슨의 열정적인 창조 DNA를 대중(大衆) 깊숙이 전파하고자 노력하고 있다.

특허청 과장　제 승 호

이 책을 한장, 한장 넘겨 볼 때마다 에디슨이라는 한 발명가의 단순한 일대기(一代記)가 아니라, 그가 살아오면서 이룩한 수많은 발명 사례와 비하인드 스토리(Behind Story)를 함께 느낄 수 있다는 점이 매우 흥미로웠다. 특히, 토마스 에디슨이라면 전구(電球)를 발명한 것으로만 생각하고 있었지만, 농업(農業)이나 생물(生物) 등 전혀 생각치도 못한 분야에서도 에디슨이 많은 기여를 했다는 점은 특별한 경외심(敬畏心)을 느끼게 한다. 대한민국 특허 심사를 담당하고 있는 심사관으로서, 미래의 과학도, 공학도를 꿈꾸는 사람만 아니라 교육계, 언론, 그리고 관련 정부 부처 등 많은 사람이 읽어 에디슨의 정신(精神)을 이어받길 기대한다.

특허청 심사관 조 성 수

이 책은 토마스 에디슨의 정신을 깊이 고찰하고, 그 정신을 독자(讀者)에게 전달하려는 필자(筆者)의 노력이 한 글자마다 담겨져 있다. 이 책을 쓰기위하여 노력한 배진용 박사의 피와 땀을 존경하며, 독자들은 이 책을 통해서 창의적인 사고를 가질 수 있는 특별한 계기가 될 것이라 생각된다.

특허청 심사관 진 수 영

발명왕 에디슨에 대해서는 '천재는 99% 노력과 1% 영감'이라는 명언(名言)과 기발한 그의 행동에 대해서만 알고 있는 내게, 저자(著者)의 이 책은 에디슨이 왜 '발명왕"인지' 왜 '위대한 혁신가'인지를 구체적으로 보여주고 있다. 저자의 1,093개의 특허와 디자인에 대한 분석 및 우리 삶을 바꾼 에디슨의 '혁신적 발명들'을 에디슨의 삶의 자취와 함께한 소개를 통해 위대한 발명왕인 에디슨의 DNA가 독자들에게 더욱 실질적으로 전해지리라 기대가 된다.

특허청 심사관 최 명 환

에디슨의 열정(熱情)을 닮고자 하는 배진용 작가(作家)의 바람이 고스란히 투영되어 숨 쉬고 있는 것 같다. 세상을 바꾼 수많은 에디슨 발명의 발자취를 하나하나 찾아 뛰어난 글 솜씨로 알기 쉽게 해석한 노력에 박수를 보내고 싶다.

특허청 심사관 최 창 락

막연하게 발명왕으로 알았던 토마스 에디슨에게 이런 면이...
이 책을 읽으면 토마스 에디슨이 어떤 사람이었는지, 무엇을 했는지에 대해서 더욱 자세하게 볼 수 있었다.

특허청 심사관 추 형 석

위대한 발명가인 토마스 에디슨을 모르는 사람은 없다. 하지만 에디슨이 어떤 발명을 했는지 구체적으로 아는 사람은 많지 않다. 왜냐하면 모든 사람에게 발명이라는 것은 친숙하지 않고, 에디슨이 다양한 분야에 걸쳐 수많은 발명을 했기 때문이다. 이 책은 특허청 심사관을 지낸 배진용 박사가 심사업무를 통해 얻은 발명에 관한 지식을 혁신가(革新家)이자 창조자(創造者)인 에디슨 발명의 분석을 통해 다시 보고자 노력한 결과이며, 과연 발명의 원동력이 어디 있었는지 발명가와 심사관의 입장에서 그 답을 찾고자 노력한 책이다.

특허청 심사관 하 승 규

☼ 책을 내면서

흔히 발명 왕 또는 발명의 아버지라고 말하는 토마스 에디슨(Thomas Alva Edison)이라고 하면, 어린 시절부터 너무나 많이 들어왔다. 아마 어릴 적에 에디슨의 전기(傳記) 또는 위인전을 한번 안 읽어본 사람은 없을 것이다.

달걀을 품으면서, 병아리가 태어나기를 바라는 그의 호기심, 세상 사람들 모두가 불가능이라고 말하는 전구(電球)를 발명하기 위하여 1만 번 이상 실험한 그의 불굴의 도전 정신에 감동을 받지 않는 사람은 없을 것이다.

그가 가장 위대한 발명가로 존경받는 이유는 아마도 세상에 진정한 빛을 선사했기 때문이 아닌가 생각한다. 전기(電氣)에 의해서 밝히는 전구(電球) 이전에도 촛불, 가스등(Gas Lamp) 및 아크등(Arc Lamp)을 사용했지만, 촛불은 광량이 충분하지 않아서 어두우며, 화재에 위험이 있었고, 가스등은 가스를 태워 빛을 밝히기에 불쾌한 냄새가 있었으며, 아크등은 수명이 짧으며, 너무 빛이 밝아서 사람들의 눈에는 매우 부담스러웠다. 하지만, 토마스 에디슨이 만든 전구는 태양 빛과 최대한 유사한 그윽한 빛을 발산하면서, 냄새도 공해도 없는 전기를 사용하여 밝혔기에 그의 전구는 마치 마법의 빛과 같이 수많은 사람들을 열광시켰다.

그리고 누구나 에디슨이 남긴 위대한 명언인 '천재는 1%의 영감과 99%의 땀으로 이루어진다(Genius is 1% inspiration, 99% perspiration)'라는 말을 한번쯤은 들어봤을 것이다.

하지만, 에디슨이라는 발명가가 어떤 것을 만들었는지, 생각보다 잘 알지 못하는 것이 분명한 현실이다. 저자(著者)의 경우

석·박사 기간에 전기공학 분야의 세부 분류인 전기기계(전동기/발전기 등) 및 전력전자(전력변환)공학을 전공하였고, 박사학위를 취득 후 대한민국 특허청(特許廳)에서 특허심사를 10년 이상 담당하였으며, 전기회로, 전동기, 발전기 분야 등에서 3,000여건 이상 특허를 심사했지만, 실질적으로 에디슨이 무엇을 발명했는지 잘 몰랐다. 아니 솔직히 모르는 정도가 아니라 관심조차 없었다. 전기공학 박사이고, 특허청 심사관이라는 저자(著者) 조차도 이 책을 쓰기 전까지 솔직히 에디슨이 뭘 발명했는지 너무나 모르고 있었다.

지금 생각해보면, 발명왕이자 발명의 아버지인 토마스 에디슨은 마치 유명 연예인 또는 운동선수처럼 너무나 많이 그 이름을 들어서, 마치 잘 아는 것처럼 착각되지만, 분명한 것은 우리는 에디슨이 무엇을 했는지 너무 모른다는 것이다. 심지어 정작 에디슨에 관한 동화책은 많지만, 진정으로 토마스 에디슨이 무엇을 이루고자했고, 그가 무엇을 고민했으며, 무엇을 발명했는지 소개한 책조차 별로 없는 것 같다.

나는 직업상 매일 아침부터 저녁까지 수많은 발명가와 대화한다. 때로는 직접 발명가와 발명의 핵심적인 부분을 소통(疏通)하며, 기술(技術)에 영혼(靈魂)을 심어서 발명가의 아이디어(Idea)를 특허(特許)라는 권리(權利)로 만드는 작품(作品)의 세계에 참여하는 것이 내 직업이다. 그래서 나는 조금씩 토마스 에디슨에게 말을 걸어보기 시작했다.

"위대한 발명가 토마스 에디슨 선생님, 당신의 발명이 무엇입니까??", "당신의 발명을 설명 좀 부탁드려도 될까요??"라고 말이다.

여러분도 기회가 되면 한번 토마스 에디슨 선생님께 직접 물어보길 바란다. 에디슨 선생님은 나에게 무려 1,084개의 주옥같은 발명과 9개의 디자인에 대하여 잘 설명해 주셨다. 그리고 나는 위대한 발명가이자 발명의 왕인 토마스 에디슨에 대한 열열 팬이 되었고, 미국 뉴저지 주(州)에 위치한 에디슨 연구소인 멘로 파크(Menlo park) 연구소, 웨스트 오렌지(West Orange) 연구소 및 플로리다 주(州)에 위치한 포트 마이어스(Fort Myers) 연구소를 방문하게 되었다. 그래서 이 책은 토마스 에디슨 열열 팬의 입장에서 에디슨의 꿈과 발명 그리고 에디슨 DNA를 소개하고자 한다.

살아 있지도 않는 토마스 에디슨 선생님과 어떻게 대화했냐고 그 비밀을 묻는다면, 그 비밀의 비법은.... 이 책의 본문을 읽다 보면, 알게 될 것이다. 다만, 이 세상에 토마스 에디슨에 대한 전기(傳記)나 아동용 위인전은 많지만, 정작 그의 발명을 잘 소개하지 못하고 있는 것이 현실이다. 그 이유는 기존 에디슨 책의 저자들이 첫째, 에디슨의 발명을 심도 깊게 분석하지 못했고, 둘째, 전기(電氣) 및 화학(化學)에 대한 전문적인 지식이 부족하기 때문이라고 생각한다. 그래서 전기공학을 전공하였고 특허청에서 심사관의 경험을 가진 저자(著者)의 경우 에디슨의 발명을 시간의 순서에 따라서 볼 수 있었고, 보면 볼수록 "아하!! 에디슨 선생님 그래서 그런 고민을 하셨군요!!"라고, 감탄하게 되었다. 그의 1,093건의 발명(특허와 디자인)은 그냥 뚝 떨어진 것이 아니고 마치 산속의 옹달샘에서 시작된 물이 시냇물, 개울물 그리고 큰 강물로 천천히 흘러가고, 마침내 삼각주를 지나서 바다를 만나는 것처럼, 토마스 에디슨의 발명에는 큰 줄기와 흐름이 있다. 그리고 이 책을 통해서 전문적인 지식을 갖지 않은 독자를 위하여 큰 줄기와 흐름에 대하여 최대한 쉽게 소개하고자 노력하였다.

그럼 지금부터는 "토마스 에디슨의 꿈, 발자취 그리고 에디슨 DNA"라는 주제로 세상을 변화시킨 위대한 과학자이자 발명의 왕인 토마스 에디슨 선생님과 그의 위대한 걸작(傑作)을 만나기 위한 여행에 여러분을 초대하고자 한다.
저는 이번 여행에 가이드(Guide)이며, 이 글을 읽는 여러분은 부담 없이 가이드가 들려주는 이야기를 들으며, 위대한 발명가의 꿈과 발자취를 감상하고, 즐기시면 될 것이다.

자!! 그럼 이제 출발하겠습니다.

제1장 토마스 에디슨의 시련과 도전

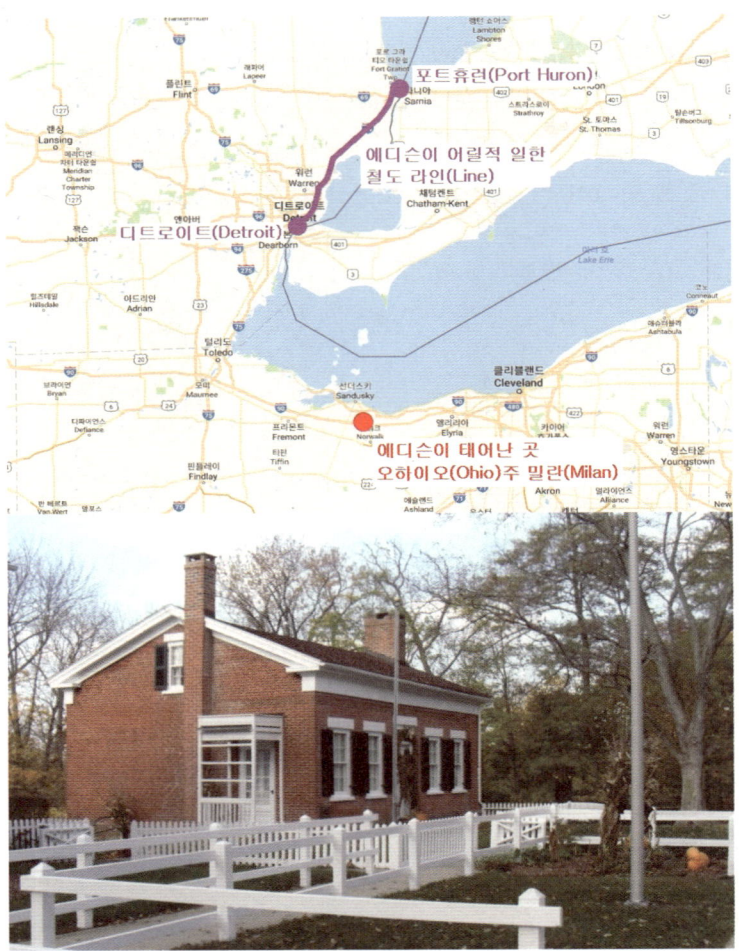

* 토마스 에디슨이 어린 시절 활동했던 주요지역
  (태어난 곳과 어린 시절 일한 철도 라인(Line))

💡1-1. 토마스 에디슨의 어린 시절과
   청력을 잃은 사유

토마스 에디슨은 1847년 2월 11일 미국 오하이오(Ohio)주 밀란(Milan)에서 아버지 사무엘 에디슨(Samuel Ogden Edison)과 어머니 낸시 엘리엇(Nancy Matthews Elliott)사이에서 일곱째이자 막내로 태어났다.

그림 1-1. 에디슨의 아버지 사무엘 에디슨 및 어머니 낸시 엘리엇

늦둥이이자 제일 막내인 에디슨은 몸이 약했지만, 뛰어난 호기심과 상상력으로 헛간에 불을 지르거나, 거위 알[1]을 품고 거위 소리를 내었다. 많은 식구로 어려운 형편이었지만, 에디슨의 어머니는 에디슨의 흥미를 최대한 이끌어 내도록 교육시켰다. 에디슨은 채소밭에서 부모님의 일을 돕는 것보다 과학실험이나

---

1) 많은 사람들은 아동용 위인전의 영향으로 달걀로 오해하고 있다.

독서를 하는데 더욱 흥미를 느꼈고, 실험에 쓸 약품을 사는데 자신의 용돈을 모두 다 쓰기도 하였고, 지하실에 자신만의 실험실을 만들었고, 다른 가족들이 손대지 못하도록 '독약(Poison)'이라는 종이를 붙이기도 하였다.

그림 1-2. 에디슨이 태어난 집과 침대

토마스 에디슨은 초등학교에 입학한지 3개월 만에 학교가 정말 재미없어서 그만두었다. 1858년 에디슨의 나이 12살 때에는 아버지의 사업은 부진했고, 빚은 늘어갔고, 가정이 어려워지자 부모님의 만류에도 불구하고, 토마스 에디슨은 그랜드 트렁크 철도회사(Grand Trunk Railroad Company)에 취직해서 포트휴런(Port Huron)2)역과 디트로이트(Detroit)역 사이를 운행하는 기차에서 신문, 사과, 샌드위치, 땅콩 등을 파는 일을 하였다.

그림 1-3. 에디슨 차고(Depot) 박물관 및 젊은 시절 에디슨 동상3)

---

2) 포트휴런(Port Huron) : 북미의 해상 물류를 담당하는 5개의 거대한 호수를 오대호라고 하며, 이 5개의 거대한 호수 중에서 휴런(Huron)호에 접한 미시간 주(州)의 항구도시

3) 미국과 캐나다 사이의 국경인근, 휴런(Huron)호에 접한 미시간 주(州)의 항구도시 포트휴런(Port Huron)에 있는 토마스 에디슨 차고 박물관(Tomas Edison Depot Museum)에는 토마스 에디슨이 어린 시절에 연구소를 만들었던 기차와 에디슨 관련

그림 1-4. 1861년 14살 때 에디슨

유품이 전시되어 있음. 토마스 에디슨 차고 박물관은 오대호(Great Lakes)와 연결된 세인트클레어 강(St Clair River)의 미국 편에 있으며, 블루워터(Blue Water) 다리를 지나면, 바로 캐나다와 연결되어 있는 강가에 위치함

토마스 에디슨은 철도회사에서 일하면서 철도역에 딸린 전신소에서 전신 기사들이 열차 이동 상황을 보고하기 위하여 다른 역으로 신호를 보내는 모습을 지켜보았고, 열차 차장인 알렉산더 스티븐스(Alexander Stevens)의 허락을 받아서, 그가 일하는 열차 화물칸 구석에 화학약품을 두고 실험하는 실험실을 만들었다.

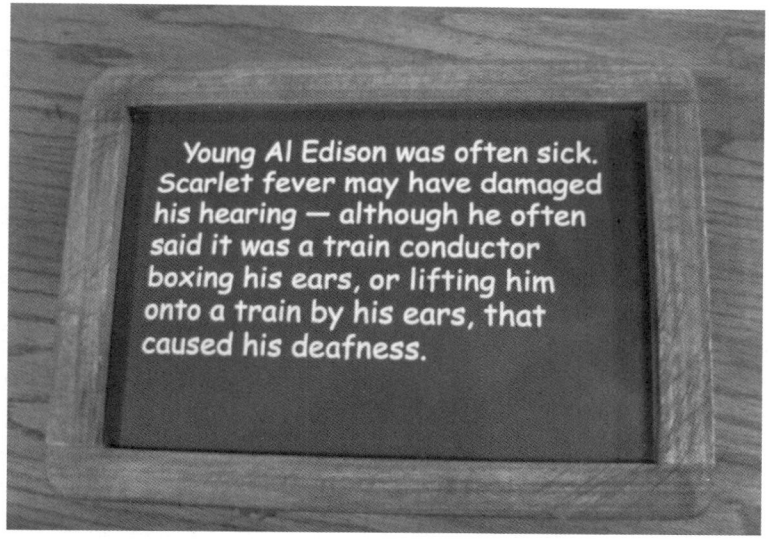

그림 1-5. 토마스 에디슨의 청력 상실에 대한 글4)

토마스 에디슨은 12살 이후부터 청각을 상실하였는데, 그 이유에 대하여 다양한 의견이 있다. 에디슨의 열차 실험실로 인하여 열차 안에 화재(火災)사고가 일어났는데, 이로 인하여 매우 화난 열차 차장 스티븐슨(Alexander Stevens)이 에디슨의 따귀를 때린 것이 이유라는 설도 있고, 에디슨이 철도 플랫폼(Platform)

---

4) 토마스 에디슨 차고 박물관(Tomas Edison Depot Museum) 안의 글

에서 신문을 팔고 있을 때, 열차가 떠나자 에디슨이 기차를 따라갔고, 그를 발견한 열차 차장 스티븐슨이 에디슨의 귀를 잡고 들어 올려서 그렇다는 설도 있으며, 오랫동안 알아 온 성홍열5)이 진짜 원인이라는 설도 있다. 하지만, 분명한 것은 에디슨은 12살 이후 새소리를 한 번도 듣지 못했다고 말했다는 것이다.

포트휴런(Port Huron)에 위치한 토마스 에디슨 차고 박물관(Tomas Edison Depot Museum)에는 에디슨의 성홍열, 열차 차장의 따귀, 열차 차장이 에디슨의 귀를 잡고 들어 올려서 에디슨이 청력(聽力)을 상실(喪失)하게 되었을 것이라는 글이 언급되어 있다.

그림 1-6. 젊은시절 에디슨 동상(에디슨 차고(Depot) 박물관)

---

5) 성홍열: 목에 통증과 함께 고열이 나고 전신에 발진(發疹)이 생기는 전염병

💡1-2. 토마스 에디슨과 그에게 영향을 끼친 위대한 과학자들

누구나 다 아는 이야기이지만, 토마스 에디슨은 초등학교 3개월 중퇴(中退)가 학력 전부로서, 학교를 제대로 다니지 않은 사람이다. 심지어 그의 연구원 중에 한 사람[6])은 에디슨을 "**수학의 2차 방정식도 제대로 풀지 못하는 사람 중에서 가장 성공한 사람이자 비정상적인 방법으로 부(富)를 축적한 사람이다.**"라고 소개하고 있다. 즉, 에디슨은 정규적인 교육과 전혀 관계없는 사람이기에 그만큼 그의 발명은 **틀에 박히지 않았다.**

그림 1-6. 에디슨의 어린 시절 모습, 어머님 및 그의 생가(生家)

어린서절부터 호기심이 많은 에디슨은 비록 학교 교육을 받지 않았지만, 그는 독서광(讀書狂)이었다. 디트로이트 청년협회도

---

6) James Prescott Joule : 에디슨의 연구원이자 제자

서관(Detroit Young Man's Library), 기계도서관(Mechanical Library), 신시내티 자유도서관(Cincinnati Free Library) 등에서 수많은 과학 서적과 소형 백과사전을 독파했고, 20세에 기록한 그의 메모에는 『화학분석의 기초교본』, 『정량화학의 분석 교육 시스템』, 『전기학 실험연구』, 『화학과 물리의 실험연구』, 『전신』, 『실용전신 핸드북』, 『전기자기음향의 참고서』, 『전신조작법』, 런던 왕실협회의 잡지인 『Philosophical Transaction』 및 뉴턴(Newton)의 『프린키피아(Principia, 원제목: 자연철학의 수학적 원리-만류인력 원리를 세상에 최초로 소개한 책자)』 등 다양한 책을 읽었다.

필자(筆者)는 직업상 매일 아침부터 저녁까지 수많은 발명가와 대화한다. 때로는 직접 발명가와 발명의 핵심적인 부분을 소통(疏通)하며, 기술(技術)에 영혼(靈魂)을 심어서 발명가의 아이디어를 특허(特許)라는 권리로 만드는 작품의 세계에 참여하는 것이 내 직업이다.

필자(筆者)는 왜??
"토마스 에디슨(Thomas A. Edison)이라는 발명가에게 매혹(魅惑)되고, 열광(熱狂)하게 되었을까??" 토마스 에디슨의 발명(發明)과 특허(特許)를 바라보면, 바라볼 수록, 이 글을 읽는 여러분도 토마스 에디슨에게 매혹(魅惑)되고, 열광(熱狂)하게 될 것이다. 그리고 이런 말들에 강력하게 공감할 것이다.

발명왕 토마스 에디슨은 "_____" 이다.
에서 "_____"에 들어갈 말은....

　"나를 미치게 만드는 사람"
　"이 세상에서 가장 위대한 과학자"

"타인주도(他人主導) 학습(學習)이 아닌 자기주도(自起主導) 연구(研究)의 대가(大家)"

"기술(技術)과 과학(科學)의 중심축(中心軸)을 이동시킨 과학의 진정한 거인(巨人)"

"진정한 미국의 영웅(True American Hero)" 등

필자(筆者)가 위대한 발명가인 에디슨에게 다음과 같이 질문한다면,
"에디슨 선생님께 당신의 스승은 누구입니까??"
그럼 에디슨은 다음처럼 대답했을 거라고 상상만 해본다.
"나는 책을 통해서 수많은 스승을 두고 있어요!!"

과학 분야의 최고의 권위로 인정받는 노벨[7]상(Nobel Price)은 20세기 시작인 1901년부터 지금까지 물리(物理) 및 화학(化學) 등 과학 발전에 지대한 공헌(貢獻)을 이룬 사람에게 수여하고 있으며, 지금도 그리고 앞으로도 계속 그럴 것이다. 즉 20세기부터 지금까지 전 세계가 인정하는 과학자라면, 당연히 노벨상을 받은 사람이라고 할 수 있을 것이다.

우리가 잘 아는 상대성 이론의 아인슈타인(Albert Einstein)[8], 방사선을 발견하고, 노벨 물리학상과 화학상을 각각 1번씩 총 2회

---

[7] 노벨(Alfred Nobel: 1833년~1896년): 1863년 니트로글리세린과 화약을 혼합하여 다이너마이트를 개발한 스웨덴의 발명가, 1895년 인류의 과학과 복지에 기여한 사람을 위해 자신의 유산을 나누어 주도록 기증하고, 그의 유언에 따라서 1900년에 노벨 재단을 설립하여 물리, 화학 등 과학 기술과 문학, 평화 등 인류복지를 위해 기여한 사람에게 수여하는 노벨상을 1901년부터 수여하게 되었다. 이 상은 과학 및 인류복지 부분에서 최고의 상(賞)으로서 20세기를 대표하는 상(賞)이라고 할 수 있을 것이다.

[8] 알버트 아인슈타인(Albert Einstein: 1879년~1955년): 1916년 일반 상대성 이론을 발표한 20세기를 대표하는 과학자, 1921년 광전효과의 발견을 공로로 노벨 물리학상을 수상하였다.

노벨상을 수상한 퀴리부인(Marie Curie)9) 및 LED (Light-Emitting Diode: 발광 다이오드)를 발명한 나카무라 슈지(中村修二)10) 등은 모두 노벨상을 수상한 20세기를 대표하는 과학자이다.

그림 1-7. 20세기를 대표하는 과학자
(아인슈타인, 퀴리부인, 나카무라 슈지)

한편 1900년(20세기) 이전에는 어떠한가??
1900년 이전에 전기(電氣)공학 분야 발전에 위대한 공헌을 하였던 과학자는 그 과학자의 이름을 전기(또는 전자) 공학의 기본 단위로 사용되고 있다. 어쩌면, **독서광인 에디슨에게 있어서 그의 스승이라면, 물리 중에서 전기(또는 전자) 공학의 기본 단위로 사용되는 대부분의 과학자가 아닐까 생각**한다.

---

9) 마리 퀴리(Marie Curie: 1867년~1934년): 남편인 피에르 퀴리와 함께 폴로늄과 라듐의 방사선을 발견한 프랑스 과학자, 1903년 방사선 연구로 노벨 물리학상을 수상하고, 1911년 라듐 및 폴로늄 발견, 라듐의 분리로 노벨 화학상을 수상하였다.

10) 나카무라 슈지(中村修二: 1954년~현재): 일본 니치아社의 연구원으로 일하면서, 1992년 질화갈륨(GaN)을 성장시키는 방법을 고안하여 니치아社를 LED(발광다이오드) 분야의 세계적인 회사로 성장시킨 연구원, 자신의 연구결과에 대해서 고작 2만엔(약 20만원)을 보상한 니치아社를 상대로 직무발명 보상 소송을 하여서 2005년 회사측으로부터 8억 4천만엔(약 82억원)을 받았으며, 1999년부터 미국 캘리포니아대학교 산타바버라캠퍼스 교수로 활동하며, 2014년 청색 LED 개발을 공로로 노벨 물리학상을 수상하였다.

전기(電氣) 분야에서 가장 위대한 발명가 에디슨에게 영감(靈感)을 준 과학자이자 아마도 독서를 통한 그의 스승들을 살펴보면 다음과 같을 것이다.

1) 전압[11]의 단위[V]이고, 볼타전지의 발명자이자 이탈리아 과학자인 볼타(Alessandro Volta)[12]
2) 전류[13]의 단위[A]이고, 전자기 및 전기역학을 연구한 프랑스 과학자 앙페르(André-Marie Ampère)[14]
3) 전력[15]의 단위[W]이고, 증기기관의 발명자인 영국의 과학자 제임스 와트(James Watt)[16]
4) 전하[17]의 단위[C]이고, 전자기 법칙을 연구한 프랑스의 과학자 쿨롱(Charles Augustin de Coulomb)[18]

---

11) 전압(Voltage): 전기의 압력 및 전위차로서 단위는 볼트[V]이며, 전압의 단위는 이탈리아 과학자 볼타의 이름에서 유래하였다.
12) 볼타(Alessandro Volta: 1745년~1827년): 1800년 양극은 은(또는 구리), 음극은 아연, 전해액으로 알칼리 용액을 사용하여 세계 최초의 전지를 개발한 이탈리아 과학자, 후대의 과학자들이 그의 공로를 기념하여 전압의 단위를 볼트[V]로 명명(命名)하였다.
13) 전류(Current): 전기의 흐르는 양으로, 전류의 단위는 암페어[A]이며, 프랑스 과학자 앙페르의 이름에서 유래하였다.
14) 앙페르(André-Marie Ampère: 1775년~1836년): 1827년 전류가 흐르면 도선 사이에 힘이 작용한다는 것을 발견하고 이를 암페어의 오른나사 법칙(전류와 자기장의 관계를 정리)을 발표한 프랑스 과학자, 후대의 과학자들이 그의 공로를 기념하여 전류의 단위를 암페어[A]로 명명(命名)하였다.
15) 전력(Watt): 전가 단위 시간에 하는 일, 단위시간에 사용되는 에너지의 양으로서 전압[V] × 전류[A] = 전력[W]로 정의되며, 전력의 단위는 와트[W]이고, 영국 과학자 제임스 와트의 이름에서 유래하였다.
16) 와트(James Watt: 1736년~1819년): 1769년 화력기관에서 증기와 연료의 소모를 줄이는 방법으로 영국 특허를 취득하였고, 증기를 실린더 안이 아니라 실린더와 연결된 별도의 응축기에서 압축시키고, 피스톤을 증기의 압력으로 움직이는 방식으로 진정한 증기기관을 만든 영국의 과학자, 후대의 과학자들이 그의 공로를 기념하여 전력의 단위를 와트[W]로 명명(命名)하였다.
17) 전하(Charge): 물체가 띠고 있는 정전기의 양으로서, 전하의 흐름을 전류라고 정의하며, 전하의 단위는 쿨롱[C]이고, 프랑스 과학자 쿨롱의 이름에서 유래하였다.

35

그림 1-8. 전기(또는 전자) 공학에 기본 단위로 명명(命名)된 과학자들(1)
(볼타, 앙페르, 와트)

그림 1-9. 전기(또는 전자) 공학에 기본 단위로 명명(命名)된 과학자들(2)
(쿨롱, 헨리, 패러데이)

---

18) 쿨롱(Charles Augustin de Coulomb: 1736년~1806년): 1787년 전하 사이에 작용하는 인력과 척력은 두 전하량의 곱에 비례하고, 거리의 제곱에 반비례 한다는 쿨롱의 법칙을 발견한 프랑스의 과학자, 후대의 과학자들이 그의 공로를 기념하여 전하의 단위를 쿨롱[C]으로 명명(命名)하였다.

5) 인덕턴스[19]의 단위[H]이고, 독자적으로 전자기 유도를 발견하고, 전자식 전신기를 발명한 미국의 과학자 헨리(Joseph Henry)[20]

그림 1-10. 전기(또는 전자) 공학에 기본 단위로 명명(命名)된 과학자들(3)
(외르스테드, 베버, 옴)

그림 1-12. 전기(또는 전자) 공학에 기본 단위로 명명(命名)된 과학자들(4)
(줄, 헤르츠)

---

19) 인덕턴스(Inductance): 코일에 전류가 변화할 때, 유도 기전력(전압)과 전류와의 비를 정의하며, 코일의 전기적 특성을 나타내는 단위로서, 인덕턴스의 단위는 헨리[H]이고, 미국의 과학자의 조셉 헨리의 이름에서 유래하였다.

20) 헨리(Joseph Henry: 1797년~1878년): 1830년 독자적으로 전자기 유도를 발견하였고, 1831년 전자식 전신기를 기술적으로 완성한 미국 과학자, 후대의 과학자들이 그의 공로를 기념하여 인덕턴스의 단위를 헨리[H]로 명명(命名)하였다.

6) 커패시턴스[21]의 단위[F]이고, 실험에 의해서 전자기 유도와 전자석을 연구한 영국의 과학자 패러데이(Michael Faraday)[22]
7) 자기장[23]의 세기의 단위[Oe]이고, 전류가 흐를 때, 전선 가까이 있는 나침반의 바늘이 움직이는 것을 발견한 덴마크의 과학자 외르스테드(Hans Christian Oersted)[24]
8) 자속[25]의 단위[Wb]이고, 여러 개의 전자기 현상에 관한 법칙을 하나로 통일한 기초 방정식인 베버의 법칙을 만든 독일의 과학자 베버(Wilhelm Eduard Weber)[26]
9) 저항[27]의 단위[Ω]이고, 전압에 따른 전류의 관계인 옴의 법칙을 만든 독일의 과학자 옴(Georg Simon Ohm)[28]

---

21) 커패시턴스(Capacitance): 물체가 전하를 축적하는 능력을 나타내는 것으로, 커패시터의 전기적 특성을 나타내는 단위로서, 커패시턴스의 단위는 페럿[F]이고, 영국 과학자 마이클 패러데이의 이름에서 유래하였다.

22) 패러데이(Michael Faraday: 1791년~1867년): 1831년 전자기 유도 현상을 발견하고, 전자석을 실험적으로 연구한 영국의 과학자, 후대의 과학자들이 그의 공로를 기념하여 커패시턴스의 단위를 페럿[F]으로 명명(命名)하였다.

23) 자기장(Magnetic Field): 자석 또는 전류가 변화하는 전기장 주위로 자기력이 작용하는 공간이라고 정의하며, 자기장 세기의 단위는 에르스텟[Oe]이고, 덴마크 과학자 외르스테드의 이름에서 유래하였다.

24) 외르스테드(Hans Christian Oersted: 1777년~1851년): 1820년 전류가 흐를 때 전선 가까이에 있는 나침반의 바늘이 움직이는 것을 발견하고, 전기과 자기의 관련이 있다는 외르스테드의 법칙을 발견한 덴마크의 과학자, 후대의 과학자들이 그의 공로를 기념하여 자기장 세기의 단위를 에르스텟[Oe]으로 명명(命名)하였다..

25) 자속(Magnetic Flux): 자기력선속을 줄인 말로, 자기력선의 다발을 의미하며, 자속의 단위는 웨버[Wb]이고, 독일 과학자 베버의 이름에서 유래하였다.

26) 베버(Wilhelm Eduard Weber: 1804년~1891년): 전자기학 개척자 중에 대표적인 과학자로, 지구자기 연구에서 가우스와 협력하며, 전류의 세기의 측정, 열작용과 전기 분해의 실험적 연구와 합쳐 전기량의 절대 단위를 정하고, 여러 개의 전자기 현상에 관한 법칙을 하나로 통일한 기초 방정식인 베버의 법칙을 만든 독일의 과학자, 후대의 과학자들이 그의 공로를 기념하여 자속의 단위를 웨버[Oe]로 명명(命名)하였다.

27) 저항(Resistance): 전류의 흐름을 방해하는 정도를 나타내고, 저항은 전압에 비례하고, 전류에 반비례하며, 저항의 단위는 옴[Ω]이고, 독일 과학자 옴의 이름에서 유래하였다.

10) 일(에너지)29)의 단위[J]이고, 금속에 전류가 흐르면 발열이 된다는 사실을 정량적으로 확인하고 열역학 제1 법칙과, 줄의 법칙을 만든 영국의 과학자 줄(James Prescott Joule)30)
11) 주파수31)의 단위[Hz]이고, 공기 중에 전파가 존재한다는 사실을 실험을 통하여 최초로 입증한 과학자 헤르츠(Heinrich Rudolf Hertz)32)

이상 11명 정도가 현재 전기(또는 전자) 공학 분야의 대표적인 단위(單位)로 사용되는 과학자이며, 비록 토마스 에디슨이 직접 지도받지는 않았지만, 분명 수많은 독서를 통해서 만난 학문적인 스승이기도 할 것이다.
그 외에도 마찰전기 및 라이덴병을 발견한 놀레(Abbe Nollet: 1700년~1770년, 프랑스), 볼타전지를 발명한 볼타의 친구이며, 볼로냐 대학의 해부학 교수이자 동물 전기를 연구한 갈바니

---

28) 옴(Georg Simon Ohm: 1789년~1854년): 전기만이 아니라 음향학 및 빛의 간섭 현상을 연구하였고, 1827년 전압에 비례하고, 전류에 반비례하는 전기 흐름을 방해하는 옴의 법칙을 만든 독일의 과학자, 후대의 과학자들이 그의 공로를 기념하여 저항의 단위를 옴[Ω]으로 명명(命名)하였다.

29) 일(Work): 물체에 힘이 작용하여 움직일 때, 힘과 변위의 곱으로 주어지는 물리량으로 1[J]는 1[N]의 힘으로 물체를 1[m]만큼 움직이는데 필요한 에너지를 의미하며, 일의 단위는 줄[J]이고, 영국 과학자 줄의 이름에서 유래하였다.

30) 줄(James Prescott Joule: 1818년~1889년): 열과 일의 관계를 깊이 있게 연구하여, 열의 일당량을 측정 및 실험하였고, 열역학 제1 법칙인 에너지 보존 법칙을 발견하였고, 1840년 금속에 전류가 흐르면 발열이 된다는 사실을 정량적으로 확인한 줄의 법칙을 만든 영국의 과학자, 후대의 과학자들이 그의 공로를 기념하여 일의 단위를 줄[J]로 명명(命名)하였다.

31) 주파수(Frequency): 단위 시간 내에 몇 개의 주기나 파형이 반복되었는가를 나타내는 수이며, 주기(週期)의 역수를 의미한다. 1초당 1회 반복하는 것을 1[Hz]라고 하며, 독일 과학자 헤르츠의 이름에서 유래하였다.

32) 헤르츠(Heinrich Rudolf Hertz: 1857년~1894년): 실험을 통하여 공기를 통하여 전기(電氣) 신호가 전달될 수 있다는 맥스웰(James Clerk Maxwell)과 패러데이(Michael Faraday)의 이론을 실험적으로 증명하여 전자기파를 발견한, 독일의 과학자, 후대의 과학자들이 그의 공로를 기념하여 주파수의 단위를 헤르츠[Hz]로 명명(命名)하였다.

(Luigi Galvani: 1737년~1798년, 이탈리아), 진자를 이용하여 지구자전을 실험적으로 증명하고, 맴돌이 전류를 발견한 푸코 (Jean Foucault: 1819년~1868년, 프랑스), 맴돌이 전류를 원판(圓板)서 실험하여 유도 전동기 이론을 제공한 아라고(Dominique Arago: 1786년~1853년, 프랑스), 유도기전력의 세기를 측정하고, 전자 유도현상을 발견한 렌츠(Heinrich Lenz: 1804년~1865년, 러시아), 전기장과 자기장의 통합을 수학적 이론으로 완성한 맥스웰(James Maxwell: 1831년~1879년, 영국), 전신기, 전기시계 및 휘트스톤 브리지를 발명한 휘트스톤(Chares Wheatstone, 1802년~1875년, 영국) 등이 있을 것이다.

그림 1-13. 전기(또는 전자)공학의 단위로 명명(命名)된 과학자들

☝1-3. 왜? 『토마스 에디슨』에게 매혹(魅惑)되고, 열광(熱狂)하게 되었나??

이 책을 쓰기위하여 토마스 에디슨에게 직·간접적으로 영향을 끼친 수많은 과학자들을 조사(調査)하게 되었다. 특히 1900년 (20세기) 이전, 토마스 에디슨에게 영향을 끼친 전기(또는 전자) 공학 분야의 세계적인 과학자들의 면모(面貌)를 살펴보면, 한 가지 흥미로운 사실을 발견할 수 있다.

표 1-1에서 토마스 에디슨에게 직·간접적으로 영향을 끼친 학문의 스승이며, 동시에 **1900년 이전에 전기(電氣) 분야의 대표적인 과학자들 대부분은 미국이 아닌 유럽의 과학자**라는 점이다. 순수한 미국 출신의 과학자로서 눈에 들어오는 한 사람은 바로 코일(또는 인덕터)의 단위[H]로 사용되는 헨리(Joseph Henny)밖에 없는 것33) 같다.

필자(筆者)는 대학에 입학하여 학부(學部)부터 박사(博士)까지 전기공학(電氣工學)을 공부하였고, 공학박사 학위취득을 위하여 수많은 외국 논문을 보았지만, 이의 대부분은 미국에서 발표된 논문이었다. 하지만, 학부(學部)과정에서 전공(專攻) 시험을 보기위하여 수없이 공부했었던, 대부분의 전기(電氣) 법칙과 전기(電氣)의 단위가 거의 대부분 유럽의 과학자라는 것에 이 책을 집필(執筆)하면서 새롭게 인식(認識)하게 되었다.

---

33) 순수한 미국 출신은 아니지만, 오스트리아 헝가리 제국 출신으로, 최종 미국 국적을 취득한 니콜라 테슬라(Nikola Tesla, 1856~1943년)는 토마스 에디슨과 함께 동시대(同時代)에 양대(兩大) 천재 과학자이자 발명가로 인정받았으며, 교류(AC) 전류로 동작하는 유도 전동기 발명, 교류 시스템 발전의 공로를 인정받아, 후대의 과학자들이 그의 공로를 기념하여 자기장의 단위를 테슬라[T]로 명명(命名)하였다.

표 1-1. 1900년 이전에 전기(電氣) 분야의 대표적인 과학자

국 적	대표적인 과학자
프랑스	- 앙페르(전기역학 연구, 전류의 단위[A], 1775년~1836년) - 쿨롱(쿨롱의 법칙, 전하의 단위[Q], 1736년~1806년) - 패러데이(전자석 실험, 커패시턴스의 단위[F], 1791년~1867년) - 놀레(마찰전기 및 라이덴병, 1700년~1798년) - 푸코(맴돌이 전류 발견, 1819년~1868년) - 아라고(맴돌이 전류 원필 실험, 1786년~1853년)
독 일	- 베버(전자기학 연구, 자속의 단위[Wb], 1804년~1891년) - 옴(옴의 법칙, 저항의 단위[Ω], 1789년~1854년) - 헤르츠(전자기파 발견, 주파수의 단위[Hz], 1857년~1894년)
영 국	- 줄(에너지 보존 법칙, 일의 단위[J], 1818년~1889년) - 맥스웰(맥스웰 방정식, 1831년~1879년) - 휘트스톤(휘트스톤 브리지 발명, 1802년~1875년)
이탈리아	- 볼타(볼타전지, 전압의 단위[J], 1745년~1827년) - 갈바니(동물전기 연구, 1737년~1798년)
덴마크	- 외르스테드(전류가 흐를 때 나침반이 움직임 발견, 자기장의 단위[Oe], 1777년~1851년)
러시아	- 렌츠(전자 유도현상 발견, 1804년~1865년)
미 국	- 헨리(전자 유도현상 발견 및 전자석 발명, 인덕턴스의 단위[H], 1797년~1878년)

이를 바탕으로 분명한 몇 가지 사실을 인식(認識)할 수 있는데,
1) 전기(電氣) 분야의 과학발전에 공헌(貢獻)한 세계적인 과학자의 공로를 기념하여 **1900년 이전의 과학자의 경우 전기(또는 전자) 공학의 기본 단위로 명명(命名)**하였고, **1901년 이후에는 노벨상[34])**을 수여하였다.

---

34) 1901년부터 지금까지 물리, 화학 등 과학 기술과 문학, 평화 등 인류복지를 위해 지대한 공헌(貢獻)을 이룬 사람에게 수여한 20세기를 대표하는 세계 최고 권위의 상(賞)이다.

2) 1900년을 기준으로 그 이전에 과학의 중심(中心)은 바로 미국이 아니라 유럽이라고 할 수 있을 것이다.

> ※ **1900년을 기준을 달라진 점**
> • **1900년 이전** : 과학의 중심(中心)은 유럽,
>   과학발전에 공헌한 과학자의 이름을 단위로 명명(命名)
> • **1900년 이후** : 과학의 중심(中心)은 미국,
>   과학발전에 공헌한 과학자에게 노벨상 수여

그림 1-14. 과학의 중심(中心)의 이동

그렇다면 이제 이 책을 읽는 독자(讀者)에게 정말 중요한 질문을 던지고자 한다.

왜(Why)??
1900년을 기준으로 과학의 중심(中心)은 유럽에서 대서양을 건너서 미국으로 이동하게 되었을까??

토마스 에디슨은 1847년 미국에서 태어났고, 에디슨의 이전 시대에 전기 분야에 중요한 업적을 가진 대표적인 전기(電氣) 관

련 과학자들 대부분을 앞에서 살펴보았다. 비록 정규교육은 받지 않았지만, 발명에 미친 독서광인 에디슨에게 이들은 모두 에디슨의 스승일 것이 확실하다. 특히 앞에서 살펴본 에디슨의 과학적 스승에 대해서 살펴보면서 발견한 특이하고 재미있는 점이 있다면, 미국의 과학자 헨리(Joseph Henry)를 제외하면, 모두 유럽의 과학자가 라는 점이다.

즉, 1900대 이전에는 전기(電氣) 분야의 유명한 과학자를 전기(또는 전자) 공학의 단위로서 그 이름을 사용하게 하였고, 1901년부터는 노벨상(Nobel Price)을 수여하여 과학발전의 공로를 인정한 점을 고려해보면, 인류에게 전기를 사용하여 전구, 영사기, 축음기, 배터리 등을 가져다준 토마스 에디슨이 남긴 수많은 업적에도 불구하고, 그는 **전기(또는 전자) 공학의 단위로 사용되지도 않았고, 노벨상을 받지도 않은**[35] 어쩌면 그가 이 세상에 공헌한 공로에 비교하여 가장 인정받지 못한 **불운(不運)의 과학자이자 발명가**[36]라고도 할 수 있을 것이다.

---

35) 노벨상의 수여 기관을 각 살펴보면 다음과 같다.
   1) 물리학 및 화학상 : 스웨덴 왕립 과학원
   2) 생리학 및 의학상 : 스웨덴 카롤린스카(Karolinska) 의학연구소
   3) 문학상 : 스웨덴 학술원
   4) 경제학상 : 스웨덴 중앙은행
   5) 평화상 : 노르웨이 노벨평화상 위원회
   현존하는 세계 최고 권위의 노벨상의 탄생(誕生)도 스웨덴을 중심으로 하는 유럽 중심의 상(賞)으로 출발하였다.

36) 1915년 11월 06일 뉴욕타임즈(New York Times) 신문은 토마스 에디슨(Thomas Edison)과 그 보다 정확히 9살 어린 니콜라 테슬라(Nikola Tesla)가 공동으로 노벨 물리학상을 수상한다는 **오보(誤報)**를 내기도 하였다. 즉 1800년대 양대(兩大) 천재(天才)인 토마스 에디슨은 니콜라 테슬라와 함께 그 공로 때문에 노벨상의 수상 후보로 스웨덴 왕립 과학원에서 진지하게 검토했던 것으로 생각된다.

다만, 1900년대 초반의 초창기 노벨상은 에디슨 및 테슬라와 같은 발명가(실용가)에게 노벨상을 수여하기 보다는 과학의 이론을 발전시킨 과학자(이론가)에게 노벨상을 수여했기 때문이라고 견해(見解)를 표시(標示)하는 분들도 있지만, 이미 무선통신 분야의 대표적인 발명가이자, **단파 무선통신 발명가인 무선통신의 아버지 굴**

리엘모 마르코니(Guglielmo Marconi: 1737년~1798년, 이탈리아)가 이미 1909년 노벨상을 수상하였다.
아래에 무선통신의 아버지 마르코니, 전구 등의 아버지 토마스 에디슨, 교류전동기의 아버지 니콜라 테슬라의 주요 업적에 대하여 언급하였다.
이 책을 읽는 독자(讀者) 여러분이 노벨상 선정 위원이라면, 에디슨과 테슬라에게도 노벨상을 주었을까 생각해 보시기 바란다.

- 1909년 이탈리아 마르코니 노벨 물리학상 수상(발명가로 최초 노벨상 수상)
  * 굴리엘모 마르코니 업적
    1896년 세계 최초 무선통신 발명(미국특허 US586193호)
    1897년 세계 최초 무선통신 회사 설립
    1899년 도버 해협을 건너는 무선통신 성공(안테나 기둥을 이용)
    1901년 대서양 횡단 무선통신 성공(안테나 기둥을 이용)
- 1915년 뉴욕타임즈 신문 : 에디슨과 테슬라 노벨상 공동수상 오보(誤報)
  * 토마스 에디슨 업적
    1877년 세계 최초 축음기 발명(미국특허 US200521호)
    1878년 세계 최초 전구 발명(상용화 성공)(미국특허 US223898호)
    1891년 세계 최초 영사기 발명(미국특허 US493426호)
  * 니콜라 테슬라 업적
    1887년 세계 최초 교류전동기 발명(미국특허 US381969호)
    1902년 세계 최초 테슬라 코일(특고압 승압회로) 발명(미국특허 US1119732호)

토마스 에디슨 및 니콜라 테슬라는 결국 노벨상을 수상하지 못했다.
하지만, 니콜라 테슬라 교류 시스템(교류 전동기 등) 발전의 공로를 인정받아, 후대의 과학자들이 그의 공로를 기념하여 자기장의 단위를 테슬라[T]로 명명(命名)되었다. 그럼 왜? 토마스 에디슨은 전기(또는 전자)공학의 단위로 명명(命名)되지도 못했는가?

①1900년대 초반에 노벨 물리학상을 선정하는 기관이 유럽(스웨덴 왕립 과학원)이고, ②그 당시 세계를 이끌고, 전기(또는 전자)공학의 단위를 결정하는 저명한 물리학자들이 대부분 유럽의 과학자이다. 따라서 ③유럽 출신(태생)의 발명가인 마르코니는 1909년 노벨 물리학상을 수상했고, 니콜라 테슬라는 비록 노벨 물리학상 수상하지 못했지만, 자기장의 단위[T]로 명명(命名)되었다. 하지만, 순수 미국 출신인 토마스 에디슨은 전기분야 발명을 통한 그의 공로(功勞)와 업적(業績)에 비교하여, 노벨상도 못 받았고, 전기(전자)공학의 단위로 명명(命名)되지 못한 것이 아닐까 생각해본다.

본 필자(筆者)가 토마스 에디슨이 노벨상도 못 받았고, 전기(전자)공학의 단위로 명명(命名)되지 못한 이유를 생각해보면, ㉠유럽 출신이 아닌 미국 출신이기 때문에 ㉡공식적 학력(초등학교 3개월 중퇴)이 너무 낮아서..?

본 필자(筆者)가 토마스 에디슨 왜? 노벨상도 못 받았고, 전기(전자)공학의 단위로 명명(命名)되지 못했는지 여러 가지 연구를 했지만,
지금까지 필자(筆者)의 연구로는 "유럽 출신이 아닌 미국 출신이기 때문"이라는 이유가 가장 합리적(合理的)인 이유가 아닐까 생각해본다. 이것은 필자(筆者)의 주관적(主觀的) 견해이며, 독자 여러분도 이에 대하여 좋은 의견이 있으면,

미국 출신으로 유일하게 전기(電氣)의 단위로 인정받은 **헨리(Joseph Henry)**의 경우 1837년 이후 영국과 유럽에서 패러데이(Michael Faraday) 및 휘트스톤(Chares Wheatstone)과 **협력**하여 그의 말년(末年)에 연구를 수행하였다. 실질적으로 순수하게 미국에서만 연구한 사람은 전혀 전기(또는 전자) 공학의 단위로서 사용된 사람은 없다고 할 수 있다.

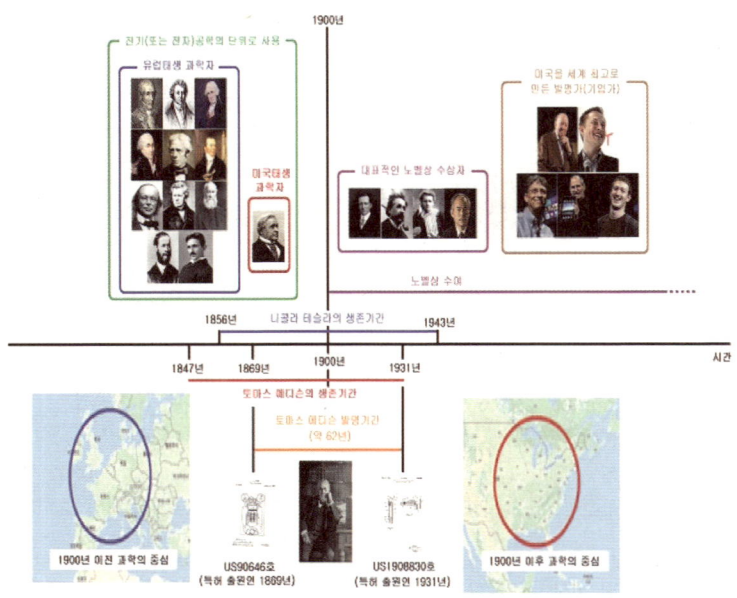

그림 1-15. 1900년과 그 중심에 있는 토마스 에디슨의 발명

필자(筆者)의 네이버 카페(토마스 에디슨의 꿈, 발자취 그리고 에디슨 DNA) 카페주소 : http://cafe.naver.com/edisondna)에 여러분의 소중한 고견(高見)을 남겨주시길 소망한다.

결론적으로 필자(筆者)의 주(主) 견해는 토마스 에디슨은 유럽이 아닌 미국 출신의 발명가(과학자)이기에 노벨상도 못 받았고, 전기(또는 전자)공학의 단위로 명명(命名)되지 못했다고 생각한다.

필자(筆者)가 이를 통하여 하고자 하는 말은 1900년대 이전에는 과학의 중심은 미국이 아닌 유럽이라는 것이고, 지금까지도 대부분 과학의 기준 단위는 유럽의 과학자 이름이라는 것을 많은 사람들은 모르고 그냥 습관적 사용하고 있다는 것이다.

또한, 토마스 에디슨은 1869년 프리랜서(Freelancer) 발명가로 독립하여 최초의 특허(전기투표 기록기; US90646호)를 출원하고, 그의 인생 마지막인 1931년에 마지막 특허(충·방전 가능한 배터리 전극판; US1908830)까지 발명가로서 수많은 연구37)를 하였다. 즉, 에디슨은 정확히 1900년을 기준으로 1869년~1900년까지 31년과, 1901년~1931년까지 31년인 1900년 기준으로 총 62년의 인생을 발명과 함께한 인생이었다. 그리고 무엇보다 중요한 것은 **토마스 에디슨이 발명가로 살아온 1900년을 중심으로 약 60년의 시간동안 과학의 중심축(中心軸)이 유럽에서 미국으로 이동을 하게 되었는데, 그 시발점(始發點)이자 촉매제(觸媒劑)**가 바로 미국이 낳은 세계적인 발명왕 에디슨이라는 것이다. 토마스 에디슨은 미국인으로서 **미국에게 선물한 최대의 공로(功勞)**가 과학의 중심(中心)을 유럽에서 미국으로 이동해온 것이 아닐까 생각해본다.

내가 이 책을 쓰면서 토마스 에디슨에게 매혹(魅惑)되고, 열광(熱狂)하는 이유는 토마스 에디슨의 특허와 디자인을 한건, 한건씩 바라보면, 바로 토마스 에디슨으로 인하여 과학과 기술의 흐름이 바뀌었다는 것이다. 그는 단지 **전구(電球)**로 대표되는 전기(電

---

37) 에디슨 최초 특허인 전기투표 기록기 특허, US90646호(1869년 06월 01일 등록, 출원일은 알 수 없음)
에디슨 마지막 특허인 충·방전 가능한 배터리 전극판 특허, US1908830호(1933년 05월 16일 등록, 1931년 01월 09일 출원)

氣) 분야만 연구한 것이 아니라 기계(機械), 건축(建築), 화학(化學) 그리고 생물(生物)까지도 엄청나게 연구하였다. 심지어 미국 농업기술의 기반(基盤)을 제공한 사람이 바로 토마스 에디슨이며, 생물 및 농업에 관한 그의 연구는 독점권이 확보되는 특허로 출원 및 등록받기 보다는 모두 미국 정부기관인 농업부에 그 권리를 양도했고, 미국의 생물 및 농업 발전에 기여한 것에 대해서 많은 사람들은 잘 알지 못할 것이다.

> ※ **토마스 에디슨의 공로(功勞)와 평가**
> - **전구, 영사기, 축음기, 배터리, 시멘트 등** 세계 최초로 1000개가 넘는 발명을 수행한 과학자
> - 1900년을 기준으로 과학의 중심(中心)을 유럽에서 미국으로 이동시킨 과학자이자 발명가
> - **인류를 위한** 엄청난 공헌에도 불구하고 전기(電氣)의 단위로 인정받지 못하고, 노벨상도 받지 못한 **불운(不運)의 과학자이자 발명가**
> - 전기(電氣), 기계(機械), 화학(化學), 건축(建築) 및 생물(生物) 등 모든 과학 분야를 섭렵한 대(大) 과학자

다시 강조하지만, 내가 이 책을 쓰면서 토마스 에디슨에게 매혹(魅惑)되고, 열광(熱狂)하는 이유는 토마스 에디슨의 1,093건의 특허와 디자인을 한건, 한건 씩 바라보면서, 나는 몇몇 특허들에 대하여

- 이건 에디슨의 특허가 아닐거야...설마...
- 우리나라도 동명이인(同名異人)[38]이 많은데...

분명 토마스 에디슨과 동시대(同時代)의 동명이인(同名異人)의 과학자 또는 발명가 일거야...설마...
- 에디슨이 언제 생물학(生物學)도 연구했지??
- 에디슨이 언제 시멘트와 철근 콘크리트도 연구했지??
- 결국 에디슨 때문에 미국 뉴욕(New York)에 엠파이어 스테이트 빌딩(Empire State Building)39)이 만들어 졌구나...
- 에디슨이 방수페인트, 방수섬유를 연구했네..
- 에디슨이 전기자동차와 전기철도를 연구했네..
- 에디슨이 리튬이온(Li-ion) 배터리를 연구했네..
- 에디슨이 헬리곱터(Helicopter)도 연구했네..
- 에디슨이 왜 고무(Rubber)를 연구했지??

몇몇 에디슨 특허들에 대한 나의 예상은 완전하게 빗나갔고, 위대한 발명가 **토마스 에디슨은 그냥 위대한 발명가가 아니었다.** 나는 토마스 에디슨을 진심으로 존경하고, 그의 발명에 매혹(魅惑)되고, 열광(熱狂)하게 되었고, **이제는 자칭 토마스 에디슨의 열성 팬(Fan)을 넘어서 '에디슨 전문 연구가(研究家)'라고 스스로** 명함(名銜)에 새겼으며, 에디슨-테슬라 특허 박물관(에디슬라 박물관: www.edisla.kr)의 박물관장 및 네이버 카페(토마스 에디슨의 꿈, 발자취 그리고 에디슨 DNA)40)의 카페 주인이 되었다.

---

38) 같은 이름을 가진 서로 다른 사람
39) 엠파이어 스테이트 빌딩(Empire State Building): 1929년~1931년 건설된 미국 뉴욕을 상징하는 대표적인 건물로서, 맨하튼 5번가에 위치한 102층 건물, 지붕의 높이까지 381미터[m]이며, 안테나 탑을 포함할 경우 443미터[m]의 콘크리트 건물로서 콘크리트 건설 기술의 절정(絕頂)을 보여주는 건물이며, 1931년~1972년까지 세계 최고 높이의 건물이었으며, 2001년 9월 11일에 911 테러로 세계 무역 센터(World Trade Center)가 붕괴되면서, 현재 뉴욕에서 가장 높은 건물이 되었다.
40) 카페주소 : http://cafe.naver.com/edisondna

이 책을 읽는 독자(讀者)께서는 **지금까지 위인전 속에 나타난 토마스 에디슨에 대한 기억은 리셋(Reset)하시기** 바란다. 이제부터 이 책장을 넘기게 되면 필자(筆者)와 같이 토마스 에디슨에게 반드시 **매혹(魅惑)**되고, **열광(熱狂)**하게 될 것이다.

필자(筆者)는 토마스 에디슨 선생님과 그의 위대한 걸작(傑作)을 만나기 위한 여행의 가이드(Guide)이자 걸작(傑作)을 해설하는 큐레이터(Curator)로 어깨가 매우 무겁다. 위대한 발명가 토마스 에디슨의 작품의 세계를 잘 안내하고, 잘 설명해야 할 텐데…

토마스 에디슨 선생님은 가이드(Guide)인 나에게 이런 말씀을 하시는 것 같다.

"제품(Product)은 비교의 대상이지만, 작품(Masterpiece)은 비교의 대상이 아닙니다."

⚡1-4. 토마스 에디슨의 최대 라이벌과 에디슨이 가장 존경하는 스승

1915년 11월 6일 뉴욕타임즈(New York Times) 신문의 제1면에는 토마스 에디슨이 그의 경쟁자인 니콜라 테슬라(Nikola Tesla)[41]와 공동으로 노벨 물리학상을 수상한다는 뉴스가 발표되었다.

그림 1-16. 니콜라 테슬라 및 테슬라 연구실[42]

하지만, 이 뉴스는 결국 오보(誤報)로 판명이 났고, 에디슨과 테슬라는 결국 노벨상을 받지 못했다. 아이러니(Irony)한 점은 토마스

---

41) 니콜라 테슬라(Nikola Tesla: 1856년~1943년): 교류(AC) 전류로 동작하는 유도 전동기 및 교류 시스템, 테슬라 코일(특고압 승압회로) 발명하였고, 라디오, 레이더 및 무선전력 전송 발전에 기여한 오스트리아 헝가리 제국 출신의 미국 과학자, 미국 에디슨 연구소에서 수년간 에디슨 아래에서 연구도 하였지만, 에디슨과 연구 성향(性向)이 달라서 그만두었으며, 철도 사업가인 웨스팅하우스(Westinghouse)와 손잡고 교류(AC) 시스템을 이용하여 전력사업을 발전에 기여하였고, 후대의 과학자들이 그의 공로를 기념하여 자기장의 단위를 테슬라[T]로 명명(命名)하였다.

42) 테슬라 연구실, 테슬라 사이언스 센터(Tesla Science Center): 미국의 뉴욕(New York) 남동부에 위치하며, 대서양 쪽으로 뻗어있는 길쭉한 모양의 다리로 연결된 롱 아일랜드(Long island) 섬에 테슬라가 생전(生前)에 연구하던 미국 연구소이다. 하지만, 현재 테슬라 사이언스 센터는 니콜라 테슬라를 기념하기 위한 발명품이 제대로 전시되지 못하고 있으며, 그래서 찾는 사람들도 많지 않고, 내부를 관람하기가 매우 어렵다. (단지 외부에 테슬라를 기념하는 동상과 테슬라 연구소 건물만 볼 수 있음)

에디슨의 라이벌(Rival)이자, 에디슨보다 무려 9살 어린 니콜라 테슬라의 경우 노벨상을 받지 못하였지만, 유도(교류) 전동기 발명 및 교류(AC) 시스템을 발전에 공로로, 니콜라 테슬라의 업적과 공로(功勞)를 인정하여 그의 이름을 전기(또는 전자)공학의 단위로 결국 명명(命名)되었다는 점이다. 그래서 그의 이름인 테슬라(Tesla)는 자기장의 단위[T]로 전기(電氣) 분야에서 널리 사용되고 있다.

그림 1-17. 니콜라 테슬라 연구실 모습[43] 및 지도상 위치

 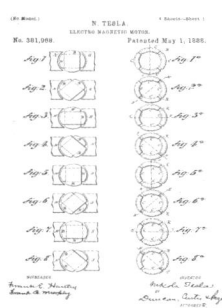

그림 1-18. 니콜라 테슬라의 대표발명인 교류(유도)전동기[44]

 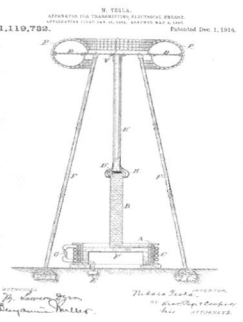

그림 1-19. 니콜라 테슬라의 대표발명인 테슬라 타워[45]

---

43) 현재 테슬라 연구실인 테슬라 사이언스 센터는 그의 대표 발명품인 테슬라 타워(Tesla Tower)는 없어지고, 빨간색 벽돌 건물만 남아있다.

44) 교류(유도) 전동기(Induction Motor): 1888년 미국 특허 US381968호 특허로 등록된 기술로서, 입력전원이 교류(AC: Alternating Current)로 회전하는 전동기이다. 니콜라 테슬라가 교류(유도) 전동기 발명하기 전(前)에는 전기에너지로 회전력을 발생하는 방법으로 단지 직류(DC: Direct Current) 전동기 밖에 없었으며, 직류(直流) 전동기는 회전을 위하여 반드시 정류자(整流子)와 탄소 브러시(Carbon Brush)가 필요하며, 직류 전동기가 회전하면서, 탄소 브러시가 정류자와 마찰되기에 직류 전동의 수명에는 항상 근본적인 한계가 있었다. 니콜라 테슬라는 직류 전동기의 문제점을 개선하며, 교류(交流) 전력시스템에서 회전력을 발생시킬 수 있는 교류(유도) 전동기의 발명을 통하여 교류 시스템의 완성을 할 수 있었다.(1888년 05월 01일 등록, 1887년 10월 12일 출원)

45) 테슬라 타워(Tesla Tower): 1914년 미국 특허 US1119732호 특허로 등록된 기술로서 인덕터 및 커패시터의 공진 현상과 변압기를 이용하여, 고전압을 발생시키

그림 1-20. 니콜라 테슬라의 박물관(세르비아 비오그라데)[46]

니콜라 테슬라(Nikola Tesla)의 주요 업적으로 교류(AC) 전류로 동작하는 유도 전동기의 발명(그림 1-18 참고)으로 인하여, 교류

고, 인공적으로 번개를 만드는 발명으로서, 테슬라의 천재성과 창의력을 유감없이 나타내는 대표적인 발명이다.(1914년 12월 01일 등록, 1902년 01월 18일 출원)

46) 니콜라 테슬라의 박물관(Nikola Tesla Museum): 니콜라 테슬라는 오스트리아 헝가리 제국 출신으로 1884년 이후 미국으로 건너가서 총 111개 미국특허를 등록받았고, 최종 국적은 미국이다. 무엇보다, 교류(AC) 전류로 동작하는 유도 전동기 및 교류 시스템, 테슬라 코일(특고압 승압회로) 발명하였고, 라디오, 레이더 및 무선전력 전송 발전 등으로 토마스 에디슨과 함께 전기분야를 선도했던 대표적인 천재과학자이며, 대부분의 중요한 연구가 미국에서 수행되었다. 하지만, 니콜라 테슬라의 업적을 기념하는 박물관은 미국이 아닌 그의 고향 유럽(세르비아 비오그라데)에 세워졌으며, 미국보다 더욱 그의 발명품을 잘 전시하여서 니콜라 테슬라의 업적을 기념하고 있다.

(AC) 시스템을 완성하였다는 것이 가장 큰 업적이며, 동시에 테슬라 코일(특고압 승압회로) 발명(그림 1-19 참고) 등으로 라디오, 레이더 및 무선전력 전송 발전에 엄청난 기여를 하였으며, 평생 미국특허 총 111개를 등록받았다.

니콜라 테슬라(Nikola Tesla)는 평생 미국에서 주요 연구를 수행했으며, 미국의 철도 브레이크 발명가 및 사업가인 조지 웨스팅하우스(George Westinghouse)[47]의 후원으로 미국의 대표적인 중전기기 회사인 웨스팅하우스 일렉트릭(Westinghouse Electric)社[48]의 설립에 결정적인 공헌 및 1, 2차 세계대전에서 미국의 전쟁무기의 개발에도 적극적으로 참여했지만, 니콜라 테슬라(Nikola Tesla)에 대하여 그의 업적(業績)을 기념하는 박물관은 미국보다 그의 고향인 유럽(세르비아 비오그라데)에 설립되었다.

따라서 테슬라의 이름이 자기장의 단위[T]로 전기(電氣) 분야에서 널리 사용된 이유를 필자(筆者)가 조명하자면, 니콜라 테슬라의 최종 국적은 미국이지만, 그의 고향은 오스트리아 헝가리 제국인 유럽이기에, 테슬라는 결국 1900년도 이전에 과학의 기준을 정하는

---

47) 조지 웨스팅하우스(George Westinghouse: 1846년~1914년): 철도 브레이크 및 자동식 철도 전신기를 발명하여서, 철도사업을 성공적으로 하였고, 교류(交流) 전력시스템의 가능성을 확인한 이후에는 그 당시 최신 변압기 특허인 루시엥 골라드(Lucien Gaulard)의 특허를 매입하고, 니콜라 테슬라(Nikola Tesla)를 연구원으로 영입하여 교류시스템을 연구하여, 토마스 에디슨의 전구에 전력을 공급하는 직류(直流) 전력시스템을 넘어서는 교류(交流) 전력시스템의 구축을 완성한 사람이며, 현재 미국의 중전기기 업체로 유명한 웨스팅하우스(Westinghouse)社를 설립한 미국의 발명가이자 기업인

48) 1886년 조지 웨스팅하우스(George Westinghouse)의 사업력과 니콜라 테슬라(Nikola Tesla)의 기술력이 바탕이 되어 설립된 중전기기 회사로서, GE(General Electric)社와 함께 미국을 대표하는 중전기기 회사로서, 2차 세계대전 이후에 원자력 발전소 기술을 집중적으로 연구하여, 현재 전 세계 500여개 원자력 발전소 중에서 약 1/2정도를 웨스팅하우스 일렉트릭社에서 설계 및 제작할 정도로 원자력 발전소분야 전문기업이다.

유럽 학자들의 강력한 영향으로 자기장의 단위[T]로 테슬라의 이름이 명명(命名)된 것으로 분석된다.

미국에서 태어났고, 평생을 미국을 중심으로 활동한 세계적인 발명가이자 과학자인 **토마스 에디슨은 물리(物理)와 전기(電氣) 발전에 대한 공로를 따지자면, 충분히 전기(또는 전자)공학 분야의 단위로 에디슨이라는 단위 [E]가 사용되고도 남을 것이다.**
그것도 아니라면, **1901년 이후 수여된 노벨 물리학상을 받기에도 충분한 자격을 갖추었다고 생각**한다. 하지만, 토마스 에디슨의 생존하던 당시에 과학계의 핵심이 되는 인물(人物)들이 미국인이 아닌 유럽인이었고, 전기(또는 전자)공학의 단위를 정하는 것과 노벨상을 수여하는 것은 적어도 1900년대 초반까지 유럽 출신의 세계적인 학자들에 의해서 결정되고 있었다. 어쩌면, 토마스 에디슨이 **인류에 기여한 그의 위대한 공로에 비하여, 그의 이름은 전기(또는 전자)공학의 단위로도 선정되지 못했고, 노벨 물리학상도 받지 못한 다소 불운(不運)한 인생을 살아간 과학자**가 아닌가 생각해본다.

더욱이 토마스 에디슨은 정식교육 조차 제대로 받지 못했고, 2차 방정식도 제대로 풀지 못했다고 한다. 어쩌면 에디슨 시대에 과학계를 이끌던 유럽의 과학자들에게 있어서, 토마스 에디슨은 이단아, 괴짜 과학자, 발명에 미친 별종(別種)과 같은 인물이고, 그의 발명품이 세상을 변화시키는 대단한 발명이라는 것은 충분히 인정하지만, **에디슨을 단지 발명에 미친놈으로 대접했을 뿐, 물리 및 전기공학 분야의 세계적인 과학자로 대접하거나, 학문의 대가(大家)로 인정하고 싶은 마음은 별로 없었을 것이다.**
그래서 그런지 지금까지도 토마스 에디슨이라고 하면, 발명가라는 이미지가 매우 강하며, 학문의 거장(巨匠) 또는 위대한 과학자라는 이미지는 매우 약한 것도 아니고 거의 없는 것 같다.

하지만, 1,093개의 에디슨 특허를 살펴보면, 분명한 것은 토마스 에디슨으로 인하여 과학의 중심축(中心軸)이 분명하게 유럽에서 미국으로 이동되었다는 것이다. 지금 우리가 살아가는 모든 기술의 바탕에는 토마스 에디슨의 발명이 그 근본(根本)이 되었다는 것을, 이 책에서 앞으로 언급되는 에디슨의 발명과 특허를 보면 더욱 확실히 알 수 있는 것이고, 매우 놀랄 것이다.

표 1-2. 토마스 에디슨과 니콜라 테슬라 비교

	토마스 에디슨	니콜라 테슬라
생애	1847년 02월 11일 ~ 1931년 10월 18일	1856년 07월 10일 ~ 1943년 01월 07일
출생국가	미국	오스트리아 헝가리 제국
최종국적	미국	미국
미국 특허/디자인	총 1,093개 (특허 1084개, 디자인 9개)	총 111개 (특허 111개)
대표회사	GE(General Electric)社	웨스팅하우스 일렉트릭社
대표발명품	전구, 축음기, 영사기, 배터리 등	교류(유도) 전동기, 테슬라 코일 등
이름의 단위사용	-	자기장의 단위 [T]
노벨상 관련	1915년 11월 6일 뉴욕타임즈 에디슨-테슬라 노벨물리학상 공동수상 오보(誤報)	
기념 박물관	미국 뉴저지 웨스트 오렌지 에디슨 국립박물관	유럽 세르비아 비오그라데 테슬라 박물관

전기공학 분야에서 박사학위를 받았고, 대한민국 특허청 심사관이었고 변리사인 필자(筆者)도 솔직히 에디슨이 뭘 발명했는지?, 왜 발명했는지? 잘 몰랐고, 그의 발명이 뭐가 정말 위대한지 전혀 몰랐다.

필자(筆者)가 이렇게 말하면, "박사님!!, 에이, 참 겸손하시긴... 다 아시면서...."라고 말하는 분들도 있을지 모르겠지만, 이건 솔직히 사실이었다.

이 책을 집필(執筆)하기 위하여 토마스 에디슨에 대한 수많은 책을 봤지만, 대부분은 단지 에디슨의 발명(發明)과 특허(特許) 몇 개도 제대로 살펴보지도 않았다고 생각한다[49]. 단지, 대표적인 발명인 전구, 축음기 및 영사기 정도만 살펴보고, 에디슨의 전구를 실험할 때 만 번의 실험을 했다는 전설과 같은 이야기를 하고 있으며, '천재는 1%의 영감과 99%의 땀으로 이루어진다(Genius is 1% inspiration, 99% perspiration)'라는 에디슨의 명언(名言)을 인용하면서, 마치 에디슨의 발명을 마치 모두 다 이야기 한 것처럼 소개하는 책이 아마도 대부분일 것으로 생각된다.

---

[49] 본 필자(筆者)가 토마스 에디슨에 관하여 읽어 본 서적 중, 『EDISON, A Life of Invention』(파울 이스라엘(Paul Israel) 저, John Wiley & Sons 출판사, 영문판, 한글 번역판은 없음)이란 책이 있다. 이 책은 2015년 11월 토마스 에디슨의 뉴저지 웨스트 오렌지(West Orange) 연구소(National Park)를 방문하고, 연구소 내의 기념품 가게(Shop)에서 필자(筆者)가 직접 구입하였는데, 지금까지 읽어본 에디슨 책 중에서 에디슨 발명품의 연구 배경을 가장 잘 소개한 책으로 적극 추천하는 바이다. 이 책의 저자인 파울 이스라엘(Paul Israel)은 에디슨 전문 연구가이다. 그는 에디슨과 그의 연구원들의 전신기, 전구, 배터리, 축음기 등에 대한 특허출원 그 이전에 발명에 대한 다양한 스케치(Sketch)를 그의 책에 삽입하여서, 지금까지 필자(筆者)가 읽어 본 에디슨 책 중에서 가장 훌륭하다고 생각한다. 필자(筆者)는 파울 이스라엘(Paul Israel)을 직접 만나지 않았지만, 기회가 된다면, 만나서 이야기하고 싶은 에디슨 전문가이다. 필자(筆者)는 『EDISON, A Life of Invention』을 모두 읽어보았고 감동하였으며, 에디슨 전문 연구가인 파울 이스라엘(Paul Israel) 박사님의 깊이 있는 연구와 서적 집필에 대한 노고에 대하여 깊은 감사와 경의를 표하며, 토마스 에디슨의 발명 인생에 대하여 더욱 깊이 있게 알고 싶은 독자(讀者)에게 가장 추천하는 책이다. (단, 현재 영문 원서(原書)만 존재함)

토마스 에디슨에 대하여 관심을 가지게 된 나는 토마스 에디슨과 관련된 수많은 책을 읽어 보았지만, 그 어느 책도 에디슨이 진정으로 "무엇을 발명했고, 왜 발명했는가?"라는 관점에서 내 가슴을 속 시원하게 말해주는 책을 보지 못했다. 그래서 최종적으로 토마스 에디슨의 발명을 알기 위하여 선택한 방법이 에디슨의 1,093개의 발명(1,084개의 특허와 9개의 디자인50))를 모두 읽어 보았고, 내 나름대로 분류51)를 하였다. 물론 위대한 발명가 토마스 에디슨의 특허를 한번 본다고 모두 다 이해할 수 있는 것은 아니지만, 적어도 이 책에서 에디슨의 꿈과 발자취를 이야기하면서 다른 어떤 문헌을 인용하기 보다는 1,093개의 에디슨 발명이 가장 바탕이 되었다.

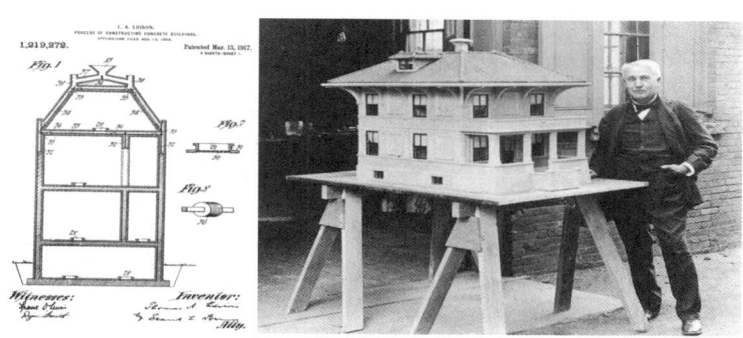

그림 1-21. 에디슨의 콘크리트 빌딩 특허 및 그의 발명52)

---

50) 한국은 디자인의 경우 디자인권에 의하여 보호하지만, 미국은 우리나라와 달리 디자인을 특허의 일부로서 보호하고 있다.

51) 특허의 원칙적인 분류는 국제특허분류(IPC: International Patent Classification: 1954년부터 체계 각국에서 채용토록 하기 위하여 사용되었으며, 1968년 9월부터 정식 발효, 현재 모든 나라가 특허 분류의 기준이 되는 분류체계)가 기준이지만, 국제특허분류는 그 기술적 내용이 자세하지 않기 때문에 에디슨의 1,093개의 발명에 대해서는 최종적인 발명품을 중심으로 본 저자의 기준으로 분류 및 분석하였다.

52) 에디슨은 그의 나이 57세(1904년) 이후에 시멘트 생산장치 및 빌딩을 만들기 위한 콘크리트 틀에 대하여 많은 관심을 가지고, 관련한 특허를 무려 23건이나 출원하였다. 콘크리트 빌딩 건설 방법에 관한 특허, US1219272호(1917년 03월 13일 등록, 1908 08월 13일 출원)

에디슨의 1,093개의 특허를 하나, 하나 보면서 느끼는 것은 바로 감탄과 감동이다. 나는 이 감동을 많은 사람들에게 전달하기 위하여 이 책을 쓰게 되었다. 물론 내가 이 책을 통하여 나의 지식과 표현의 한계로 인하여 위대한 발명가 에디슨이 남긴 발명에 대해서 얼마나 잘 전달될 수 있을지 고민이다. 분명한 것은, 에디슨의 발명은 전신기, 전구, 축음기, 영사기만이 아니라는 것이다.

전기투표 기록기, 주식시세용 전신기, 팩스(팩시밀리), 전기펜(Electric Pen), 복사기, 말하는 인형, 전화기, 녹음 스튜디오(Black Maria), 녹음기, 교환기, 전화 알람장치(전화벨), 아크램프, X레이용 램프, 전구의 소켓(Socket), 등(燈)기구, 배전반(配電盤), 진공(Vacuum)을 만드는 장치, 진공 테스터(tester) 장치, 발전기, 전동기, 전기기기 먼지(분진)방지장치, 전기기기 속도제어, 기어(Gear), 전력배전 시스템, 전류계(Amperemeter), 전압계(Voltmeter), 전봇대, 전선, 퓨즈(Fuse), 권선기(捲線機), 전기철도, 전기자동차, 동력전달 체인(Chain), 피뢰기(避雷器, Lightning arrester), 브레이크(Brake), 베어링(Bearing), 자동차 바퀴(타이어), 자동차용 라이트(Light), 광석분리, 용광로(鎔鑛爐), 시멘트 생산장치, 시멘트 소성로(燒成爐), 콘크리트 거푸집(틀), 방수 페인트, 방수 섬유, 재봉틀, 방전만 가능한 배터리(1차전지), 충·방전이 가능한 배터리(2차전지), 니켈전지, 전지에서 리튬물질 사용, 배터리 충전기(充電器), 배터리 교환기(交換機), 압축기(壓縮機), 타자기, 무선통신, 영사기, 영화보는 안경, 카메라(Camera), 필름(Film), 전기용접기, 제본기, 코팅기, 헬기(헬리곱터), 전쟁용 탄환, 염소처리한 고무, 식물섬유 치료제, 식물에서 고무를 추출하는 방법, 튜브(빨대)를 생산하는 장치 등 한 마디로 과학과 관련된 모든 기술 분야에 발전에 엄청난 공헌을 하였다.

그래서 1900년대 초반까지 과학과 기술의 중심이 유럽이었다면, 미국의 발명가 토마스 에디슨의 기여를 계기로 과학과 기술의 중심은 유럽에서 미국으로 이동하게 되었고, 미국 과학 발전의 초석에는 토마스 에디슨이라는 위대한 발명가이자 과학자의 발명이 토대(土臺)가 되는 것은 분명하다. 비록 토마스 에디슨은 전기(또는 전자)공학의 단위도 아니고, 노벨 물리학상도 받지 않았지만, 가장 위대한 발명가라고 하면 누구든지 주저하지 않고 토마스 에디슨을 첫째로 꼽는 이유는 이 책을 넘기면 넘길수록 여러분의 가슴에 감동으로서 그 이유에 대한 대답을 찾을 수 있을 것이다.

분명한 것은, 독서광인 에디슨 이전의 전기공학 분야 세계적인 학자는 모두 에디슨의 스승이지만, 그 중에서 가장 영향을 많이 끼친 인물 한 명을 꼽으라면, 실험을 통하여 전자기 유도와 전자석을 연구한 영국의 과학자 마이클 패러데이(Michael Faraday)53)라고 할 수 있을 것이다.

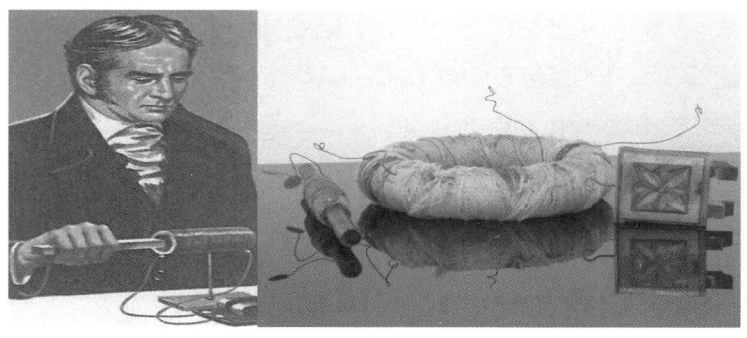

그림 1-22. 패러데이 및 그가 전자기 유도에 사용한 전자석

---

53) 패러데이(Michael Faraday: 1791년~1867년): 1831년 전자기 유도 현상을 발견하고, 전자석을 실험적으로 연구한 영국의 과학자, 후대의 과학자들이 그의 공로를 기념하여 커패시턴스의 단위를 패럿[F]으로 명명(命名)하였다.

메모를 통해서 밝혀진 에디슨이 가장 아끼는 전기공학 교과서는 마이클 패러데이가 저술한 『전기학 실험연구』이다. 이 책은 총 3권으로 이루어져 있는데, 에디슨은 헌책을 사서 이 책을 수없이 반복해서 읽었고, 더불어 패러데이와 동일한 조건으로 실험을 하였다고 한다. 마이클 패러데이(Michael Faraday)의 『전기학 실험연구』는 각 권이 300 페이지 이상이지만, 어려운 수식이 없으며, 단지 패러데이가 직접 수행한 전기 실험과 패러데이의 관찰을 매우 평범한 문체로 쓴 책이기에 토마스 에디슨은 이 책을 특별히 사랑한 것으로 보인다.

따라서 에디슨이 가장 존경한 과학자이고, 가장 대표적인 스승을 한명만 꼽으라고 한다면, 바로 패러데이(Michael Faraday)라고 할 수 있으며, 훗날 에디슨의 막대한 실험 메모(Memo)와 그 내용이 면밀하게 기술된 것들은 모두 젊은 시절에 에디슨이 열정적으로 읽고 실험한 마이클 패러데이의 『전기학 실험연구』에서 가장 크게 영향을 받은 것으로 보인다. 에디슨은 패러데이에 대한 존경의 표현으로 그를 "실험의 거장"으로 칭송하였으며, 나중에 그가 제작한 대형 발전기에 "패러데이 머신"이라는 별명을 붙이기도 하였다.

그림 1-23. 패러데이가 저술한 『전기학 실험연구54)』 (1839)

전기(電氣)공학 뿐만이 아니라 화학과 물리에 관해서도 패러데이가 저술한 『화학 조작법55)』, 『화학과 물리의 실험연구56)』라는 서적도 패러데이가 수행한 실험과 이를 평이(平易)하게 설명한 책으로서 에디슨에게 물리, 화학 및 재료 분야 발명에 크게 영향을 끼친 것이 분명하다. 그래서 그런지 에디슨의 전신기, 전화기, 전동기, 발전기, 전구, 전력시스템 등 수많은 발명에서 마이클 패러데이처럼 전자석(電磁石)을 응용하는 발명이 상당히 많다는 것이 특징이며, 이는 에디슨이 가장 존경하는 스승인 마이클 패러데이의 유산(流産)이 토마스 에디슨의 발명(發明)에 곳곳에 녹아있는 것으로 분석된다.

또한, 과학자가 아닌 사람 중에서 토마스 에디슨에게 지대한 영향을 미친 한명의 스승을 꼽으라면, 사무엘 모스(Samuel Morse)57)라고 할 수 있다.

사무엘 모스는 예일(Yale) 대학을 졸업한 화가(畵家)로서 뉴욕(New York) 대학 미술학과 교수이지만, 통신이라는 개념을 세계 최초로 제안한 발명가이다. 그는 두 종류의 펄스인 ·(dot)와 -(dash)를 계속 조합하여 통신을 하는 새로운 방법을 발명하여서 최초로

---

54) Experimental Researches in Electricity Vol I and Vol II (1839년 패러데이 저술)
   Experimental Researches in Electricity Vol III (1855년 패러데이 저술)
55) Chemical Manipulation (1827년 패러데이 저술)
56) Experimental Researches in Chemistry and Physics (1859년 패러데이 저술)
57) 사무엘 모스(Samuel Finley Breese Morse: 1791년~1872년): 미국의 화가이자 발명가, 예일 대학을 졸업하고, 내셔널 디자인 아카데미 초대 교장과 뉴욕 대학의 미술교수를 역임하였다. 점과 선으로 표시되는 전신부호를 발명하였고, 기술적인 면에서 조셉 헨리(Joseph Henry)의 도움으로 1837년 뉴욕대학에서 500 미터 전신 송전에 성공하고, 1843년 의회를 설득하여 워싱턴-볼티모어 간 60km의 전신회선 설치와 통신에 성공하였고, 1856년 웨스턴 유니온社(Western Union Co.)를 설립하여 전신발전에 기여하였다.

장거리 통신시대를 개척한 발명가이자 이를 직접 전신 사업으로 실행시킨 사업가이기도 하다.

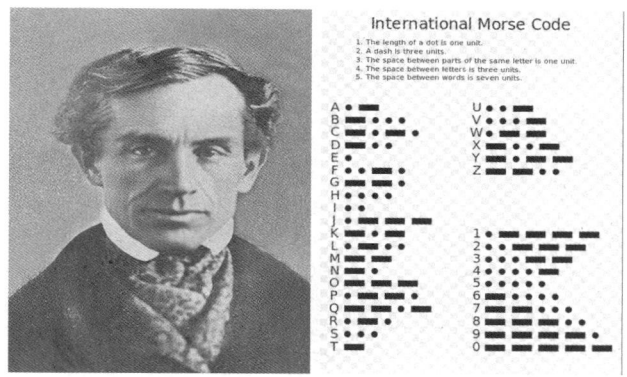

그림 1-24. 사무엘 모스 및 그가 발명한 모스부호

그림 1-25. 헤라클레스의 죽음(1812년 작품, 예일대학 소장)

그림 1-26. 조나스 플랫(1828년 작품, Brooklyn 박물관 소장)

사무엘 모스는 전신기 및 모스 부호를 발명한 발명가로 더욱 유명하지만, 화가(畫家)로서도 매우 위대한 작품을 많이 남겼다. 사무엘 모스가 1812년 그린 헤라클레스의 죽음(Dying Hercules), 1828년 조나스 플랫(Jonas Platt) 등 주로 인물화를 중심으로 작품을 남겼으며, 그의 작품들은 미국을 대표하는 대작(大作)으로 평가되고 있다(그림 1-25, 그림 1-26 참고).

사무엘 모스는 비록 화가였지만, 그의 아이디어인 전신기(電信機)는 인덕턴스의 단위[H]이고, 독자적으로 전자기(電磁氣) 유도 현상 및 전자석(電磁石)을 연구한 미국의 과학자 조셉 헨리(Joseph Henry)[58]의 도움을 통하여 완성되었다. 1830년대 사무엘 모스가 1마일[59] 거리에서 전신기 실험을 하였을 때, 전자석(Electromagnet) 및 릴레이(Relay) 등 전기장치 설계의 핵심적인 부분은 모두 조셉 헨리에 의하여 설계되었다. 전신기에 대한 최초의 개념적(概念的) 아이디어는 사무엘 모스(Samuel Morse)가 제안하였으며, 전기 및 전자석 기술에 대한 지원은 조셉 헨리(Joseph Henry)가 하였지만, 토마스 에디슨이 발명한 총 149건의 전신기 특허를 살펴보면, 결국 전신기 기술의 실질적인 완성은 모두 토마스 에디슨에 의해서 이룩되었다고 평가할 수 있을 것이다.

한 사람의 위대한 발명가가 완성되기까지 수많은 스승이 필요하다. 특히 시대를 앞서간 천재 발명가 토마스 에디슨에게는 앞에서 살펴본 것처럼 책을 통하여 그를 간접적(間接的)으로 지도한 수많은 스승들이 존재하였고, 그 중에서도 **마이클 패러데이(Michael Faraday)와 사무엘 모스(Samuel Morse)**는 에디슨이 가장 존경하는 스승이자 그의 발명에 가장 크게 영향을 끼친 위대한 스승이라고 평가할 수 있을 것이다.

---

58) 헨리(Joseph Henry: 1797년~1878년): 1830년 독자적으로 전자기 유도를 발견하였고, 1831년 전자식 전신기를 기술적으로 완성한 미국 과학자, 후대의 과학자들이 그의 공로를 기념하여 인덕턴스의 단위를 헨리[H]로 명명(命名)하였다.

59) 1마일(mile) : 약 1.6 킬로미터(Km)

2장 토마스 에디슨이 만든 발명이라는 숲, 그의 연구소 및 위대한 작품에 도전한 사람들

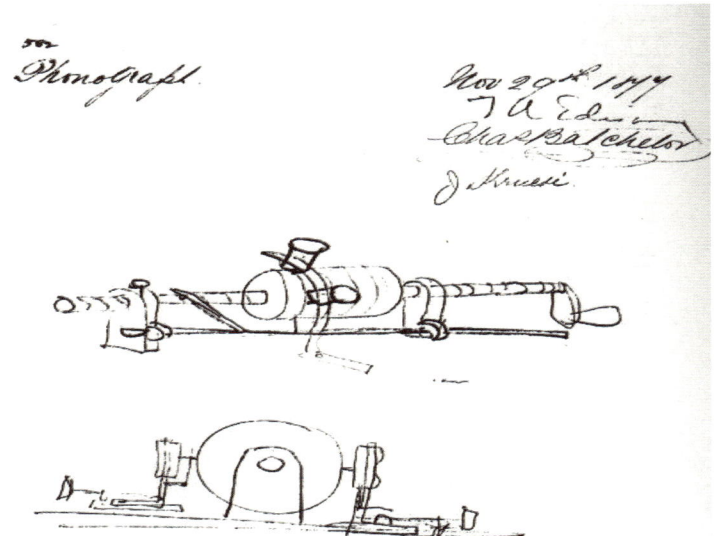

* 토마스 에디슨의 제1-5 연구소 및 축음기 발명 스케치

☆ 2-1. 토마스 에디슨이 평생 집중했던 10가지 발명 분야

"실패는 성공의 어머니"라는 말은 아마도 토마스 에디슨의 삶을 가장 잘 대변(代辯)해주는 명언(名言)이라고 할 수 있을 것이다. 그만큼 토마스 에디슨은 실패를 두려워하지 않고 당당하게 자신의 길을 가장 용감하게 걸어간 발명가(發明家)이고 결국 발명왕(發明王)이 되었다.

이 책을 쓰기 위하여 에디슨의 발명을 한건, 한건 씩 1,093개의 미국 특허와 디자인을 살펴볼수록, 나는 토마스 에디슨을 진정 좋아하고 존경하게 되었다. 그리고 1,093개의 특허와 디자인을 한참 검토할 때, 나는 에디슨이 정말 부럽다는 생각이 들었다. 왜냐하면, 그는 자신의 직업을 그냥 좋아하고, 괜찮다고 생각하는 사람이 아니다. 한 마디로 에디슨은 자신이 하려는 발명에 완전히 미친 사람이고, 자신의 발명을 진심으로 즐기는 사람이었다. 그와 같이 연구하는 사람들은 에디슨에 대하여 하루에 평균 16시간 이상 일했으며, 무엇인가 몰두하면 3~4일씩 밤새는 것은 기본이었다고 에디슨의 주변 인물들은 증언(證言)하고 있다.

토마스 에디슨의 1,093건의 특허와 디자인을 직접적으로 분류(分類)하는 것은 상당히 어려운 일이다. 왜냐하면, 그는 한 가지 분야만 집중해서 연구한 사람이 아니고, 동시에 여러 가지를 연구하였고, 발명하는 것이 특기(特技)이기 때문이다. 어쩌면 **그의 새로운 발명품은 단순하게 새로운 개념의 발명품을 내놓았던 것이 아니다. 더욱더 사용하기 편리하고, 만들기 쉽고, 제조하기 쉽고, 더욱 좋은 제품으로 지속적인 혁신을 추구한 결과이며, 시너지(synergy)와 디테일(Detail)을 추구하는 것이 가장 큰 특징이다.** 현재까지도 단일 발명가에 의해서 1,000건 이상의 특허출원이 이루어진 경우는 오직(Only) 토마스 에디슨 밖에 없다. 왜? 에디슨이 발명의 왕이었고, 그만큼 많은 특허를 출원한 이유는 **그의 모든 발명에서 시너지(Synergy)와 디테일(Detail)을 끊임없이 추구했기 때문**이라고 분석할 수 있다. 그래서 그런지 1,093건의 특허와 디자인을 살펴보면, 그의 발명은 절대 우연히 만들어진 것은 없으며, 그 모든 발명에는 분명한 흐름이 있다.

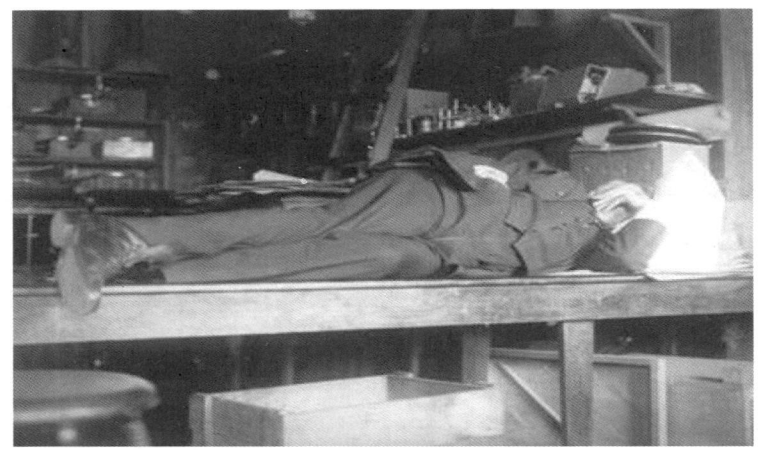

그림 2-1. 연구실 테이블에서 잠든 에디슨(1911년, 64세)[60]

그림 2-1은 1911년 토마스 에디슨이 뉴저지 웨스트 오렌지(West Orange)연구실에서 연구하다가 잠든 사진이다. 이 책을 쓰기위하여 에디슨의 수많은 사진을 보았지만, **바로 이 사진은 필자(筆者)에게 가장 큰 감동을 준 사진이며, 필자(筆者)가 가장 좋아하는 사진이다.** 그 이유는 1847년 출생한 에디슨에게 1911년 연구실 책장에서 잠든 모습은 솔직히 통상적인 상식을 깨는 모습이기 때문

---

60) 1911년 에디슨은 64세 나이에 전화기, 축음기, 배터리, 광물분쇄, 광물이송 등 총 9건의 특허를 등록받았으며, 특히 전화기에 축음기를 결합하여 전화 녹음기를 세계 최초로 개발하였다.

이다. 1911년 토마스 에디슨은 환갑(還甲)이 훨씬 넘은 만 64세이다. 그는 이미 전신기, 축음기, 전화기, 전구 등을 발명하여서 세계 최고의 발명가로 인정받으며, 명예와 돈이 충분한, 한마디로 성공한 사람이라고 할 수 있다.

어쩌면 **"영감님 이제 쉬시고, 인생을 즐기시죠!!"**
라는 말을 들을만한 나이임에도 64세, 토마스 에디슨은 축음기의 성능 개선, 배터리 재료개발, 광석분리, 제련 및 시멘트 관련 발명을 위해서 열정적으로 연구하였고, 자신의 실험실에 충분히 있을 법한 편안한 안락의자나 침대가 아닌, 딱딱하고 불편한 연구실 나무 테이블에서 웅크리고 자고 있기 때문이다.

이 사진을 통하여 나 역시 20대 후반, 전기공학 분야의 석·박 논문을 쓰면서, 실험실에서 밤늦게 실험하고, 집으로 돌아갈 차편도 없을 때, 연구실 바닥에 스티로폼(Styrofoam)[61]을 깔고, 잠잤던 기억이 떠오른다. 어쩌면 지금 나에게 돈 주면서 그렇게 하라고 해도 정말 못할 것 같다. 토마스 에디슨에게 감동받는 이유는 그가 환갑이 훨씬 지난 나이에도 젊은이의 가슴을 가지고, 자신의 발명을 사랑한 멋진 사람이기 때문이며, 진정한 발명가이기 때문이다.

토마스 에디슨이 실험실 테이블에서 잠자는 사진에서 적어도 한 가지는 분명하다고 생각한다. **그는 발명에 미친놈이고, 그 누구보다 가장 행복한 인생을 살았다는 것을....**그리고 그는 잠을 자면서 무슨 꿈을 꾸고 있을까?? 아마도 자신의 미완성 발명을 완성하기 위해 꿈속에서도 실험을 하지 않았나 생각한다.

잠시 토마스 에디슨이 연구실 테이블에서 잠든 사진에 취해서 이

---

[61] 발포 스타이렌 수지를 일상적으로 이르는 말이며, 상품명에서 유래한다.

야기가 돌아간 느낌이지만, 나는 이 책을 쓰면서, '에디슨의 발명을 어떻게 분류(分類)할까?'라는 엄청난 고민을 하였다. 에디슨의 발명은 그냥 툭툭 나온 것이 아니라 발명에 흐름이 있는 만큼 그 흐름을 따라서 분류(分類)하는 것이 정말 중요하다고 생각하게 되었다. 특히 토마스 에디슨은 평생을 통하여 1,093개의 특허와 디자인을 남겼지만, 크게 보면 약 10가지 분야에 대하여 집중하였고, 좀 더 작은 그룹으로 보면 대략 70여 가지의 발명 그룹에 집중한 것으로 보인다[62]. 토마스 에디슨의 미국특허 등록일[63]을 기준으로 에디슨이 평생에 집중했던 10가지 분야를 분류하면, 표2-1과 같다.

에디슨은 10가지 분야에 대해서는 짧게는 11년(전신기 분야 발명)을 집중하였고, 길게는 50년(배터리 분야 발명)이라는 시간을 두고 그 분야의 끊임없는 기술 개발(R&D), 시너지(Synergy) 및 디테일(Detail)을 추구한 것으로 분석된다.

표2-1에서 시간적인 기준을 토마스 에디슨의 미국특허 등록일을 기준으로 분석한 이유는, 에디슨의 초창기 특허 일부에는 출원일이 기재되어 있지(출원일 파악이 불가함) 않기 때문이다.

---

62) 본 필자가 에디슨의 발명을 최종 발명품을 기준으로 직접 분류한 것이다.
63) 에디슨 특허의 시간적인 부분을 분석하는데, 미국 특허청에 특허를 제출한 출원일이 아닌, 미국 특허 심사관으로부터 특허를 인정받은 등록일을 기준으로 분석한 이유는, 에디슨의 특허 일부에는 출원일이 기재되어 있지(출원일 파악이 불가함) 않기 때문이다. 특허 전문가 입자에서 보자면 발명을 완성한 시점을 특허청에 특허를 제출한 출원일로 보는 것이 더욱 합당하다. 에디슨의 초창기 발명 시절에는 출원시점과 등록시점인 2~6개월 정도이며, 에디슨의 말년인 1910년대 이후의 특허출원의 증가로 출원시점과 등록시점인 2~4년 정도의 차이가 있겠지만, 에디슨의 모든 특허에 등록일이 표시되어 있으므로, 시간적인 부분을 분석하는데 에디슨 특허의 등록일을 기준으로 수행하였다.

표 2-1. 에디슨이 평생 집중했던 10가지 발명 분야[64]

순위	발명 분야 (에디슨이 주로 연구한 나이)	미국특허 [건]	차지하는 비율[%]
1	전신기 관련 발명 22세(1869년) ~ 33세(1880년)	149	13.63
2	전화기 관련 발명 31세(1878년) ~ 45세(1892년)	40	3.85
3	전구 관련 발명 32세(1879년) ~ 48세(1895년)	171	15.65
4	발전기, 전동기 및 전력배선 관련 발명 32세(1879년) ~ 48세(1895년)	215	19.67
5	전기철도 및 전기자동차 관련 발명 34세(1881년) ~ 46세(1893년)	48	4.39
6	광석 및 시멘트 관련 발명 33세(1880년) ~ 72세(1919년)	102	9.33
7	전기기기 속도제어 관련 발명 32세(1879년) ~ 35세(1882년)	9	0.82
8	축음기 관련 발명 31세(1878년), 33세(1880년) 41세(1888년) ~ 84세(1931년)	189	17.29
9	배터리 관련 발명 36세(1883년) ~ 86세(1933년)	135	12.35
10	영사기 관련 발명 46세(1893년) ~ 71세(1918년)	10	0.91
11	기타	25	2.29
	전체	1,093	

---

64) 토마스 에디슨의 1,093건의 발명(특허 1,084건 + 디자인 9건)에 대한 분류는 본 저자가 에디슨 미국특허의 초록, 대표도면, 청구항을 읽고, 기술적인 관점을 중심으로 직접 분석 및 분류한 것이기에 기존의 에디슨 연구 결과의 통계와 다소 차이가 있을 수 있다.

토마스 에디슨의 초창기 발명은 출원시점과 등록시점인 2~6개월 정도이며, 에디슨의 말년인 1910년대 이후의 특허출원의 증가로 출원시점과 등록시점은 2~4년 정도의 차이가 있겠지만, 발명의 전반적인 흐름은 표2-1을 통해서 확인할 수 있을 것이다.

토마스 에디슨의 10대 발명 분야 중에서 100건 이상의 특허를 등록한 분야는 6가지 분야로서 특허 등록에 따른 순위는 아래와 같다.

- 1위 : 『발전기, 전동기 및 전력배선 관련 발명』 215건
- 2위 : 『축음기 관련 발명』 189건
- 3위 : 『전구 관련 발명』 171건
- 4위 : 『전신기 관련 발명』 149건
- 5위 : 『배터리 관련 발명』 135건
- 6위 : 『광석 및 시멘트 관련 발명』 102건

가장 많은 발명을 수행한 분야는 토마스 에디슨의 대표 발명인 전구(電球)를 상용화시키기 위한 발전기, 전력배선 등의 전기(電氣) 분야 발명이다.

따라서 토마스 에디슨은 전구(171건) 및 이를 상용화하기 위한 전력시스템(215건)에 관한 발명은 총 386건(171건+215건)으로 **에디슨의 특허 중에서 약 35.3%가 전구 및 전력시스템에 관한 발명**이며, 토마스 에디슨이 32세~48세까지 가장 집중적으로 연구한 분야는 바로 전구 및 전력시스템(『전구 관련 발명』, 『발전기, 전동기 및 전력배선 관련 발명』)발명으로 분석된다.

전구 및 전력시스템(『전구 관련 발명』, 『발전기, 전동기 및 전력배선 관련 발명』)과 관련된 특허(特許)를 보다 세부적으로 분석해보면, 전구, 아크램프, X레이용 램프, 전구의 소켓(Socket), 등(燈)기

구, 배전반(配電盤), 진공(Vacuum)을 만드는 장치, 진공 테스터(tester) 장치, 발전기, 전동기, 전기기기 먼지(분진)방지장치, 전력배전 시스템, 전류계(Amperemeter), 전압계(Voltmeter), 전봇대, 전선, 퓨즈(Fuse), 피뢰기(避雷器, Lightning arrester) 등의 세부적으로 18가지 이상의 세부적인 발명품으로 구성되는 것으로 분석된다.

하지만, 토마스 에디슨이 단일(單一) 발명품으로 가장 많은 발명을 수행한 분야는 『축음기 관련 발명』이며, 41세~84세까지 약 40년 이상 가장 꾸준하게 연구한 발명품이라고 할 수 있을 것이다.

토마스 에디슨은 발명가로서 입문한 이후 20대(代)의 대부분은 130건 이상의 『전신기 관련 발명』을 수행하였으며, 전신기와 관련하여 총 149건의 특허를 등록받다. 즉, 토마스 에디슨의 발명의 시작은 전신기이고, 전신기보다 더욱 향상된 통신방법인 전화기에 대하여 48건의 특허를 출원하여서, 토마스 에디슨은 통신(通信)과 관련하여 총 197건의 특허를 발명한 것으로 분석되었다.

토마스 에디슨이 가장 긴 시간 연구한 분야는 바로, 『배터리 관련 발명』으로서 25세 나이인 1872년 미국특허 US142999호를 출원하였고, 그 다음해인 1873년에 등록받은 것을 시작으로 79세 나이인 1926년 미국특허 US1908830호를 출원하였다. 바로 US1908830호는 에디슨의 마지막 발명인 1084번째 미국 특허이며, 이 특허는 토마스 에디슨이 눈을 감은지 2년 후인 1933년에 등록되었다. 에디슨은 정확하게 54년 동안 배터리 분야에 대해서 관심을 가지고 연구했으며, 주로 충전과 방전이 모두 가능한 2차전지에 대하여 주로 발명하였으며, 배터리와 관련하여 총 135건의 발명을 수행하였다. 아마도 토마스 에디슨은 눈을 감는 그 순간까지 전기에너지의 독립(獨立)을 꿈꾸지 않았나 생각해보게 된다.

토마스 에디슨에게 가장 불운(不運)한 발명 분야는 바로, 총 102건의 특허를 출원한 『광석 및 시멘트 관련 발명』중 광석분야 발명이라고 할 수 있다. 『광석 및 시멘트 관련 발명』중에서 토마스 에디슨은 광석 및 제련(製鍊)과 관련된 발명을 총 75건 수행하였다. 75건의 특허를 기술적으로 분석해보면, 광석을 가루로 만드는 광석분쇄(鑛石粉碎), 광석 중에서 철, 금, 구리, 니켈 등을 뽑아내는 광석분리(鑛石分厘), 광석을 이동시키는 컨베이어 장치 등 광석이동(鑛石移動), 광석에서 습기를 없애는 광석제습(鑛石除濕), 광석을 녹이는 용광로 등 광석제련(鑛石製鍊)으로 약 5가지 세부 발명품으로 구분할 수 있었다.

토마스 에디슨은 그의 나이 43세인 1890년 오그덴스버그(Ogdensburg) 광석 공장을 인수(引受)하여 본격적으로 광석 및 제련 사업에 뛰어들면서, 그의 광석과 관련된 75건의 발명을 산업화(産業化)하려는 시도를 하였지만, 1892년에 미네소타(Minnesota) 주(州)에 메사비(Mesabi) 광산이 발견되었는데, 메사비(Mesabi) 광산은 95%에 가까운 질 좋은 철광석이 땅에 깔려있는 미국 최대의 철광석 광산의 발견으로 오그덴스버그(Ogdensburg) 광석 공장은 1899년 파산하게 되었고, 토마스 에디슨은 상당한 손해(損害)를 입었으며, 광석 및 제련(製鍊)과 관련된 발명을 산업화하는 것을 중단하게 되었다.

토마스 에디슨이 46세 이후에 발명한 『영사기 관련 발명』은 비교적 적은 10건의 특허를 등록받았지만, 미디어(Media) 시대를 열어가게 만든 발명품으로, 영사기, 카메라, 필름 등의 발명을 수행하여서, 비록 다른 발명과 비교하여 적은 수의 발명을 한 분야이지만, 인류(人類)에게 가장 크게 영향을 끼친 발명품이라고 할 수 있을 것이다.

✿2-2. 토마스 에디슨이 만든 발명이라는 숲 조망

토마스 에디슨의 전체적인 발명 흐름을 조망(眺望)하기 위해서, 아래와 같은 다양한 질문들이 머리를 스치고 지나가게 되었다.

- 토마스 에디슨의 관심분야는 나이에 따라서 어떻게 달라졌을까?
- 에디슨은 동시에 2~3가지 발명에 관심이 많았는데, 어떻게 연구를 했을까?
- 에디슨을 대표하는 발명품(전구, 축음기, 영화기, 배터리 등)은 어떠한 시간 차이를 두고 발명했을까?
- 왜? 발명의 관심분야가 이렇게 다양하게 되었고, 관심분야가 변화한 연결고리는 무엇일까?

표 2-2는 토마스 에디슨의 10대 발명 분야 특허등록 순위를 나타낸다. 가장 많은 특허등록한 분야인 『발전기, 전동기 및 전력배선 관련 발명』은 에디슨의 대표발명인 전구(電球)를 밝히기 위한 필요한 전기공학 분야의 기반(基盤)기술로서, 세부 기술로서 특허등록 현황은 『발전기 및 전동기』 51건/ 『전력배선』 117건/ 『전류계와 전압계 관련』 23건/ 『전봇대』 2건/ 『전선』 6건/ 『퓨즈』 1건/ 『권선기』[65] 2건/ 『정류기(Rectifier)』 4건 등으로 분석되었다.

그 다음으로는 『축음기 관련 발명』 189건, 『전구 관련 발명』 171건으로 조사되었다.

표 2-3은 토마스 에디슨의 나이별 특허 등록 건 및 관심기술 분야를 나타내고 있다. 토마스 에디슨의 1,093건의 특허 및 디자인을 20대/ 30대/ 40대/ 50대/ 60대 이후로 시간별로 나누어서 나이에 따른 특허 등록 건 및 관심기술을 분석한 것이다.

---

65) 발전기 및 전동기에 전선을 감는 기계장치

표 2-2. 토마스 에디슨의 10대 발명 분야 특허등록 순위[66]

순위	발명 분야	미국특허 [건]	차지하는 비율[%]
1	발전기, 전동기 및 전력배선 관련 발명	215	19.67
2	축음기 관련 발명	189	17.29
3	전구 관련 발명	171	15.65
4	전신기 관련 발명	149	13.63
5	배터리 관련 발명	135	12.35
6	광석 및 시멘트 관련 발명	102	9.33
7	전기철도 및 전기자동차 관련 발명	48	4.39
8	전화기 관련 발명	40	3.85
9	영사기 관련 발명	10	0.91
10	전기기기 속도제어 관련 발명	9	0.82

표 2-3을 바탕으로 토마스 에디슨의 관심 발명분야의 변화를 조금 더 간단하게 정리하면 다음과 같다.

- 20대 : 전신기
- 30대 : 전구, 전동기, 발전기, 전력배선, 전기철도 및 전기자동차, 광석 및 제련(製鍊), 전기기기 속도제어
- 40대 : 축음기, 전화기, 전구, 전동기, 발전기, 전력배선, 광석 및 제련(製鍊), 영사기
- 50대 이후 : 배터리, 영화, 광석 및 제련(製鍊), 시멘트

---

66) 에디슨의 1,093건의 발명에 대한 분류는 본 저자가 에디슨 미국특허의 초록, 대표 도면, 청구항을 읽고, 기술적인 관점을 중심으로 직접 분석 및 분류한 것이기에 기존 에디슨 연구의 통계와 다소 차이가 있을 수 있다.

표 2-3. 토마스 에디슨의 나이별 특허 등록 건 및 관심기술 분야

나이 (연도)	특허 등록 수	년도 별 평균 등록 수	관심 기술분야
20대 : 22세~30세 1869년 ~1877년	115건	12.8건	전신기
30대 :31세~40세 1878년 ~1887년	334건	33.4건	전구, 전화기, 발전기, 전동기 및 전력배선, 전기철도 및 전기자동차 광석분리, 제련, 전기기기 속도제어,
40대 :41세~50세 1888년 ~1897년	258건	25.8건	축음기, 전화기, 전구, 발전기, 전동기 및 전력배선, 전기철도 및 전기자동차, 광석 및 제련, 영화
50대 :51세~60세 1898년 ~1907년	139건	13.9건	배터리, 광석 및 제련 및 시멘트, 영화
60대 이후 :61세~84세 1908년 ~1931년	247건	9.5건	배터리, 시멘트, 축음기 광석 및 제련, 영화

특히, 에디슨인 년(年) 60건 이상 특허를 등록받는 나이는 34~36세(1881년~1883년), 43세(1890년) 및 45세(1892년)로 총 5번 있었고, 35세(1882년)에는 가장 많은 75건의 특허를 등록받았다. 30대 중반의 나이인 34세(1881년) 69건, 35세(1882년) 75건, 36세(1883년) 67건의 특허를 등록하여서 전구, 전력배선 및 발전기 분야 기술을 완성하고자 하였다. 또한, 40대 초·중반 나이인 43세(1890년) 61건, 45세(1892년) 62건의 특허를 등록하였고, 전구, 전력배선 및 발전기도 꾸준하게 연구하면서, 축음기, 전화기, 광석분리 및 제련, 전기철도 및 전기자동차, 배터리에 대한 연구를 동시에 수행하였다.

토마스 에디슨은 년도 별 평균 특허 등록 수를 바탕으로 30대(년 평균 33.4건) > 40대(년 평균 25.8건) > 50대(년 평균 13.9건) > 20대(년 평균 12.8건) > 60대 이후(년 평균 9.5건)의 특허를 등록하여서 30대에 가장 활발하게 연구하였으며, 20대보다 40~50대에 더 많은 연구를 한 것으로 분석되었다.

토마스 에디슨의 발명 인생을 간단하게 정리하게는 다소 어렵지만, 20대는 전신기를 중심으로 사무기기 기술에만 집중(集中)하였고, 30대는 전구, 발전기 및 전력배선을 중심으로 세상에 진정한 빛을 선사하기 위하여 집중(集中)하였다면, 40대 중반까지는 전구, 발전기 및 전력배선 분야도 꾸준하게 연구개발 하면서, 축음기, 전화기, 광석 및 제련, 전기철도 및 전기자동차, 배터리 등 다양한 발명을 꽃피웠다고 할 수 있다. 그리고 40대 중반 이후는 에디슨이 발명가로서 연륜(年輪)을 기반으로 비록 30대만큼 다(多) 출원을 하지는 않았지만, 전기에너지의 독립(獨立)을 위한 배터리 분야에 집중하면서, 영화, 필름 등 창의적인 발명을 추구하면서, 이제까지 자신이 추구한 모든 분야의 발명의 완성도를 최대한 올리는데 여유를 가지면서 발명을 즐겼던 것으로 에디슨의 발명 인생을 간단하게 정리해본다.

표 2-4는 토마스 에디슨의 초창기 약 100개의 등록 특허를 바탕으로 초창기 에디슨의 발명주제 변화를 살펴본 것이다.
- 에디슨의 최초 1번 발명은 비록 특허로 등록받았지만, 대중화에 실패한 전기투표 기록기에 관한 발명(US90646호)이며,
- 그 이후 2번~66번 발명까지는 모두 전신기에 대한 것이었다.
- 그리고 에디슨의 나이 27세인 1873년, 전신거리 한계를 극복하기 위한 전신기 성능을 개선하던 중에 배터리 성능을 개선하는 발명을 미국특허 US142999호로 등록받게 된다. 즉 67번째 발

명인 배터리 발명은 토마스 에디슨의 인생에서 전신기 다음으로
발명의 주제를 변화시킨 첫 번째 발명이라고 할 수 있다.
- 이후 68번~103번까지 전신기의 발명을 수행하였고,
- 104번에 전기펜[67])에 발명을 수행하여 토마스 에디슨의 인생에
  서 전신기 다음으로 발명의 주제를 두 번째로 변화시킨 전기펜
  (Electric Pen)발명이 등장하게 된다.

표 2-4. 초창기 토마스 에디슨의 발명주제 변화

발명 순서	에디슨 나이	등록 연도	발명 분야	미국특허 등록번호	미국 특허[건]
1번	22세	1869년	전기투표 기록기	US90646호	1
2번~66번	22세~26세	1869년 ~ 1873년	전신기	US91527호 외	65
67번	26세	1873년	배터리	US142999호	1
68번~103번	27세~29세	1874년 ~ 1876년	전신기	US146812호 외	36
104번	29세	1876년	전기펜	US180857호	1

하지만 105번 발명 이후에도 에디슨의 나이 33세인 1880년까지
전신기 발명을 집중하였으며, 토마스 에디슨의 발명에서 최초 약
130여건의 발명은 대부분 전신기에 대한 발명으로 조사되었다.

---

67) 토마스 에디슨의 전기펜(Electric Pen) 발명에 대해서는 제4장(4-6절)에서 더욱
    자세하게 설명하였다.

💡2-3. 토마스 에디슨의 최초 발명품과 20~30대 최초 발명품

자!! 여기서 독자(讀者) 여러분께 문제를 내겠습니다.
토마스 에디슨의 최초 발명품은 뭘까요??

아!! 앞에 표 2-4에서 보았다고요..
예 그렇습니다. 전신기가 아닙니다. 바로 전기투표 기록기입니다.

토마스 에디슨은 그의 나이 22세 1869년에 프리랜서(Freelancer) 발명가로 독립하였고, 가장 최초로 발명한 발명품은 전기투표 기록기(US90646호)입니다.

그림 2-2. 토마스 에디슨의 최초 발명품인
전기투표 기록기 및 이 특허의 대표도면[68]

그의 인생에서 첫 번째 발명품인 전기투표 기록기는 미국 의회(국회 등)에서 입법을 하는데 있어서, 투표에 걸리는 시간을 혁신적으로 단축시키는 발명품입니다.

---

68) 토마스 에디슨 최초 특허인 전기투표 기록기 특허, US90646호(1869년 06월 01일 등록, 출원일은 알 수 없음)

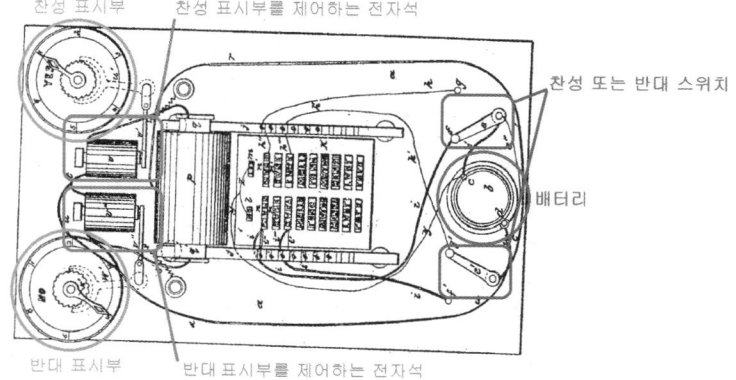

그림 2-3. 토마스 에디슨의 전기투표 기록기의 주요 구성 요소

토마스 에디슨이 전기투표 기록기를 착상(着想)한 것은 의회의 진행 상황을 알려주는 전신 뉴스를 본 그가 점호식(點呼式)투표라는 그 당시 정말 비효율적인 투표방식의 개선에 아이디어를 내게 되었다. 점호식(點呼式) 투표는 상원 또는 하원 의원을 일일이 호명하였고, 찬성과 반대를 확인한 후 기록하는 가장 원시적인 방식이었고, 그래서 토마스 에디슨은 투표시간을 혁신적으로 단축하는 장치를 발명하였다.

에디슨의 최초 발명품인 전기투표 기록기는 스위치(e, e')를 조작하면 배터리(b)에 충전된 전기가 전자석(v, v'')를 동작시키며, 이것이 찬성(YES)과 반대(NO)를 표시하는 표시부의 지침이 증가하는 것이 가장 큰 기술적 특징이다. 이렇게 투표시간을 단축시키는 에디슨의 전기투표 기록기는 미국 의회의 입법과정에서 특정 법안의 통과를 저지하는데 다양한 전략(戰略)과 전술(戰術)이 필요하고, 때로는 투표 시간을 질질 끄는 전술도 필요하기 때문에, 대부분의 의원들은 도입을 꺼려했기 때문이다. 토마스 에디슨의 첫 번째 발명에 대해서 실패했지만, 그는 이 발명품을 위해서 특별히 개발한 전자석과, 찬성 또는 반대를 기록하는 기계식 톱니 구조는 후에 에디슨의 전신기(Telegraph) 개발에 상당한 영향을 미치게 되었다.

토마스 에디슨의 첫 번째 발명품은 미국 의회와 어떠한 기관도 전혀 관심을 보이지 않는 철저하게 외면(外面)받는 발명을 하였다. 하지만, 그의 첫 번째 발명품에서 사용된, 전자석(電磁石)을 이용하여 투표의 찬성(贊成) 또는 반대(反對)를 집계하는 카운트 기술은 훗날 149건의 특허를 출원한 전신기 기술에 전적으로 유감없이 사용되었다. 그의 첫 번째 발명품인 전기투표 기록기는 아무도 사용하지 않는, 완전히 실패(失敗)한 발명처럼 보이지만, 이 발명은 실패가 아닌 것이다. 토마스 에디슨을 성공(成功)으로 이끈 시련(試鍊)의 과정이라고 할 수 있을 것이다.

표 2-5는 토마스 에디슨이 20대에 발명한 최초 발명품들을 나타낸다. 토마스 에디슨의 최초 발명인 전기투표 기록기의 전자석(電磁石) 카운트 기술은 에디슨이 10대 중반에 전신기사로 늘 사용하였던 전신기의 개량에 대하여 집중적으로 응용하였다.
그래서 22세에 ·(dot)와 -(dash)의 전자석을 각각 분리시킨 개선된 전신기, 25세에 전신으로 주식 정보를 제공하는 주식시세용 전신기, 27세에 전신에서 ·(dot)와 -(dash)가 아닌 글자가 출력되는 세계 최초의 팩스(팩시밀리), 29세에 전기로 잉크를 흡입하여 글을 쓰는 전기펜(Electric Pen)을 발명함을 통하여 토마스 에디슨의 20대는 전신기 기술을 기반으로 하는 사무기기(事務器機) 기술개발에 집중하는 시간이었고, 그 시작에는 그의 첫 번째 발명품인 전기투표 기록기의 전자석(電磁石) 제어 기술이 전신기 발명의 바탕이 되었다고 평가할 수 있을 것이다.

표 2-5. 토마스 에디슨이 20대 발명한 최초 발명품들[69]

나이	연도	에디슨 최초 발명품	미국특허 등록번호	등록일 (출원일)
22세	1869년	전기투표 기록기	US90646호	1869년 06월 01일 (확인불가)
22세	1869년	전신기	US91527호	1869년 06월 22일 (확인불가)
25세	1872년	주식시세용 전신기	US123005호	1872년 01월 23일 (확인불가)
27세	1874년	팩스 (팩시밀리)	US151209호	1874년 05월 26일 (1873년 09월 02일)
29세	1876년	전기펜	US180857호	1876년 08월 08일 (확인불가)

표 2-6는 토마스 에디슨이 20대에 발명한 최초 발명품들을 나타낸다. 에디슨의 30대 초·중반, 정확히 나이 31세, 32세, 33세, 36세의 나이에 토마스 에디슨을 일약 세계적인 발명가로 인정받게 만드는 대부분의 발명의 시작은 30대 초·중반에 대부분 이루어졌다고 할 수 있을 것이다. 에디슨이 평생 집중하던 10가지 발명 그룹[70] 중에서 20대에 전신기 및 40~50대에 영사기 단 2가지 발명 그룹을 제외하면, 전구, 축음기, 전화기, 발전기, 배터리 등 나머지 8가지는 에디슨의 나이 31세, 32세, 33세, 36세의 나이에 그 발명이 시작되었다.

그리고 보다 더 놀라운 것은 토마스 에디슨의 1,093개의 특허와 디자인을 살펴보면, 결국 에디슨의 모든 발명품은 평생을 걸쳐서

---

[69] 토마스 에디슨이 20대 발명한 최초 발명품들은 토마스 에디슨 최초 특허인 전기투표 기록기 특허 US90646호(1869년 06월 01일 등록, 출원일은 알 수 없음)의 전자석 제어기술을 모두 응용하여 발명한 발명품이다.

[70] 표 2-1, 표2-2 참고

기술의 완성과 사용 및 생산의 편리성을 향하여 지속적으로 혁신을 이루었다고 할 수 있을 것이다.

표 2-6. 토마스 에디슨이 30대 발명한 최초 발명품들

나이	연도	에디슨 최초 발명품	미국특허 등록번호	등록일 (출원일)
31세	1878년	축음기	US200521호	1878년 02월 19일 (1877년 12월 24일)
31세	1878년	전화기	US203013호	1878년 04월 30일 (없음)
32세	1879년	전 구	US214636호	1879년 04월 22일 (1878년 10월 14일)
32세	1879년	전력배선	US218167호	1879년 08월 05일 (1879년 01월 10일)
32세	1879년	발전기	US219393호	1879년 09월 09일 (없음)
33세	1880년	복사기	US224665호	1880년 02월 17일 (1879년 03월 17일)
33세	1880년	광석분리	US228329호	1880년 06월 01일 (1880년 04월 07일)
33세	1880년	재봉틀 (전기기기 제어)	US228617호	1880년 06월 08일 (1880년 03월 20일)
34세	1881년	전류계	US240678호	1881년 04월 26일 (1880년 10월 07일)
34세	1881년	전기철도	US248430호	1881년 10월 18일 (1880년 07월 22일)
36세	1883년	충·방전 가능한 배터리	US273492호	1883년 03월 06일 (1882년 06월 26일)

이 책을 쓰면서, 에디슨과 관련된 수많은 서적과 논문을 참조했지만, 정작 토마스 에디슨의 1,093개의 모든 특허와 디자인을 필자(**筆者**) 스스로 시간적으로 정리해보니 새롭게 느낀 점은 다음과 같다.

첫째로, 토마스 에디슨을 세계적인 발명가로 만들었던 보석과 같은 발명은 평생 시간차를 두고 나온 것이 아니라 30대 초·중반에 대부분 이루어졌다는 것[71]이다. 에디슨 나이 31세 전화기, 축음기, 32세 전구, 발전기, 전력배선, 33세 복사기, 광석분리, 34세 전기철도, 36세 배터리 등은 그를 세계최고의 발명가로 이끌었다는 것이다. 즉 에디슨은 22세부터 약 10년간을 전신기 기술 발전을 위해서 최고의 노력을 집중했다면, 10년이 지난 30대 초·중반에 토마스 에디슨을 세계적인 발명왕으로 인식시킬 대표적인 발명품을 대부분 탄생시켰고, 그 중에 하이라이트(Highlight)는 바로 32세에 발명한 전구(電球)일 것이다.

둘째로, 에디슨은 다른 어떤 발명가와 달리 평생을 통해서 집요하게 한 발명을 다각적인 부분에서 완성하려고 노력했다는 점이다. 에디슨의 집요함을 예를 들자면, 전신기의 경우 22세 나이인 1869년 US91527호[72]로 최초로 특허를 출원하였다. 에디슨은 22세부터 33세까지 주로 전신기 발명에만 집중했지만, 전신기에 관한 에디슨의 마지막 특허는 에디슨 나이 62세인 1909년 US909877호[73]로서, 전신기에 대하여 40년간 지속적으로 기술발전에 노력하였다. 전구의 경우 에디슨은 32세 나이인 1879년 US214636호[74]로 최초로 특허를 출원하였고, 전구의 마지막 특허는 에디슨 나이 68세인 1915년 US1163329호[75]로서, 전구에 대해서도 36년간 지속적으로 연구개발을 하였다. 에디슨의 다른 대표 발명품인 축음기에

---

71) 10개 발명 그룹 중에서 8개 발명 그룹이 30대 초·중반에 이루어졌다.
72) 에디슨의 전신기 분야 최초 특허(1869년 06월 01일 등록, 출원일은 알 수 없음)
73) 에디슨의 전신기 분야 마지막 특허(1909년 01월 19일 등록, 1907년 06월 20일 출원)
74) 에디슨의 전구 분야 최초 특허(1879년 04월 22일 등록, 1878년 10월 14일 출원)
75) 에디슨의 전구 분야 마지막 특허(1915년 12월 07일 등록, 1907년 05월 31일 출원)

대해서는 31세(1878년) ~ 84세(1931년)까지, 무려 53년 동안 연구하였고, 배터리 발명의 경우 36세(1883년) ~ 86세(1933년)까지 50년 동안 연구하였으며, 에디슨이 다소 늦은 나이에 발명한 영사기 발명의 경우 46세(1893년) ~ 71세(1918년)까지 25년 동안 집요하게 그리고 끊임없이 고민하고, 노력한 결과물이었다고 생각한다.

토마스 에디슨은 단순히 창의력만 뛰어난 것이 아니라 적어도 수십 년간 지속적으로 연구하고 노력하여 그 발명을 완성시키려고 혼신의 힘을 다한 정말 위대한 발명가이고, 발명의 모든 가치와 정신을 유감없이 보여준 단연 세계 최고의 발명가라고 할 수 있을 것이다.

본 필자(筆者)가 특허청에서 심사관으로 특허를 심사하면서 기술에 대하여 진심으로 느끼는 것은 6개월 노력에서 대충 따라갈 수 있는 것은 진정한 기술이 아니라는 것이다.

"참 대단하다!!, 저 정도의 경지를 가지고 있구나!!"
"내가 10년을 하면, 저 정도 경지에 이를 수 있을까?"
"죽었다 깨어나도 쉽지 않을 것 같아!!"
바로 토마스 에디슨이 우리에게 보여준 발명과 기술의 경지가 그러한 것이다.
"애.. 이거 좀만 생각하면 누구나 다 할 수 있을 것 같은데.."라는 가벼움이 아니라 "오 이거 서프라이즈(Surprise)하군!!"이라는 경이로움, 즉 발명이라고 하는 것은 다 같은 발명이 아니다.
이를 좀 더 전문적인 용어로 "원천발명"과 "개량발명"이라고 하며, 이 발명이 특허로 등록받으면, "원천특허"과 "개량특허"라고 한다. 그런데 대한민국이 세계 4위의 다출원(多出願) 국가[76]이지만, 대부분 개량특허(改良特許) 위주이며, 원천특허(源泉特許)가 거의 연구되지 않는다는 점이다.

"그럼 대한민국은 무엇이 부족한가?"
앞으로 이 책을 통하여 필자(筆者)가 말하고자 하는 "에디슨 DNA"라는 화두(話頭)를 던져본다.

---

76) 놀라지 말라!!, 한국은 2015년 기준 20만건 이상 특허를 출원하는 세계 4위의 국가이며, 세계 10위권에 불과한 대한민국의 경제발전 뒷면에는 세계 4위의 특허출원이 이를 견인하고 있으며, 오늘도 연구 개발에 노력하는 많은 연구원에게 이 지면을 빌려서 경의(敬意)를 표한다.

💡 2-4. "천재는 1%의 영감과 99%의 땀으로 이루어진다."의 의미

본 필자(筆者)는 이 책을 쓰면서, 에디슨이 남긴 그 유명한 명언(名言)인

> 『 천재는 1%의 영감과 99%의 땀으로 이루어진다(Genius is 1% inspiration, 99% perspiration) 』

라는 말에 대해서 다시금 생각해 보는 시간을 가지게 되었다. 어쩌면, 세상 모든 사람이 "불가능하다", "안 된다", "어렵다"라고 말하는 것에 대해 에디슨은 그 문제에 대하여 새로운 대안인 1%의 영감(Inspiration)을 주로 20~30대에 제시[77]했다면, 최종적인 해결책인 99%의 땀(perspiration)을 가지고 토마스 에디슨의 남은 인생에서 최소 수십 년의 노력을 통해서 이루어낸 위대한 발명가이다.

어릴 때, 에디슨 전기를 읽으면서, 에디슨의 이 명언(名言)이 전구(電球)의 필라멘트 개발을 위해서 1만번 이상 실험했다는 것으로 1%의 영감(Inspiration)보다는 99%의 땀(perspiration)에 핵심(核心)이 있는 것으로 생각하였다. 마치 이 명언(名言)을 "끊임없이 노력하면, 반드시 승리한다."와 같은 의미로 완전히 오해(誤解)했던 것 같다. 그래서 어릴 적에 에디슨 동화책이나 전기(傳記)를 읽으면, "열심히 공부해야 하는구나!!"라는 결론에 이르렀는데, 지금, 이 시점에서 이 명언(名言)을 다시 생각해보면, 이것은 **자신을 천재(天才)라고 불러주는 수많은 사람들의 평가에 대해서**, 에디슨 스

---

[77] 에디슨의 10대 발명 그룹 중에서, 유일하게 영사기 관련 발명은 44세, 1893년 US493426호(1893년 03월 14일 등록, 1891년 08월 24일 출원)에 출원하였다.

스로가 자신의 스타일을 대변(代辯)하고자 했던 말이 아닌가 생각된다.

엄밀히 말하면 에디슨은 천재(天才)가 아니라 둔재(鈍才)이다. 한국식으로 말하면 초등학교 졸업장도 없는 학력미달의 사람이며, 분명히 대한민국에서 태어났다면, 세상을 바꿀 위대한 발명가는 커녕, 막노동꾼도 되기 어려운 사회 부적응자라고 할 수 있을 것이다.

『 천재는 1%의 영감과 99%의 땀으로 이루어진다(Genius is 1% inspiration, 99% perspiration) 』라는 에디슨의 명언을 다시금 해석(解釋)한다면, 다음과 같을 것이고, 영화나 드라마의 한 장면처럼 생각해 보기 바란다.

- 에디슨의 발명을 보고 감탄한 사람 다름과 같이 말한다.
"에디슨, 당신이 이렇게 세상을 바꿀 전구, 축음기, 발전기, 배터리, 영사기 등을 개발하다니, 당신이야 말로 진정한 천재(天才)군요!!"
- 에디슨은 속으로 이렇게 이야기 한다.
"내가 천재(天才)라고!!, 나 정규교육도 제대로 받지 못한 둔재(鈍才)인데, 하지만, 세상 사람들이 다 안 된다고 말하는 것에 대해서 내가 20~30대에 그 문제를 풀 힌트(Hint)를 얻었지!!, 야 그리고 수십 년 동안 계속해봐, 안 되기는 왜 안되냐?? 나 솔직히 남들이 다 했고, 문제에 대한 답이 있는 것은 별로 관심이 없어, 한 마디로, 니들이 안 된다는 것, 내가 도전해서 해내는 것이 내 전문이야...ㅋㅋㅋ (에디슨 속으로 빙긋, 웃는다..)"
- 하지만, 에디슨은 겉으로 이렇게 이야기 한다.
『천재는 1%의 영감과 99%의 땀으로 이루어지는 것입니다.』

지금도 마찬가지 이지만, 에디슨 시대에도 훌륭한 영감(Inspiration)만 보여준 사람들이 많았다. 모스 부호와 전신기를 제안한 모스(Samuel Morse), 전화기를 제안한 벨, 전구의 탄소 필라멘트를 제안한 조셉 스완(Joseph Wilson Swan) 등은 창의적인 영감으로 새로운 대안을 제시한 사람들이다[78]. 하지만, **토마스 에디슨이 수많은 발명가들 중에 가장 돋보이는 이유는 전구, 전화기, 배터리, 영사기 등의 창의적인 1% 영감(Inspiration)만을 제시한 것이 아니고, 수십 년간 이 과제를 실패해도 끊임없이 도전하는 99%의 땀(perspiration)을 가지고, 세상 사람들이 가장 편리하게 사용할 수 있도록 완성(完成)까지 최대한 추구하였던 발명가라는 점 때문이다.**

세상 사람들이 보기에 에디슨은 특별한 재능을 가진 천재(天才)처럼 보이지만, 엄밀히 말하면, 그는 많은 사람들이 생각하는 암기력 또는 계산력이 좋은 천재(天才)는 분명히 아니다. 아마도 에디슨은 이렇게 자신을 소개했으리라 생각해본다.

"나는 누구나 할 수 있는 일이면, 안 한다..!!"
"항상 세상을 변화시키고, 세상을 놀라게 하는 새로운 일에만 늘 도전한다..!!"
"즉, 나만이 할 수 있는 일을 내가 스스로 정의하고, 나의 방식으로 해결하는 사람이다..!!"
"나는 새롭게 발명하는 것에 대해서 즐겁지 않으면 안 한다..!!"

---

[78] 혹시 글에 대하여 오해할지 모르는 독자(讀者)를 위해서 첨언(添言)하면, 벨, 모스, 조셉 스완 등도 위대한 발명을 한 것은 분명하다. 새로운 발명품인 전신기, 전화기, 탄소 필라멘트를 위해서 엄청난 노력을 했을 것이다. 하지만, 토마스 에디슨만큼 수십 년간 지속하여 그 발명을 완성하지는 않았다. 본 저자가 바라보는 에디슨의 명언 속 99%의 땀(perspiration)의 의미는 단순하게 2~3년을 걸쳐서 집중적으로 노력한 것이 아니라, 수십 년을 걸쳐서 그 문제를 풀기위한 끊임없는 새로운 시도들을 통칭(統稱)하는 것이다.

"남들은 무엇을 실험할 때, 항상 성공과 실패를 따지지만, 나는 내가 원하는 대로 이루어 지지 않을 지라도, 성공으로 가기 위한 수많은 길 중에서 더욱 명확한 길을 항상 발견한다. 그래서 나의 실험은 남들이 보기에 항상 실패처럼 보였어도 항상 성공이다..!!"

"나에게 실패냐 성공이냐는 별로 중요하지 않다. 왜냐하면, 나는 앞으로도 수십 년간 이 발명을 계속 즐길 것이기 때문이다..!!"

"지금 내가 보여준 이 발명은 그냥 중간 테스트 모델을 보여주는 것이다. 나와 나의 연구원들은 앞으로도 이 보다 더 혁신적인 발명을 반드시 계속할 것이다.!!"

"나는 믿는다. 이 발명은 반드시 이루어진다는 것을...사람들이 보기에는 내가 바보처럼 보여도, 나의 발명은 반드시 이루어 질 것이고, 언젠가 사람들의 눈앞에서 되는 것을 보여주겠다.!!"

"야 솔직해 내가 좋아하니까 이 일을 하지, 안 그러면, 몇 날을 밤새 일하거나, 하루에 16시간 이상씩 일하겠니??"

"한 마디로 나는 실패하기 대장이야.!!"

"발명하기도 바쁜데, 가라.!! 나 시간 없다.!!"

그림 2-4. 전구를 들고 있는 에디슨

이 책을 쓰는데, 솔직히 "에디슨이 부럽다"는 생각을 정말로 많이

하였다. "정말 좋겠다!! 어떻게 자신이 좋아하는 일을 평생 하고 살았는지..!!"
세상에 인생을 행복하게 살아간 사람이 많겠지만, 에디슨은 세상에서 가장 행복하게 인생을 살았던 인물 중에 한 사람이라는 것은 매우 분명하다.

"에디슨 선생님!! 당신은 무엇을 얻기 위하여 이렇게 열심히 연구하시는지요?" 라고 묻는다면, 에디슨 선생님은 웃으면서 이렇게 대답했을 것이다.
"그냥, 내가 좋아서 해..!!, 내 인생에서 말이야.. 연구실에서 무엇인가 상상하고 실험하는 것이 제일 행복해..!! 세상에 없던 것을 만들어 내는 도전이 바로 내 인생이야..!!"

『 천재는 1%의 영감과 99%의 땀으로 이루어진다(Genius is 1% inspiration, 99% perspiration) 』라는 말 속에서 혹자(或者)는 문제를 해결하기 위한 창의적인 1% 영감(Inspiration)과 최종 해결에 이르기까지 99%의 땀(perspiration) 중에서 어느 것이 더 중요하냐고 질문해 볼 수 도 있을 것이다. 나도 이에 대해서 토마스 에디슨은 만나면, 한번 질문해 보고 싶은 심정이다.

하지만, 지금 이 세상에 없는 토마스 에디슨을 필자(筆者)가 대변(代辯)하여 답변하면, 『 "1% 영감"과 "99%의 땀"은 모두 동일한 가치로 중요하다 』는 것이다. 여기서 99%의 땀(perspiration)을 단순히 몇 년간 노력이라고 생각하면, 이것은 완전한 오해(五害)이다. 『 누군가 관심을 보이고, 돈을 지원하면, 몇 년간 시도하고, 다른 이들의 관심이 사라지고, 돈이 없으면, 시도하지 않는 그런 노력과는 차원이 다른 수십 년의 새로운 시도이며, 자신만이 이루어야 하는 마치 즐거운 사명(使命)과도 같은 것 』이라고 할 수 있을 것이다.

토마스 에디슨이 다른 수많은 과학자, 기술자 및 발명가들과 차별화되고, 단연 세계 최고의 발명왕으로 칭송받는 위대성은 『문제라는 것에 대한 순간적인 1%의 영감(Inspiration)만이 아니라, 그 노력의 범주가 적어도 수십 년간 끊임없는 행복한 시도, 즉 99%의 땀(perspiration)을 가지고 있다는 것 』이다. 또한 토마스 에디슨 스스로가 자신을 천재(天才)라고 말하는 수많은 사람들에 대하여, 자신의 스타일을 대변(代辯)하는 말임이 분명하고, 『 1,093개의 특허와 디자인은 그의 행복한 시도와 수십 년간 고민의 위대한 결과물이자 기술의 중심축(中心軸)을 유럽에서 미국으로 옮기고, 지금까지 미국을 세계 최고의 국가로 이끈 원동력 』임이 분명하다.

☝2-5. 토마스 에디슨의 꿈을 담은 제1~5 연구소

토마스 에디슨의 수많은 발명품은 바로 그의 상상(想像) 속에서 시작되었고, 그의 상상력은 바로 그가 만든 연구소에서 수많은 책들과 실험 속에서 출발되었고 완성되었다. 필자(筆者)가 보기에 에디슨은 평생 5개의 연구소를 만들었다. "헉, 에디슨이 5개나 연구소를 만들었나?"라고 생각하는 독자(讀者)분도 있겠지만, 그가 만든 5개의 연구소를 지도에 표시하면 그림 2-4와 같다.

- 제1 연구소: 1853년~1858년(에디슨 6세~11세), 에디슨의 오하이오(Ohio) 주(州) 밀란(Milan) 집 지하실 연구소
- 제2 연구소: 1858년~1859년(에디슨 11세~12세), 에디슨의 미시간(Michigan) 주(州) 포트휴런(Port Huron) 역과 디트로이트(Detroit) 역을 운행하는 기차 안 연구소
- 제3 연구소: 1876년~1887년(에디슨 29세~40세), 에디슨의 뉴저지(New Jersey) 주(州) 멘로 파크(Menlo park) 연구소
- 제4 연구소: 1887년~1931년(에디슨 40세~88세), 에디슨의 뉴저지(New Jersey) 주(州) 웨스트 오렌지(West Orange) 연구소
- 제5 연구소: 1903년~1931년(에디슨 56세~88세), 플로리다(Florida) 주(州) 포트 마이어스(Fort Myers) 에디슨-포드 겨울 연구소

그림 2-6은 토마스 에디슨의 최초 연구소는 에디슨의 태어난 집의 지하실 연구소로서, 에디슨의 나이 6~11살에 에디슨이 꿈꾸던 연구소이며, 특히 빨간색 벽돌 건물 아래의 밝은 노란-회색 벽돌의 지하실이 제1 연구소이다.

그림 2-5. 토마스 에디슨이 세운 5대 연구소의 위치

그림 2-6. 토마스 에디슨의 제1 연구소(집 지하실)[79]

---

79) 에디슨은 미국 오하이오(Ohio)주 밀란(Milan)의 이 집에서 1847년 2월 11일 태어났다.

98

어린 토마스 에디슨은 다른 친구들과 달리 화학(化學)에 매우 관심이 많았고, 용돈을 모아서 화학 약품을 사서 실험을 하였다. 심지어 다른 사람들이 화학 약품을 건드리지 못하도록, 모든 병에 독약(毒藥, Poison)이라는 표시를 해놓았다. 처음에는 침실에서 화학 실험을 하였지만, 점차 실험 약품들이 많아지자 부모님의 권유로 지하실로 화학 약품을 옮기면서 토마스 에디슨의 제1 연구소는 탄생하였다.

토마스 에디슨의 제2 연구소는 에디슨의 나이 11~12살에 열차 차장인 알렉산더 스티븐스(Alexander Stevens)의 허락을 받아서, 그가 일하는 열차 화물칸 구석에 화학 약품을 두고 실험했던 연구소이다. **에디슨의 제1,2 연구소는 마치 어린아이 소꿉장난 놀이터와 같은 연구소이겠지만, 상황을 극복했던 그의 도전 정신을 유감없이 발휘했던 연구소라고 할 수 있을 것이다.** 무려 일곱 형제들이 함께 사용하던 집안 침실에서 실험하지 못하게 되었지만, **현실과 상황을 극복한 제1 연구소!!**

그림 2-7. 에디슨의 침실과 책 읽어주는 어머니와 에디슨의 동상

아버님의 사업 부진으로 어려운 가정형편으로, 아침 7시 15분 포트휴런(Port Huron과 디트로이트(Detroit) 사이를 운행하는 열차에서 신문, 사과, 샌드위치 및 땅콩 등을 팔면서 **자신의 꿈을 이루기**

위해서 열차 차장을 설득해서 만들어낸 기차 안 화물칸 구석에 제 2 연구소!!

그림 2-8. 토마스 에디슨의 제2 연구소(기차 화물칸)[80]

토마스 에디슨의 천재(天才)성은 『 능력은 한계와 상황을 좌절하지 않고, 즐겁게 극복하는 능력 』이고, 언제 어디서나 평생 연구소를 만들면서 그가 진정 하고 싶었던 일들을 해왔고, 그리고 꿈꾸면서 모든 발명을 이루지 않았나 생각된다. 제1,2 연구실서 학교에 가지 않았던 에디슨은 또래 친구들과는 전혀 다른 공부를 가장 즐겁게 하였고, 비록 정규교육은 받지 않았지만, **자신 만의 연구소에서 스스로 찾아서 스스로 연구를 했을 것이다.** 한마디로 토마스 에디슨은 최근 한국에서 부각되는 『 자기주도 학습법(自己主導 學習法) 의 대가(大家) 』라고 할 수 있을 것이다.

성공한 사람이라면, 당연한 이야기겠지만, 토마스 에디슨의 천재성 바탕에서는 그를 진정으로 믿어주고 지지했던 어머니 낸시 엘리엇(Nancy Matthews Elliott)이 있었다. 에디슨의 어머니 낸시 엘레엇은 비록 학식이 풍부하거나, 정규교육을 잘 받지는 않았지만, 에디

---

[80] 에디슨의 어린 시절을 기념하여 미시간(Michigan) 주 포트휴런(Port Huron)에는 토마스 에디슨 차고 박물관(Tomas Edison Depot Museum)에는 에디슨이 탔던 기차가 전시됨

슨의 실험과 도전을 이해하고, 응원했으며, 끝까지 그의 길을 가는 데 가장 좋은 안내자 역할을 한 분이다. 그래서 그가 태어난 미국 오하이오(Ohio)주 밀란(Milan)의 생가(生家) 앞에는 책을 읽어주는 어머니 낸시 엘리엇과 어머니을 말씀을 들으며 꿈꾸고 있는 에디슨의 동상이 방문객을 맞이하고 있다.

미국을 방문하면서, 새롭게 느낀 점은, 토마스 에디슨 때문에 그런지 한국과 미국의 인재(人才)[81]에 대한 정의가 많은 차이가 있다는 것이다. 대한민국에서는 초등학교, 중학교, 고등학교 및 대학교 등에서 항상 공부를 잘했고, 항상 수석 또는 1등을 한 사람을 높이 평가하고 있다. 반면에 미국에서도 유사하게 항상 1등의 인생을 살았던 사람에 대해서 좋은 평가를 내리를 것은 비슷하다.

그러나 미국에서 항상 1등의 인생을 살았던 사람보다는, 에디슨처럼 초등학교도 안 나왔지만, 점차 새로운 것을 창의적으로 연구하고, 점차 발전하는 사람, 또는 초등학교보다, 중학교에서 점점 뛰어나고, 그 후에 고등학교에서 더욱 성장하고, 대학에서 세계적으로 성장하는 사람을 항상 1등의 인생을 살았던 사람보다 더욱 높게 평가하는 경향이 있다.

조금은 극단적이라고도 생각되지만, 한국과 미국의 인재(人才)에 평가에 대한 차이를 보다 간단하게 정리하면 다음과 같다.

- 한국에서 인재에 대한 가치 : 현재 그 사람의 능력과 위치(Position)
- 미국에서 인재에 대한 가치 : 과거부터 현재까지 그 사람의 성장과 발전하는 정도 또는 기울기(Gradient)

---

81) 좋은 재능과 자질을 갖춘 사람

그래서 한국에서는 소위 1류 대학의 입학 및 졸업을 중요시하시면, 미국에서는 에디슨과 같이 『 그 시작은 미약하지만, 그 나중은 원대한 사람을 최고의 인재 』로 평가하는 것이 아닌가 생각해본다.

많은 책과 기록에서 에디슨이 어린 시절 무엇을 공부했는지 정확하게 나타나 있지는 않지만, 화학 약품을 샀고, 이를 이용하여 화학 실험을 했다고 기록하고 있다.

그림 2-9. 패러데이가 저술한 『양초에 대한 화학적 역사』
및 이 책에 실린 양초 실험장면(1861)

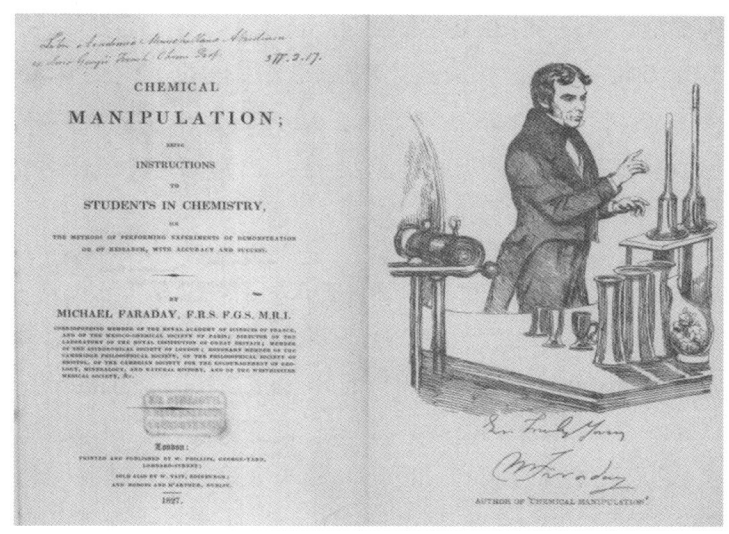

그림 2-10. 패러데이가 저술한 『화학 조작법』(1827)

그렇다면, '토마스 에디슨은 누구의 화학 책을 가장 많이 읽었을까?' 필자(筆者)는 찾아보고 생각해 보았다. 분명, 에디슨보다 앞선 시대의 과학자이고, 가장 에디슨과 닮은 실험적인 과학자의 책이 아닐까 생각하면 의외로 그 해답(解答)은 간단하게 찾아낼 수 있었다.

토마스 에디슨은 복잡한 이론보다는 실험에 의한 실질적인 결과를 선호(選好)했으며, 평생 에디슨이 가장 존경하는 스승이라고 칭송했던 영국의 과학자 마이클 패러데이(Michael Faraday)의 화학 책을 탐독했고, 그의 책에 나타난 실험을 거의 동일하게 반복하여 실험하지 않았나 생각된다. 마이클 패러데이의 영향으로 에디슨은 어떤 과학자보다 가장 실험적이고 실질적인 과학을 추구했으며, **에디슨 스스로의 과학의 시작은 바로 화학(化學)**이라고 할 수 있을 것이다.

토마스 에디슨의 제1,2 연구소(집의 지하실, 기차 화물칸 연구소) 시기에 아마도 어린 에디슨은 패러데이가 저술한 『양초에 대한 화학적 역사82)』, 『화학 조작법83)』, 『화학과 물리의 실험연구84)』 라는 서적을 탐독했고 아마도 동일한 조건으로 실험하느라 수많은 시간을 연구실에서 실험했을 것이다.

참고로 **토마스 에디슨의 최초 관심분야가 화학(化學)**이었지만, 그의 인생에서 그가 만든 연구소를 날려버린 배경에는 그가 **즐겨하던 화학(化學)실험 때문**이었다고 할 수 있을 것이다. 어쩌면, 토마스 에디슨은 화학(化學)을 좋아했지만, 그가 즐겨하던 다소 위험한 화학실험으로 인해서 무려 3번이나 그의 연구소를 불태운 경험이 있었다. 토마스 에디슨 나이 12세(1859년) 때 열차 차장의 허락을 받아서, 그가 일하는 열차 화물칸 구석에 화학약품을 두고 실험했던 제2 연구소도 화학약품으로 인하여 화재사고로 인하여 문을 닫게 되었고, 에디슨의 나이 16세(1863년) 여름에도 전신기사로 시간제 근무로 일하던 에디슨은 포트휴런(Port Huron) 전신국에서도 화학실험을 하다가 폭발 사고를 일으켜서, 전신기사 일을 제대로 해보지도 못하고 해고를 당하기도 하였다.

무엇보다 가장 뼈아픈 사고로서, 에디슨의 나이 67세인 1914년 12월 9일 새벽 5시에 에디슨의 제4 연구소인 웨스트 오렌지 연구소의 화학 실험동 건물로부터 화재가 시작되어서 1명의 연구원이 사망하고, 웨스트 오렌지 연구소 및 에디슨 배터리 회사 건물을 모두 **불태우게 되었다**. 토마스 에디슨은 비록 화학(化學) 실험과 악

---

82) The Chemical History of a Candle (1861년 패러데이외 1명 공동 저술)
83) Chemical Manipulation (1827년 패러데이 저술)
84) Experimental Researches in Chemistry and Physics (1859년 패러데이 저술)

연(惡緣)85)이 있었지만, 그는 이를 극복하고 다시 제4 연구소인 웨스트 오렌지 연구소를 새롭게 재건(再建)86)했으며, 제5 연구소인 에디슨-포드 겨울 연구소를 설립하였다.

그림 2-11. 토마스 에디슨의 제4 연구소의 대화재(大火災)
(웨스트 오렌지 연구소 1914년)

토마스 에디슨의 제1,2 연구소(집의 지하실, 기차 화물칸 연구소)의 주(主) 관심분야는 화학(化學)이라면, 전신기로부터 시작해서, 전화기, 축음기, 전구, 영사기, 배터리, 발전기, 전동기, 전기철도 및 전기자동차를 발명하고, 토마스 에디슨이라는 이름을 세상에 알린 제3,4 연구소(뉴저지 멘로 파크 및 웨스트 오렌지)에서는 그의 주(主) 관심분야는 전기(電氣) 및 기계(器械) 분야라고 할 수 있을 것이다. 이 시기에도 토마스 에디슨은 패러데이가 저술한 『전기학 실험연구87)』(1839) 등을 탐독(耽讀)하였고, 특히 전자석(電磁石)과 관련하여 다양한 실험을 수행하였으며, 이는 전신기, 전화

---

85) 나쁜 인연

86) 토마스 에디슨의 제4 연구소는 보험을 들지도 않았고, 화재 및 인명사고로 큰 손실을 입었지만, 에디슨의 수제자(首弟子)인 자동차왕 핸리 포드(Henry Ford)가 직접 찾아와서 위로와 함께 75만 달러의 수표를 에디슨에게 주었고, 에디슨의 제4 연구소 재건(再建)에 가장 큰 도움을 주었다.

87) Experimental Researches in Electricity Vol I and Vol II (1839년 패러데이 저술)
Experimental Researches in Electricity Vol III (1855년 패러데이 저술)

기, 축음기, 발전기 및 전동기 등에 다양한 발명에 응용을 하였을 것이 분명하다.

전구(電球)를 발명했던 토마스 에디슨의 제3 연구소(뉴저지 멘로 파크)는 현재 에디슨 기념 공원으로 지정되었으며, 필자(筆者)가 2015년 11월 화창한 가을에 제3 연구소를 방문했을 때, 일몰(日沒) 시간이라 에디슨의 전구 발명을 기념하는 세계에서 가장 큰 전구 탑이 환하게 불을 밝히고 있었으며, 그 옆에는 에디슨의 얼굴이 새겨진 동판(銅版)과, 공원을 관리하는 관리원들은 모두 퇴근하고, 사슴 무리들이 필자(筆者)의 방문을 반기면서, 에디슨의 제3 연구소 부지를 평화롭게 뛰어다니고 있었다.

그림 2-12. 토마스 에디슨의 제3 연구소(멘로 파크 연구소, 1879년)

그림 2-13. 토마스 에디슨의 제3 연구소 부지(현재)[88]

그림 2-14. 토마스 에디슨의 제3 연구소 내부사진

---

88) 2015년 11월 필자가 제3 연구소를 방문해서 직접 카메라에 담은 사진이다.

또한, 토마스 에디슨의 제4 연구소(웨스트 오렌지 연구소)는 토마스 에디슨 국립 역사박물관(Thomas Edison National Historical Museum)으로 지정되어서, 그가 주로 발명한 전구, 축음기, 전화기와 그의 실제 연구실 및 작업실 등이 전시되어 있습니다.

그림 2-15. 토마스 에디슨의 제4 연구소
(웨스트 오렌지 연구소, 1917년)

그림 2-16. 토마스 에디슨의 제4 연구소(현재)[89]

---

89) 웨스트 오렌지(West Orange) 연구소 : 토마스 에디슨의 메인(Main) 연구소이며,

그림 2-17. 토마스 에디슨의 제4 연구소 배치도

그림 2-18. 제4 연구소 건물 1층에 위치한 에디슨 집무실

　　에디슨 배터리 회사(Edison Storage Battery Company) 건물이 바로 옆에 위치되어 있다. 토마스 에디슨 당시에는 16개국 약 1만 명이 일하는 연구소이자 공장으로서, 굴뚝이 있으며 길게 3층으로 된 적색 벽돌 건물이 메인(Main) 연구소 건물이며, 우측에 갈색 건물이 에디슨 배터리 회사 건물이다. 메인(Main) 연구소 건물 좌측에 작은 건물이 여러 개 있는데, 정문을 기준으로 방문자 센터(Visitor Center), 화학 연구실(Chemistry Lab), 대장간(Blacksmith), 배터리 및 패턴 실(Storage Battery and Pattern Shop) 및 금속 연구실(Metallurgical Lab)로 배치되어 있다.

그림 2-19. 에디슨의 이상(理想)과 꿈을 담은 전기의 천사상[90]

---

[90] 1889년 파리 만국박람회에 이탈리아 관에 있었던 동상으로 박람회 후에 토마스 에디슨이 구입

그림 2-20. 제4 연구소 건물 1층에 위치한 에디슨 책상

에디슨의 제4 연구소는 동서 방향으로 레이크사이드 도로(Lakeside Ave)에 접해진 메인(Main) 건물과 남북 방향으로 금속 연구실, 배터리 연구실, 화학 연구실 등 다수의 부속 건물로 구성되어 있으며, 레이크사이드 도로(Lakeside Ave) 맞은편에는 에디슨 배터리 회사(Edison Storage Battery Company) 건물이 배치되어 있다. **토마스 에디슨 활발하게 연구할 당시에는 16개국 약 1만 명이 일하는 연구소이자 공장**이었지만, 지금은 관광객이 그 자리를 대신하고 있다.

토마스 에디슨의 제4 연구소 정문을 통과하면, 바로 앞에 방문객 센터(Visitor Center)가 있으며, 그 앞에 메인(Main) 건물 1층으로 들어가는 입구를 바로 찾을 수 있었다. 건물 1층 입주 좌측에는 시계와 출·퇴근 기록기가 있으며, 시간은 3시 10분[91]으로 멈추어져 더 이상 움직이지 않았고, 3층의 건물 전체가 탁 트인 토마스 에디슨의 전용 집무실[92]로 들어갈 수 있었다.
제4 연구소(웨스트 오렌지 연구소) 토마스 집무실에 들어가면 바로 눈에 들어오는 작품이 있는데, 오른손에는 에디슨이 발명한 전구

---

91) 그림 2-29 참고
92) 그림 2-18,19 참고

(電球)를 높이 들고 있는 **백색(白色)의 전기(電氣)의 천사상(天使像)**[93])이 집무실을 방문한 모든 관람객을 맞이하고 있었다. 전기의 천사상은 1889년 파리 만국박람회에 이탈리아 관에 있었던 천사상(天使像)으로, 박람회 당시에는 망가진 가스등 사이에 전기의 천사상(天使像)이 전구를 높이 들고 있었다.

즉 가스등의 시대는 지나가고 전기(電氣)로 불을 켜는 전구(電球)의 시대가 왔음을 상징하는 조각물로서, 1889년 파리 만국박람회가 끝난 후 토마스 에디슨은 이 천사상(天使像)을 박람회 측으로부터 구입하여, 제4 연구소에 자신의 집무실 한 가운데 설치하였다. 에디슨의 집무실을 방문하여 전기의 천사상의 얼굴을 바라보면, 매우 인상적(印象的)이다. **천사상(天使像)의 얼굴로서 뭔가 어색한 표정인데, 웃는 표정도 아니고, 우는 표정도 아니고, 마치 전구를 밝히고야 말겠다는 토마스 에디슨의 얼굴이 투영(投影)된 것처럼 보이는 작품**이라고 할 수 있을 것 같다. 전기의 천사상(天使像)은 토마스 에디슨의 집무실을 방문하는 누구나 제일먼저 볼 수 있다. 토마스 에디슨은 그의 이상(理想)과 꿈이 담겨있고, 마치 그 얼굴을 에디슨을 닮은 이 전기의 천사상(天使像)을 특별하게 아낀 자신의 상징물(象徵物)로 생각하며, 매일 바라보고 발명했을 것이다.

전기의 천사상(天使像)을 정면으로 우측에는 토마스 에디슨의 책상이 잘 보존되어 있으며, 좌측에는 잠시 쉴 수 있는 침대와 수많은 책들이 있는 서재가 배치되어 있었다. 에디슨의 집무실을 나와서 제4 연구소 메인(Main) 건물 1층에는 재료실과 넓은 기계실, 건물 2층에는 넓은 기계실, 화학실 및 제도실, 건물 3층에는 기계실, 전시실 및 음악실이 배치되어 있으며, 자원봉사 안내원들께서

---

93) 그림 2-19 참고

틈틈이 방문자를 위하여 에디슨과 관련된 정보를 설명해 주면서, 에디슨이 직접 제작한 다양한 축음기에 대한 시연(試演)을 하고 있었다[94].

표 2-7. 에디슨의 제4 연구소 메인(Main) 건물의 단면구조

계단	3층 기계실	3층 전시실	3층 음악실	계단	에디슨 집무실
	2층 기계실		2층 화학실		
	1층 기계실		1층 재료실		

특히 에디슨의 제4 연구소(웨스트 오렌지 연구소) 기계실에는 복잡한 동력 공급장치가 매우 인상적(印象的)이었는데, 이는 한 대의 직류(直流) 전동기의 동력을 여러 대의 기계에 분할하여 회전력을 공급하는 방식으로, 전동기의 축(軸)과 건물 천장에 동력 전달 축(軸) 사이에 밸트(Belt)로 연결되어 회전력을 공급하였고, 각각의 드릴, 밀링, 회전기계 등은 천장에 동력 전달 축(軸)의 회전력을 다시 밸트(Belt)로 공급받아서 기계를 가공하는 방식을 채택하고 있었다[95].

그 이유는 토마스 에디슨 당시까지만 하여도 직류 전동기의 가격은 상당히 고가(高價)이기에, 각 장비마다 부착할 수 없었고, 1대의 직류 전동기가 다수의 드릴, 밀링, 회전기계에 동력을 공급할 수밖에 없었으며, 관련 문헌에 따르면, 에디슨의 제4 연구소(웨스트 오렌지 연구소)는 기계장치로 인하여 항상 기계 마찰 소음(騷音)이 가득했다고 기록되어 있다.

---

94) 표 2-7, 그림 2-22~그림 2-28 참고
95) 그림 2-27~그림 2-28 참고

지금도 연구소에는 토마스 에디슨과 그의 연구원이 직접 사용했던, 각종 공구와 기계장치가 노란색 백열등이 켜진 가운데 그대로 전시되어 있으며, 토마스 에디슨이 나와서 직접 필자(筆者)를 안내해 줄 것 같은 느낌이 들었다. 제4 연구실 메인(Main) 건물 3층 기계실 기둥에는 토마스 에디슨의 나이 72세인 1919년 1월 달력[96]이 전시되어 있으며, 시간의 흐름 1919년 1월로 마치 멈춰있는 것 같은 느낌을 받았다.

토마스 에디슨의 제4 연구소(웨스트 오렌지 연구소) 10분 정도 거리에 파란 잔디 위에 빨간색 건물의 에디슨의 생가(生家)[97]가 있었으며, 에디슨은 집을 연구소의 코앞에 두고, 잠을 자다가 아이디어가 생각나면, 바로 그의 연구실로 뛰어가서 실험을 하였다고 한다. 토마스 에디슨의 뉴저지 웨스트 오렌지(West Orange) 연구소와 그의 집을 둘러보면서, 아마 "에디슨이 가장 좋아하는 색깔은 열정을 상징하는 빨간색이 아닌가?"라는 생각을 해보면서, 나는 2015년 11월에 에디슨의 열정만큼 붉은 노을을 뒤로하고, 제4 연구소를 떠나던 기억이 지금도 생생하다.

---

[96] 그림 2-28 참고, 토마스 에디슨의 나이 72세
[97] 그림 2-30 참고

그림 2-21. 제4 연구소 건물 1층 한편에 위치한
침대(좌측) 및 침대 맞은편에 위치한 서재(우측)

그림 2-22. 제4 연구소 건물 1층 기계 실험실

그림 2-23. 제4 연구소 건물 2층 화학 실험실

그림 2-24. 제4 연구소 건물 3층 음악 실험실

그림 2-25. 제4 연구소 건물 1층 기계실에 각종공구(좌측),
드릴(중앙) 및 밀링머신(우측)

그림 2-26. 제4 연구소 건물 1층 재료실(상좌측) 2층 제도실(상우측), 3층 혼(Horn) 저장실(하좌측), 대장간(부속건물)

그림 2-27. 제4 연구소 건물 2층 기계실에 동력공급 구조(1)

그림 2-28. 제4 연구소 건물 2층 기계실에 동력공급 구조(2)

그림 2-29. 제4 연구소 건물 1층 입구의 출·퇴근 기록부(좌측) 및 건물 3층 기계실 기둥에 있는 1919년 1월 달력(우측)

그림 2-30. 제4 연구소 인근의 에디슨 생가

토마스 에디슨의 나이 56세(1903년) 이후에 노년(老年)과 겨울에 연구하였던 **제5 연구소(플로리다 포트 마이어스)**에서는 그는 고무 **제품을 집중적으로 연구했으며, 그의 주(主) 관심분야는 생물(生物) 분야**라고 할 수 있을 것이다. 그는 패러데이의 영향으로 이론 보다는 실험적인 연구에 가장 큰 강점을 가지게 되었고, 생물(生物) 분야에서도 마찬가지로 토마스 에디슨은 농부(農夫)가 되어서, 17,000종 이상의 나무 및 식물을 직접 재배하고, 연구하여 미국의 농업 및 생명과학분야 발전에 상당한 공헌을 하였다.

토마스 에디슨의 연구소에 대해서 많은 사람들은 제3,4 연구소(뉴 저지 멘로 파크 및 웨스트 오렌지 연구소)만 기억하고 있으며, 제5 연구소인(플로리다 포트 마이어스 연구소)에 대해서는 그 존재조차 알지 못하는 사람들이 많은 것 같다.

필자(筆者)도 플로리다(Florida) 주(州)에 위치한 포트 마이어스(Fort Myers) 에디슨-포드 겨울 연구소(제5 연구소)를 방문[98]하면서, 처음에는 솔직히 아무 기대감 없이 방문하였다.

플로리다(Florida)에 있는 에디슨-포드 겨울 연구소(Edison-Ford Winter Laboratory)!!
미국에서 가장 따뜻하고, 겨울철 유럽의 관광객과 전 세계 부자들이 즐겨 찾는다는 플로리다(Florida) 주(州) 마이애미(Miami) 바닷가!! 그 멋진 마이애미(Miami) 해변 근처에 발명왕 토마스 에디슨(Tomas Edison)과 그의 평생 친구인 자동차 왕 핸리 포드(Henry Ford)가 겨울 연구소를 만들었다??

사람이 다 그렇겠지...., 미국에는 겨울에 크리스마스(Christmas) 휴가도 길다던데....겨울에 연구는 무슨 연구??
따뜻한 남쪽나라 별장에서 낚시나 즐기고, 휴양이나 했겠지??
라는 생각을 하면서 플로리다(Florida)의 환상적인 바닷가를 보면서 에디슨의 제5 연구소인 포트 마이어스(Fort Myers) 에디슨-포드 겨울 연구소를 방문하였다.

참으로 놀라운 것은 따뜻한 남쪽나라 플로리다(Florida)에서 만난 에디슨의 제5 연구소의 내부전경이다. 현재는 진한 초록색 페인트가 칠해진 제5 연구소 내부를 필자(筆者)가 사진기로 직접 촬영한 것이고, 더욱 놀라운 것은 마치 에디슨의 메인(Main) 연구소인 제4 연구소(웨스트 오렌지 연구소)를 그대로 축소하여 옮겨온 것 같은 느낌을 받았다[99].

---

98) 필자는 2015년 11월에 뉴저지에 위치한 에디슨의 멘로 파크 및 웨스트 오렌지 연구소를 방문했으며, 2015년 12월에 플로리다에 위치한 에디슨-포드 겨울 연구소를 직접 방문하였다.
99) 그림 2-33~그림 2-38 참고

그리고 이 곳에서 놀라운 것은 토마스 에디슨이 겨울과 노년(老年)에 고무연구를 위하여 17,000종 이상의 나무 및 식물 등 생물학 분야를 중심으로 집중적으로 연구하였고, 생물(生物) 분야만이 아니라 전기(電氣), 기계(機械), 화학(化學) 등의 연구를 위하여, 기계 및 화학 실험실을 만들었고 실험하였다는 것이다.

토마스 에디슨은 그의 노년(老年)에도 계속 발명하고 있었고, 그의 가슴은 늙지 않았다는 것이다.

그림 2-31. 에디슨-포드 겨울 연구소(제5 연구소) 근처 별장[100]

---

[100] 미국 동부 가장 아래에 위치한 플로리다(Florida)는 너무나 아름다운 경치와 따뜻한 날씨로 전 세계 관광객이 찾아오는 아름다운 지역이며 디즈니 월드와 유니버설 스튜디오(Universal Studios) 등 세계 최대의 테마파크 공원이 위치하고 있다.

그림 2-32. 에디슨이 배타고 낚시를 즐기던 장소(별장 옆)

그림 2-33. 토마스 에디슨의 제5 연구소 전경
(포트 마이어스 연구소, 좌측사진 현재모습, 우측사진 1929년)

그림 2-34. 토마스 에디슨의 제5 연구소내 정원
(포트 마이어스 연구소, 좌측사진 1928년 식물재배,
우측사진 부인 미나 에디슨(Mina Edison) 동상과 현재정원)

그림 2-35. 제5 연구소 건물의 기계실(화학실 바로 옆)

그림 2-36. 제5 연구소 건물의 화학실(기계실 바로 옆)

그림 2-37. 제5 연구소 건물 1층 에디슨 책상(좌측) 및 화학약품(우측)

그림 2-38. 제5 연구소에서 식물 재배에 사용한 도구들[101]

---

101) 필자(筆者)가 사진기에 담아온 것으로 토마스 에디슨이 사진 속 도구들을 직접 사용했는지는 확실하지 않다. 다만, 현재도 제5 연구소를 관리하시는 분들이 지금도 식물재배에 사용하고 있는 장비인 것으로 보이며, 제5 연구소 온실 하우스(House) 옆에 가지런하게 정렬된 도구들을 바라보며, 노년(老年)의 토마스 에디슨의 식물 연구에 대한 특별한 사랑과 향기가 전해지는 것 같다.

그림 2-39. 제5 연구소 인근 에디슨-포드 별장

2차선 도로를 사이에 두고, 에디슨-포드 겨울 연구소(제5 연구소) 바로 옆에는 에디슨-포드 별장이 각각 위치하고 있으며, 에디슨-포드 별장 옆으로는 플로리다(Florida) 멋진 바다를 감상할 수 있으며, 2015년 12월 필자(筆者)가 방문하는 그 날도 파란 하늘이 보이는 따뜻한 날씨와 함께 수많은 관광객들이 에디슨-포드 겨울 연구소와 별장을 방문하여 발명왕 에디슨의 발자취를 감상하고 있었다[102].

단지 토마스 에디슨의 발명을 전기 및 기계 분야로 한정하는 경향이 있는데, 그 이유는 첫째, 그의 제3,4 연구소(뉴저지 멘로 파크 및 웨스트 오렌지 연구소)에서 그를 세계적인 발명가로 만든 전구, 축음기 및 영사기를 발명했고, 특히 전구(電球)에 실용적인 완성으로 전구의 아버지라는 이미지가 너무나 강하기 때문이며, 둘째, 에디슨의

---

[102] 그림 2-39 참고

대부분의 특허가 전기 및 기계분야에 치우쳐 졌기 때문이라고 생각한다.

미국에 있는 에디슨의 연구소를 직접 방문해 보면서, **에디슨의 주 관심분야의 변화를** 정리하면 다음과 같다.

> ※ **에디슨의 주 관심분야 변화**
> - 제1,2 연구소, 1853년~1859년(에디슨 6세~12세): 화학(化學)
> - 제3,4 연구소, 1876년~1887년(에디슨 29세~40세):
>   전기(電氣) 및 기계(機械)
> - 제5 연구소, 1903년~1931년(에디슨 56세~88세): 생물(生物)

토마스 에디슨의 1,093건의 특허와 디자인 중에서 단지 3건만이 생물(生物) 분야의 발명이다. 필자(筆者)도 이 3건의 특허[103]를 처음 검토하면서,

"어!! 이 특허(特許)는 뭐지??"
"토마스 에디슨과 동(同) 시대에 생물학 분야에 동명이인(同名異人)[104]의 연구자가 있었나?"
아니면, "토마스 에디슨이 생물학자와 같이 연구하고 특허출원한 발명인가?"
라는 생각도 하였지만, 플로리다(Florida)에 있는 에디슨-포드 겨울

---

103) 토마스 에디슨의 1,093건의 특허와 디자인 중에서 단지 3건만 생물(生物) 분야 특허이며, US543986호(1895년 08월 06일 등록, 1882년 10월 20일 출원), US1495580호(1924년 05월 27일 등록, 1923년 02월 08일 출원), US1740079호(1929년 12월 17일 등록, 1927년 11월 30일 출원)가 있다.

104) 이름은 같지만, 서로 다른 사람

연구소를 직접 방문하고 나서야, 에디슨이 주도적으로 수행한 발명이었고, 발명왕 에디슨이 자동차왕 포드(Ford)와 협력하여 자동차에서 발생하는 충격 흡수를 위해서 타이어의 원재료(原材料)인 고무를 식물로부터 추출하기 위해 얼마나 많은 노력을 하였는지....그리고 "아하!! 그래서 이 제5 연구소가 에디슨-포드 겨울 연구소(Edison-Ford Winter Laboratory)라고 이름이 되었구나!!"를 알게 되었다.

토마스 에디슨은 그의 말년(末年)인 56세~88세까지 플로리다에 위치한 제5 연구소에서 농부(農夫)가 되어서 17,000종 이상의 나무 및 식물을 직접 심었고, 물주고, 재배하였고, 에디슨 정원을 만들었으며, 그의 발명 인생의 마지막은 가장 친한 친구이자 수제자(首弟子)인 자동차왕 포드(Ford)를 위해서 같이 연구하고, 우정을 나눈 특별한 시간이었던 것이다.

토마스 에디슨은 한 마디로 화학(化學), 전기(電氣), 기계(機械), 건축(建築) 및 생물(生物)을 모두 아우르는 모든 과학 분야에 관심이 있었고, 실험연구의 대(大) 스승인 마이클 패러데이의 영향으로 전 세계에서 가장 도전적이고 모험적인 연구를 수행하였던 가장 위대한 과학자이자 발명가라고 정의할 수 있다. 그는 절대 머릿속만 단지 이론적으로 연구를 하는 사람이 아니고, 가장 실질적인 실험적 연구를 하였기에 몇 번이나 연구소를 불태우는 위기를 맞이하였지만, 그는 포기하지 않고 그의 연구소를 다시 재건(再建)하였다.

반복적으로 강조하지만, 토마스 에디슨의 제1 내지 5 연구소의 모든 결과는 과학의 중심축(中心軸)을 유럽에서 미국으로 옮겨지게 하는 가장 큰 원동력이 되었으며, 지금의 미국 과학의 출발에는 에디슨의 실험정신과 도전정신이 깃들여 진 것이 분명한 사실이고, 이 점이 지금까지 미국을 세계 최고의 과학기술 국가로 성장시키는 든든한 원동력이 되고 있음이 분명할 것이다.

☝2-6. 천재(天才)와 함께
위대한 작품(作品)에 도전한 사람들

토마스 에디슨은 평생 미국에 1,093건의 특허 및 디자인을 등록하였고, 미국 이외의 국가에 1,239건[105]의 특허를 등록하였다. 에디슨의 미국 특허 및 디자인을 분석해보면, 그는 전신기, 전화기, 전구, 발전기, 전동기, 전력배선, 전기철도, 전기자동차, 광석분리, 광석제련, 시멘트, 전기기기 속도제어, 축음기, 배터리 및 영화 등 대략 크게는 10가지 발명 그룹, 좀 더 세부적으로는 70여 가지 발명품에 대하여 연구하였다.

그의 방대한 분야의 발명은 타(他)의 추종을 불허할 정도로 탁월하며, 20세기의 인류의 삶과 문명을 바꾸었으며, 그의 발명 인생 중심(中心)인 1900년[106]을 기준으로 과학의 중심축(中心軸)이 유럽에서 미국으로 이동하게 되어 지금까지 미국을 세계 최고의 국가로 만든 결정적인 바탕을 제공하였다.

또한, 그의 발명 인생을 살펴보면, 그는 1876년(에디슨 나이 29

---

105) 미국 이외의 다출원(多出願) 국가현황
- 1위 : 영국 (131건)
- 2위 : 독일 (130건)
- 3위 : 캐나다 (129건)
- 4위 : 프랑스 (111건)
- 5위 : 오스트리아 (101건)
- 6위 : 벨기에 (88건)
- 7위 : 이탈리아 (83건)
- 8위 : 스웨덴 (61건)
- 9위 : 스페인 (54건)
- 10위 : 인도(44건) 등
미국 이외의 국가에서 총 1,239건의 특허를 등록받았다.
106) 토마스 에디슨은 1869년~1900년까지 약 30년과, 1901년~1931년까지 약 30년인 1900년 기준으로 총 60년의 인생을 발명과 함께하였다.

세)에 뉴저지 주(州) 멘로 파크(Menlo park) 연구소를 시작으로 1887년(에디슨 나이 40세) 뉴저지 주(州) 웨스트 오렌지(West Orange) 연구소로 그의 메인(Main) 연구소를 이전하였고, 1903년(에디슨 나이 65세)에 플로리다 포트 마이어스(Fort Myers) 에디슨-포드 겨울 연구소를 만들어서, 수많은 연구원들과 평생 함께 발명하였다는 것이다.

토마스 에디슨이라는 인류의 생활과 문명을 바꾼 천재(天才) 발명왕 뒤에는 그를 도와준 수많은 사람들이 있었음이 분명하다. 그리고 각 분야에서 도움을 준 사람들에 대하여 정리하고자 하는 생각으로 본 필자(筆者)는 "천재(天才)와 함께 위대한 작품(作品)에 도전한 사람들"에 대하여 연구하기 시작하였다.

하지만, 정작 어려운 것은 토마스 에디슨의 위대한 발명에 어떤 연구원들이 얼마나, 어떻게 기여를 하였는지 잘 정리한 자료와 책자는 어디에도 없다는 것이다. 즉 본 장(章)의 글을 쓰는데 수많은 자료를 바탕으로 본 필자(筆者)가 토마스 에디슨의 연구원들의 어떻게 기여를 했는지 일일이 분석하였고, 이를 정리하여 독자(讀者) 여러분에게 소개하고자 한다[107].

천재(天才)와 함께 위대한 작품(作品)에 도전한 사람들에 대해서 자료를 조사하면서 필자(筆者) 스스로 던진 가장 근본적인 질문은 다음과 같다.

"토마스 에디슨의 발명 중 어느 연구원이 얼마나 어떻게 기여했을까?",

---

[107] 본 필자(筆者) 다른 어떤 부분보다 자료 조사에 엄청난 공을 들인 부분이다. 왜냐하면, 에디슨의 대표적인 연구원들의 인생에 대해서 일일이 살펴보고, 에디슨의 발명에 기여한 부분을 알기위해 수많은 자료를 검토했기 때문이다.

"그렇다면, 가장 객관적인 자료는 무엇일까?"

바로 이 질문을 한 다음에 필자(筆者)는 토마스 에디슨의 1,093건 미국 특허와 디자인을 모두 다시 재검토(再檢討)하였다. 토마스 에디슨의 총 1,093건의 발명 중 1,073건은 토마스 에디슨의 단독(單獨) 발명이며, 단지 20건만이 공동(共同) 발명이었다.

물론 수많은 발명을 하면서, 토마스 에디슨은 그의 연구원들의 간접적인 많은 도움이 있었겠지만, 수치적으로 에디슨의 모든 발명 중 약 98.2%(1,073건)의 발명은 토마스 에디슨이 그 발명의 창작을 직접 주도한 에디슨의 단독(單獨) 발명으로 특허를 등록받은 것이며, 단지 에디슨의 발명 중 1.8%(20건)의 발명은 토마스 에디슨과 그의 연구원이 함께한 창작한 공동(共同) 발명으로 토마스 에디슨과 그의 연구원들이 공동으로 특허 등록받은 것으로 분석되었다. 즉 공동 발명으로 특허를 등록받은 것은 참여한 연구원이 그 발명에 상당한 기여를 하였던 것으로 평가할 수 있을 것이다.

표 2-8은 토마스 에디슨의 발명 중 약 1.8%에 해당하는 20건의 공동 발명의 특허를 보다 자세하게 분석한 것이다.

표 2-8. 토마스 에디슨의 공동 발명의 특허 분석

공동 발명자 (에디슨과 관계)	발명분야 (세부분야)	미국특허 등록번호	등록일 (출원일)
Franklin L. Pope (에디슨의 사업 파트너)	전신기 (프린트 되는 전신기)	US102320호	1870년 04월 26일 (없음)
	전신기 (프린트 되는 전신기)	US103924호	1873년 06월 07일 (없음)
Charles Batchelor (에디슨의 수석 연구원)	전신기 (전신기 회로)	US169972호	1875년 11월 16일 (1875년 03월 23일)
	전구 (전구 진공 테스터 장치)	US239372호	1881년 03월 29일 (1880년 08월 09일)

발명자	발명	특허번호	등록일(출원일)
Edward H. Johnson (에디슨의 연구원)	전기기기 속도제어 (전자기적 브레이크 장치)	US238098호	1881년 02월 22일 (1880년 11월 11일)
C.L. Clarker (에디슨의 연구원)	전력배선 (배전 시스템 전압조정 장치)	US287525호	1883년 10월 30일 (1882년 10월 31일)
P. Kenny (에디슨의 연구원)	전신기 (주식시세 표시기)	US314115호	1885년 03월 17일 (1884년 03월 19일)
	전신기 (팩시밀리)	US479184호	1892년 07월 19일 (1881년 12월 06일)
Sigmund Bergmann (에디슨의 연구원)	전화기 (구조)	US337254호	1886년 03월 02일 (1883년 11월 13일)
Ezra T. Gilliland (에디슨의 친구)	전화기 (회로)	US340709호	1886년 04월 27일 (1885년 10월 14일)
	전기철도용 알람	US384840호	1886년 11월 29일 (1888년 06월 19일)
	전화기 (교환기)	US422577호	1890년 03월 04일 (1884년 12월 01일)
	전화기 (구조)	US438306호	1890년 10월 14일 (1886년 02월 19일)
	전기철도용 통신(전화)	US486634호	1892년 11월 22일 (1885년 04월 07일)
W.K.L. Dickson (에디슨의 연구원)	광석분리	US434588호	1890년 08월 19일 (1890년 01월 20일)
John F. Ott (에디슨의 연구원)	전구 (필라멘트)	US466400호	1892년 01월 05일 (1886년 10월 27일)
	튜브 생산장치	US967178호	1910년 08월 16일 (1905년 10월 17일)
C.M. Johnson (에디슨의 연구원)	전기자동차 전기철도 (동력전달)	US641281호	1900년 01월 16일 (1899년 04월 24일)
Jonas W. Aylsworth (에디슨의 연구원)	배터리 (전극판)	US976791호	1910년 11월 22일 (1905년 04월 28일)
Charles G. Kircher (에디슨의 연구원)	축음기 (평판형 레코드)	US1417463호	1922년 05월 23일 (1919년 07월 03일)

이제 본격적으로 토마스 에디슨과 함께 위대한 작품(作品)에 도전한 사람들에 대하여 살펴보겠다.

1) 프랭클린 포프(Franklin L. Pope)108) - 전신기 분야 사업가 및 조력자

토마스 에디슨의 1,093건의 특허 및 디자인 중에서 가장 먼저 등장하는 인물은 프랭클린 포프(Franklin L. Pope)라는 미국의 전신 및 전기 기술자이자 사업가이다.

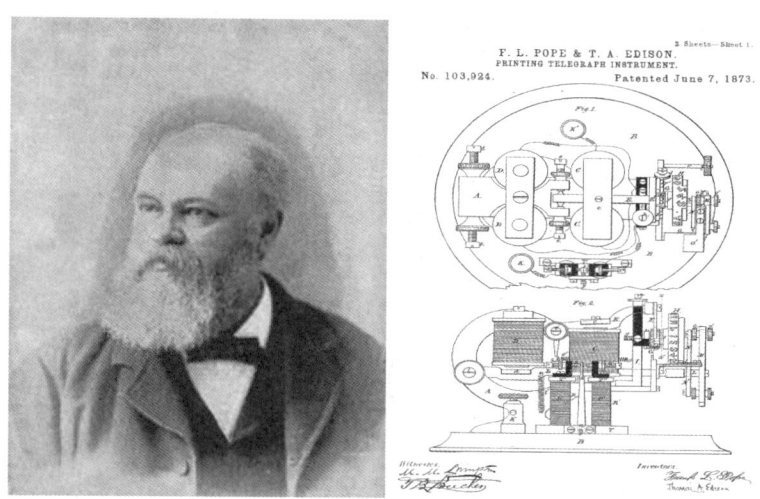

그림 2-40. 프랭클린 포프 및 에디슨과 공동 발명한
전신기 특허(US169972호)

---

108) 프랭클린 포프(Franklin L. Pope: 1840년~1895년): 토마스 에디슨이 22세 나이에 프리랜서 발명가로서 독립했을 때 제일 먼저 도움을 주었던 에디슨의 사업 파트너이며, 전신기와 관련된 『Modern Practice of the American Telegraph』(1869년), 『Modern Practice of the Electrical Telegraph』(1871년) 등 서적을 저술하였으며, 미국 전기기술자 협회 회장을 역임한 전신 및 전기기술자이자 사업가

프랭클린 포프(Franklin L. Pope)는 토마스 에디슨의 천재성을 제일 먼저 알아보았고, 에디슨 인생에서 전신기 기술에 대하여 가장 최초로 사업 제안을 하였던 사람이라고 할 수 있다. 토마스 에디슨은 22세 나이인 1869년 프리랜서 발명가로서 독립하면서, 그 당시 전신회사로 상당히 알려진 웨스턴 유니언(Western Union)社에게 실험 원조를 요청하였지만 거절당했고, 경쟁사인 아틀랜틱 퍼시픽 전신기(Atlantic and Pacific Telegraph Co.)社와의 공동연구에서도 실패하고 방황하던 에디슨에게 전신기 사업을 제안하여 Pope & Edison社를 설립하여 세계 최초의 전신기술 자문회사를 설립하였다. 이 회사에서 토마스 에디슨은 전신기의 설계 및 보수, 전신기 및 전신 케이블의 시험 및 카탈로그 제작 등의 업무를 수행하였다.

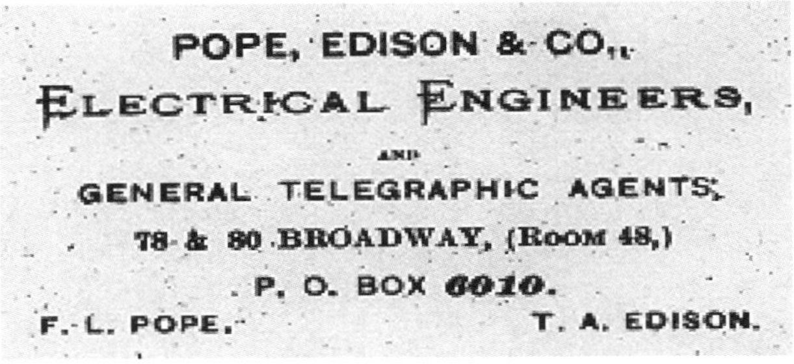

그림 2-41. 미국 뉴욕에 위치한 Pope & Edison社 광고

프랭클린 포프(Franklin L. Pope)는 토마스 에디슨과 함께 프린트되는 전신기에 관하여 미국특허 US102320호 및 US103924호를 발명하였으며, 포프의 금융정보 서비스 회사에 근무한 경험은 훗날 토마스 에디슨에게 뉴욕(New York)의 주식시장 정보를 실시간으로 전달 가능한 주식시세용 전신기를 발명토록 하는 개기(開基)가 되었다.

웨스턴 유니언(Western Union)社는 Pope & Edison社의 핵심 연구원인 토마스 에디슨의 재능을 알아보게 되면서, Pope & Edison 社를 15,000달러에 매수하게 되었고, 1/3 지분을 가진 에디슨은 생애 최초로 5,000달러의 거금을 손에 만지게 되었다.

2) 찰스 베처러(Charles Batchelor)[109] - 에디슨의 수석 연구원

토마스 에디슨에게 있어서 가장 대표적인 연구원이라면, 제일 먼저 찰스 베처러(Charles Batchelor)를 꼽을 수 있을 것이다.

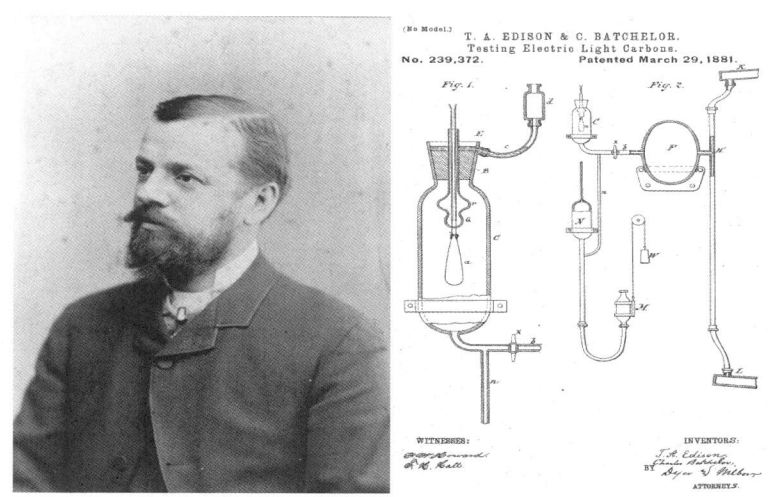

그림 2-42. 찰스 베처러 및 에디슨과 공동 발명한
전구 진공 테스터 장치 특허(US239372호)

---

[109] 찰스 베처러(Charles Batchelor: 1845년~1910년): 영국 출신으로 토마스 에디슨에게 있어서 가장 믿을 만한 연구원이자, 마치 분신(分身)과 같은 존재이며, 에디슨의 보이지 않는 손(hands)과 같은 역할로 에디슨 연구소의 연구원들의 총괄팀장 같은 역할을 담당했던 사람으로 에디슨의 전신기, 전화기, 전구, 발전기, 전력배선, 축음기 등 에디슨의 대표적인 연구들을 대부분을 에디슨과 함께 고민했고, 설계했고, 실험했던 에디슨이 가장 총애했던 조수이자, 에디슨 회사 파리(Paris) 지사의 책임자를 역임한 미국의 발명가이자 과학자

토마스 에디슨이 가장 신뢰하는 연구원이며, 에디슨 연구소의 마치 총괄팀장 같은 역할을 담당했으며, 전신기, 전화기, 전구, 발전기, 전력배선, 축음기 등 에디슨의 대표적인 연구들의 대부분을 에디슨과 함께 고민했고, 설계했고, 같이 밤을 보내면서, 실험했던 에디슨이 가장 총애하던 연구원이며 한마디로 총괄 책임자라고 할 수 있을 것이다.

토마스 에디슨의 전신기, 축음기, 전구 등 중요한 실험마다 그의 옆자리에는 반드시 찰스 베처러가 항상 함께했으며, 토마스 에디슨의 메인(Main) 연구소인 뉴저지 멘로 파크(Menlo park) 연구소 및 웨스트 오렌지(West Orange)의 설립(設立)에 가장 핵심적인 연구원으로 늘 에디슨의 발명에서 보이지 않게 가장 중심적인 역할을 감당하였다.

그림 2-43. 찰스 베처러와 주식시세용 전신기의 연구원 및 생산자들

찰스 베처러는 1870년대 중반 에디슨이 발명한 주식시세 표시용110)전신기에 대한 연구 및 생산을 주도하였고, 에디슨과 함께 1878년 4월 워싱턴에서 미국의 국회의원들 및 루더퍼더 헤이즈 대통령(Rutherford B. Hayes)111) 등 주요 인사들 앞에서 성공적으로 축음기112)를 시연(試演)을 하였으며, 1880년 에디슨이 발명한 전기철도113)를 직접 시운전(試運轉) 하기도 하였다.

그림 2-44. 축음기 발명품 시연(試演)(좌측, 1878년)

---

110) 주식시세용 전신기 특허, US123005호(1872년 01월 23일 등록, 출원일은 알 수 없음)

111) 루더퍼드 헤이즈(Rutherford B. Hayes: 1822년~1893년): 캐니언(Canyon) 대학과 하버드 법학대학원을 졸업한 후 변호사로 활동했으며, 노예제도 폐지에 앞장섰고, 남북전쟁에 참여하여 부상을 입기도 하였다. 하원의원과 오하이오(Ohio) 주지사로 3차례 당선된 후에 미국의 19대 대통령으로 당선되어 1877년~1881년까지 재임한 미국의 정치인

112) 토마스 에디슨과 찰스 베처러가 함께한 에디슨의 두 번째 축음기 모델 시연은 첫 번째 축음기에서 원통형 축음기의 녹음 및 재생 시에 회전속도를 일정하게 하기 위하여 관성체(慣性體)를 추가했으며, 미국의 제19대 대통령인 루더퍼드 헤이즈(Rutherford B. Hayes) 및 미국 국회의원들이 직접 시연에 참여하였고, 미국 특허 US227679호(1880년 05월 18일 등록, 1879년 03월 29일 출원)로 등록되었다.

113) 전기철도 특허, US248430호, US263132호, US265778호, US446667호, US475491호, US475492호, US475493호 및 US475494호 등이 있다.

그림 2-45. 축전기철도 발명품 시운전(試運轉)(우측, 1880년)

또한, 찰스 베처러는 토마스 에디슨과 함께 전신기 회로에 관한 미국특허 US169972호 및 전구 진공 테스터 장치에 관한 미국특허 US239372호를 공동으로 발명하기도 하였다.

찰스 베처러는 1879년 7월 전구(電球) 발명을 완성한 후에 뉴저지 멘로 파크(Menlo park) 연구소에서 발명한 전구의 전시를 시작으로 1881년 파리 국제전기박람회, 1882년 런던 만국박람회, 1884년 필라델피아 전기박람회, 1889년 파리 만국박람회, 1889년 시카고 만국박람회 등 에디슨이 참여한 수많은 박람회의 전시 총괄 책임자로서, 그의 발명을 성공적으로 미국과 전 세계에 알리는 핵심적인 역할을 수행하였다(그림 2-46 참고).

(a)뉴저지 전구발명 공개(1879년 7월) (b)파리 만국박람회(1881년)

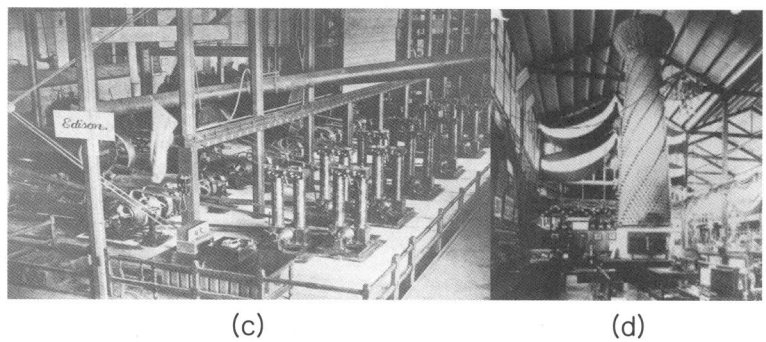

(c)런던 만국박람회(1882년) (d)필라델피아 전기박람회(1884년)

(e)파리 만국박람회 축음기관 및 (f)파리 만국박람회 전구관(1889년)
그림 2-46. 찰스 베쳐러가 주도한 에디슨 발명품의 주요 박람회

또한, 1884년 찰스 베처러는 에디슨 전기 회사의 프랑스 파리 (Paris) 지사의 책임자로 근무하면서, 천재 발명가인 니콜라 테슬라(Nikola Tesla)에게 소개장을 써주며 에디슨에게 보내기도 하였다. 토마스 에디슨에게 가장 믿음직하며, 충성스러운 총괄 책임자, 에디슨의 복심(腹心), 찰스 베처러!! 그는 에디슨 연구소에서 마치 에디슨의 그림자 같은 존재로서, 에디슨을 그 누구보다 잘 이해하며, 존경했고, 천재(天才)와 함께 위대한 작품에 도전한 가장 잘 알려진 그의 진정한 수석 연구원이라고 할 수 있을 것이다.

3) 존 오토(John F. Ott)와 프레드 오토(Fred Ott) 형제[114]
- 에디슨과 함께한 용감한 형제들

토마스 에디슨에게는 그와 함께한 용감한 형제 연구원이 있었으니, 그들은 바로 형인 존 오토(John F. Ott)와 동생인 프레드 오토(Fred Ott)이다. 1888년 6월 16일 새벽 6시 토마스 에디슨은 개선된 축음기를 바라보면서, "완벽하군!!(Perfected!!)"이라고 소리쳤으며, 윌리엄 케네디 딕슨(Dickson)[115] 연구원은 개선된 축음기를 가져왔다.

---

[114] 존 오토(John F. Ott: 1850년~1931년)와 프레드 오토(Fred Ott) 형제: 토마스 에디슨의 축음기, 전구, 전력배선 및 발전기 분야 연구원으로 초창기부터 에디슨과 함께한 형제들이다. 형제는 토마스 에디슨의 축음기 발명에 함께 참여하였으며, 형인 존 오토(John F. Ott)는 에디슨과 함께 전구 및 튜브 생산장치에 관한 미국특허를 공동으로 발명하였다. 형인 존 오토는 평생 발명가로서 활동하다가 토마스 에디슨이 이 세상에서 눈감은 바로 다음날(1931년 10월 19일)에 죽었으며, 동생인 프레드 오토(Fred Ott)는 토마스 에디슨이 영사기(映寫機)를 발명하였고, 1894년 세계 최초로 저작권이 보호되는 영화인 "Fred Ott's Sneeze"의 영화배우로 활동한 미국의 형제 연구원이자 과학자

[115] 윌리엄 케네디 딕슨(William Kennedy Laurie Dickson: 1860년~1935년): 영국 북부인 스코틀랜드(Scotland) 출신으로 토마스 에디슨의 대표적인 연구원 중 한명이다. 축음기 및 기계공학 분야에 기여를 했으며, 광석분리 발명과 관련하여 토마스 에디슨과 공동으로 발명하여 미국특허를 등록받기도 하였다. 에디슨 연구소의 분위기 메이커이자 재주꾼으로 통하는 연구원으로, 토마스 에디슨이 카메라, 영사기(映寫機) 및 영화 스튜디오(Black Maria Studio)에서 에디슨의 단편 영화에 배우, 영화 제작자를 하였던 에디슨 연구소의 연구원, 과학자 및 영화 연출가

이 때 토마스 에디슨 주위로 수석 연구원인 찰스 베처러(Charles Batchelor)와 존 오토(John F. Ott), 프레드 오토(Fred Ott) 형제 연구원과 다른 연구원들116)이 달려왔고, 함께 환호를 하였다.

오토(Ott) 형제는 뉴저지 멘로 파크(Menlo park) 연구소에서 토마스 에디슨과 함께 축음기 발명을 고민하면서 밤새 연구하고, 녹음하면서 기쁨을 나누기도 하였으며, 이후에도 전구, 전력배선 및 발전기, 축음기 등의 모든 분야 연구에 적극적으로 참여하였다.

그림 2-47. 형인 존 오토(좌측) 및 동생인 프레드 오토(우측)

---

116) 찰스 베처러(Charles Batchelor), 오토(Ott) 형제, 윌리엄 케네디 딕슨(Dickson)과 함께 축음기 연구한 연구원으로 A.T.E. Wangemann, Charles Brown 및 George Gouraud 등이 있다.

그림 2-48. 에디슨의 축음기 분야 핵심 연구원(1888년 6월)

그림 2-49. 존 오토(좌측)와 토마스 에디슨(우측)

또한 형인 존 오토(John F. Ott)는 토마스 에디슨과 함께 전구의 필라멘트에 관한 미국특허 US466400호 및 튜브 생산장치에 관한 미국특허 US967178호를 공동으로 발명하기도 하였다.

천재(天才) 에디슨과 함께 위대한 발명에 도전한 용감한 형제들인 존 오토(John F. Ott)와 프레드 오토(Fred Ott) 형제 중에 누가 에디슨을 더 존경하고 사랑했으며, 충성스러운 연구원일까??

필자(筆者)가 보기에는 "형만 한 아우 없다117)"는 속담(俗談)처럼, 형인 존 오토(John F. Ott)다 동생보다 더욱 토마스 에디슨을 존경했고 사랑한 것으로 느껴진다. 형인 존 오토(John F. Ott)는 토마스 에디슨과 평생 함께 연구한 다섯 손가락에 손꼽히는 연구원 중에 한명임이 분명하다.

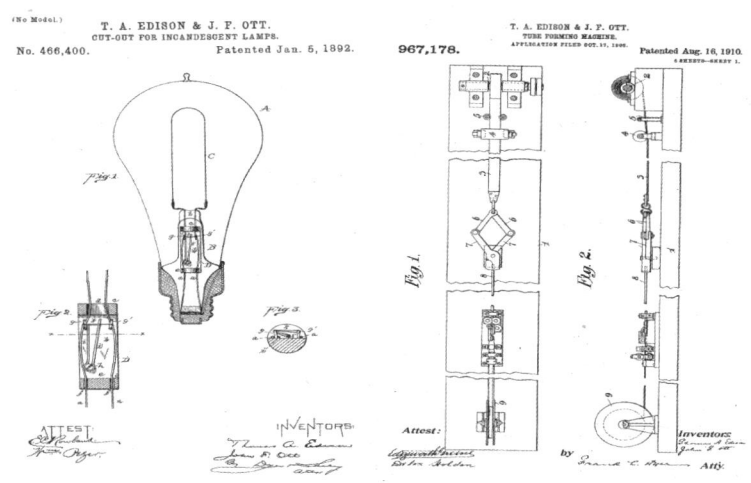

그림 2-50. 존 오토가 에디슨과 공동 발명한 전구 특허
(US466400호, 좌측) 및 튜브 생산장치 특허(US967178호, 우측)

특히 토마스 에디슨에게도 수많은 연구원이 있지만, 에디슨 연구소에 입사(入社)에서 평생을 에디슨과 함께 연구한 연구원들은 생각보다 많지 않다. 특히 토마스 에디슨의 사업이 잘 될 때는 뉴저지

---

117) 모든 일에 있어서 아우가 형만 못하다는 한국 속담

143

(New Jersey) 주(州) 웨스트 오렌지(West Orange) 연구소에 16개국 약 1만 명이 일하였으며, 수많은 연구원과 사람들이 에디슨의 주위에 넘치기도 하였다.

하지만, 직류(直流)[118] 전력시스템만을 고집한 에디슨과 에디슨 종합전기회사는 교류(交流)[119] 전력시스템을 제안한 니콜라 테슬라(Nikola Tesla)와 이를 사업화하여 성공한 웨스팅하우스 일렉트릭(Westinghouse Electric)社[120]에 의해서 전력사업에 처절한 실패를 경험하고, 1892년 에디슨 종합전기회사와 톰슨-휴스톤(Thomson-Houston) 전기회사가 합병되어 현재도 미국의 대표적인 중전기기 회사인 GE(General Electric)社로 회사의 간판이 바뀌는 시기에, 토마스 에디슨이 특별히 그 재능을 아끼던 많은 연구원들도 GE(General Electric)社[121]사로 옮겨갔다[122]. 또한 에디슨

---

118) 시간에 따라서 전류 흐름이 일정한 전기, 대표적으로 모든 배터리가 직류 전기이다.

119) 시간에 따라서 전류 흐름이 바뀌는 전기, 참고로 1초에 50번 또는 60번 바뀌며, 1초에 50번 바뀌는 전기를 50[Hz], 60번 바뀌는 전기를 60[Hz]로 정의한다. 참고로 대한민국은 1초에 60번 바뀌는 60[Hz]를 현재 국가 표준으로 하고 있다.

120) 1886년 조지 웨스팅하우스(George Westinghouse)의 사업력과 니콜라 테슬라(Nikola Tesla)의 기술력이 바탕이 되어 설립된 중전기기 회사로서, GE(General Electric)社와 함께 미국을 대표하는 중전기기 회사로서, 2차 세계대전 이후에 원자력 발전소 기술을 집중적으로 연구하여, 현재 전 세계 500여개 원자력 발전소 중에서 약 1/2정도를 웨스팅하우스 일렉트릭社에서 설계 및 제작할 정도로 원자력 발전소분야 전문기업 이다.

121) 1892년 에디슨 종합전기회사와 톰슨-휴스톤(Thomson-Houston) 전기회사가 합병되어 설립된 회사로서, 특히 토마스 에디슨의 전구, 발전기 발명 및 특허를 기반으로 성장하여 전기, 에너지, 조명, 금융 및 항공 등의 미국을 대표하는 종합기업이다. 2015년 기준으로 브랜드 가치 세계 8위이며, 1932년, 1973년 두 번의 노벨상을 수상한 연구원을 배출하였고, 전 세계 100대 기업에 속하는 글로벌 종합그룹으로 성장한 미국의 대표적인 기업이다.

122) 현재까지도 미국을 대표하는 전력기기, 전력설비, 발전소 및 원자력 등을 중심으로 하는 양대(兩大) 중전기기(重電機器) 기업으로 토마스 에디슨 발명 및 기술력을 바탕으로 하는 GE(General Electric)社와 니콜라 테슬라의 발명 및 기술력을 바탕으로 하는 웨스팅하우스(Westinghouse)社가 있으며, 이 두 회사는 미국 및 전 세계의 전력사업 및 기술에 있어서 현재도 최고의 회사이다. 그 바탕에는 천재

의 많은 연구원들은 개인의 능력을 특별히 인정받아, 다른 회사 및 연구소로 스스로 이직(移職)하거나, 대학의 교수로 임용되기도 하였다.

잠시 필자(筆者)가 상상(想像)의 나라에서 토마스 에디슨 선생님께 다음과 같이 질문 해본다. "에디슨 선생님, 당신에게 수많은 연구원들이 있겠지만, 그 중에서 당신이 가장 아끼는 특별한 연구원은 누구인가요??"

아마 에디슨 선생님은 파이프 담배를 한 모금 깊이 빨면서,
"음~~~ 글쎄....나에게는 많은 연구원이 있었지, 그래도 내가 특별히 아끼는 4명의 연구원은.........."

그럼 필자(筆者)가 지금 살아있지도 않는 토마스 에디슨을 대신하여 이 4명의 연구원의 이름을 대신 발표한다면, 에디슨 연구소의 초창기부터 평생을 토마스 에디슨과 함께한 연구원이고, 평생 그를 떠나지 않고 그의 곁을 지킨 연구원이며, 천재 에디슨과 가장 많은 밤을 지새우며, 실험하고, 함께 고민한 연구원임이 분명할 것이다.

바로 **토마스 에디슨의 4대 연구원**이라고 할 수 있을 것인데,
첫째, 에디슨 연구소 총괄 팀장이자 수석 연구원인 찰스 베처러
   (Charles Batchelor)
둘째, 에디슨과 함께한 용감한 형제의 형인 존 오토(John F. Ott)

(天才) 발명가이자 숙명의 라이벌인 토마스 에디슨과 니콜라 테슬라가 있으며, 지금까지도 이 두 명의 천재(天才)는 GE(General Electric)社와 웨스팅하우스(Westinghouse)社라는 이름으로 함께 경쟁하며, 함께 성장하고, 미국의 전력사업을 발전시키고 있다.

그림 2-51. 토마스 에디슨의 4대 연구원
(a)찰스 베처러 (b)존 오토 (c)윌리엄 케네디 딕슨 (d)프란시스 제헬

셋째, 에디슨 연구소의 분위기 메이커이자 에디슨이 발명한 카메라, 영사기(映寫機) 및 영화스튜디오(Black Maria Studio)를 사용하여 에디슨 단편 영화의 총괄 제작자인 윌리엄 케네디 딕슨(W.K.L. Dickson)

넷째, 에디슨의 메인(Main) 연구소인 뉴저지(New Jersey) 주(州)

멘로 파크(Menlo park) 및 웨스트 오렌지(West Orange) 연구소만이 아니라, 메인(Main) 연구소보다 수천 킬로미터(km)의 남쪽에 위치한 플로리다(Florida) 주(州) 포트 마이어스(Fort Myers) 에디슨-포드 겨울 연구소에서 농부 에디슨과 함께 수많은 식물을 같이 심고 재배하며, 에디슨-포드 겨울 연구소에서 에디슨에 관한 회고록을 집필하며, 인생을 마감한 프란시스 제헬(Francis Jehl)[123]
이라고 할 수 있을 것이다.

※ 토마스 에디슨(1847년~1931년)의 4대 연구원

- 찰스 베처러(Charles Batchelor: 1845년~1910년):
  - 에디슨 연구소 수석 연구원이자 총괄팀장
- 존 오토(John F. Ott: 1850년~1931년):
  - 용감한 형제의 형, 전 생애(生涯)를 에디슨과 함께한 연구원
- 윌리엄 케네디 딕슨(W.K.L. Dickson: 1860년~1935년):
  - 에디슨 연구소의 분위기 메이커, 에디슨 단편 영화의 총괄 제작자
- 프란시스 제헬(Francis Jehl: 1860년~1941년):
  - 에디슨 노년의 가장 좋은 친구이자, 멘로 파크 연구소에 관한 회고록을 집필한 연구원

---

123) 프란시스 제헬(Francis Jehl: 1860년~1941년): 미국 뉴욕(New York) 출신으로 토마스 에디슨의 대표적인 연구원 중 한명이다. 전구, 발전기 및 전력배선 분야에 기여를 했으며, 토마스 에디슨을 평생 보좌한 연구원으로서, 에디슨 사후(死後)에도 에디슨의 마지막 연구소(제5 연구소)인 플로리다(Florida) 주(州) 포트 마이어스(Fort Myers) 에디슨-포드 겨울 연구소를 관리하며, 에디슨의 멘로 파크(Menlo park) 연구소 회고록인 『Reminiscences of Menlo Park』라는 책을 집필한 에디슨 연구소의 연구원이자 과학자

특히 용감한 형제의 형인 존 오토(John F. Ott)는 필자(筆者)가 토마스 에디슨을 대신하여 선정한 에디슨의 대표적인 4대 연구원 중의 한명이며, 전 생애(生涯)를 토마스 에디슨과 함께한 연구원이다. 특히 토마스 에디슨을 얼마나 사랑하고 존경했으면, 에디슨이 이 세상에서 눈감은 바로 다음날(1931년 10월 19일)에 에디슨의 죽음을 너무 슬퍼한 나머지, **존 오토(John F. Ott)는 생애를 마치고 위대한 발명가이자 천재(天才) 토마스 에디슨을 따라서 하늘나라까지 쫓아가서 연구한 진정한 에디슨의 연구원**이라고 할 수 있다.

동생인 프레드 오토(Fred Ott)는 에디슨이 발명한 동영상 촬영기, 영사기(映寫機) 등을 통하여 미디어 시대가 펼쳐지게 되고, 프레드 오토(Fred Ott)의 끼를 살려서, 1894년 1월 2~7일 세계 최초로 저작권이 보호되는 영화인 "프레드 오토의 재채기(Fred Ott's Sneeze)"라는 영화 배우로 활약하기도 하였다.

그림 2-52. 세계 최초로 저작권이 인정되는 영화,
Fred Ott's Sneeze의 장면(1894년 1월 2~7일)124)

---

124) 이 영화는 에디슨이 발명한 카메라 및 영사기(映寫機)를 사용하여 영화스튜디오 (Black Maria Studio)에서 촬영한 영화로서 에디슨의 연구원인 프레드 오토 (Fred Ott)가 주인공이고, 윌리엄 케네디 딕슨(William Kennedy Laurie Dickson)이 촬영 및 제작한 초기 무성영화이다.

토마스 에디슨에게 오토(Ott) 형제는 늘 든든한 우정으로 에디슨의 발명에 용기를 준 용감한 형제이자 그의 대표적인 연구원이라고 할 수 있을 것이다.

4) 윌리엄 케네디 딕슨(W.K.L. Dickson)[125] - 축음기, 광석 분리, 영사기 등 기계 분야 연구원이자 에디슨 단편 영화의 총괄 제작자

어느 단체나 조직이나 항상 웃음을 주는 분위기 메이커(mood maker)는 꼭 한명씩 있기 마련이다. 토마스 에디슨의 연구소에는 아주 특별한 분위기 메이커가 있었으니, 그는 영국 북부인 스코틀랜드(Scotland) 출신의 기계공학 분야 엔지니어인 윌리엄 케네디 딕슨(W.K.L. Dickson)이라고 할 수 있을 것이다.

윌리엄 케네디 딕슨(W.K.L. Dickson)은 특히 콧수염이 인상적이며, 그의 주체할 수 없는 끼로 인하여, 특히 에디슨이 발명한 카메라, 영사기(映寫機) 및 영화스튜디오(Black Maria Studio)를 이용하여 에디슨의 단편 영화에 배우이며, 동시에 영화 제작자로 활발하게 활약하기도 하였다. 동시에 토마스 에디슨의 축음기 분야 연구에 밤낮을 함께한 연구원이며, 전자석을 이용한 광석분리 장치에 관한 미국 특허 US434588호를 에디슨과 공동을 발명하기도 하였으며, 토마스 에디슨의 대표적인 4대 연구원 중 한명이라고도 할 수 있을 것이다.

---

[125] 윌리엄 케네디 딕슨(William Kennedy Laurie Dickson: 1860년~1935년): 영국 북부인 스코틀랜드(Scotland) 출신으로 토마스 에디슨의 대표적인 연구원 중 한명이다. 축음기 및 기계공학 분야에 기여를 했으며, 광석분리 발명과 관련하여 토마스 에디슨과 공동으로 발명하여 미국특허를 등록받기도 하였다. 에디슨 연구소의 분위기 메이커이자 재주꾼으로 통하는 연구원으로, 토마스 에디슨이 카메라, 영사기(映寫機) 및 영화스튜디오(Black Maria Studio)에서 에디슨의 단편 영화에 배우, 영화 제작자를 하였던 에디슨 연구소의 연구원, 과학자 및 영화 연출가

윌리엄 케네디 딕슨(W.K.L. Dickson)은 에디슨의 3대 발명품 중 하나인 카메라, 영사기(映寫機) 및 영화스튜디오(Black Maria Studio)의 유용성(有用性)을 입증하기 위하여 실질적으로 단편 영화의 제작을 총괄(總括)하였다.

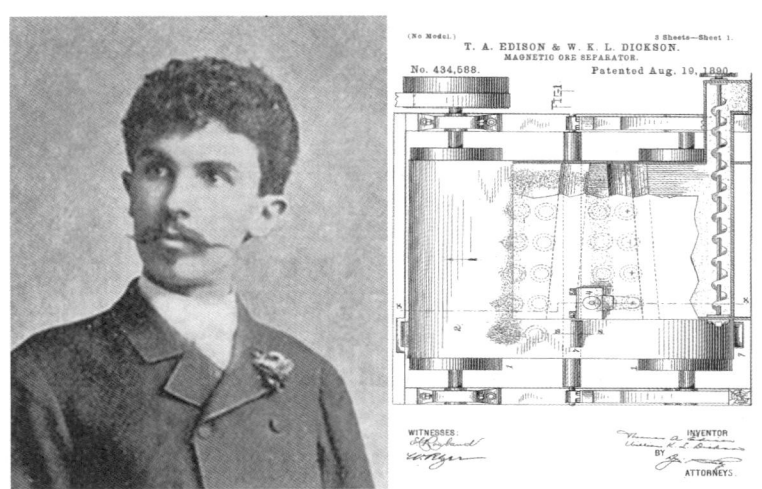

그림 2-53. 윌리엄 케네디 딕슨 및 에디슨과 공동 발명한
전자석을 이용한 광석분리 장치 특허(US434588호)

어쩌면 현재 미디어 시대를 열 수 있었던 가장 위대한 발명품을 만든 발명가가 천재(天才) 토마스 에디슨이라면, 실질적으로 초창기 에디슨의 영화관련 발명품을 가장 적극적으로 도왔던, 에디슨 영화분야의 대표 연구원이 바로 윌리엄 케네디 딕슨(W.K.L. Dickson)이라고 할 수 있을 것이다.

드디어 1889년 6월과 1889년 11월 21~27일 토마스 에디슨의 위대한 영화관련 발명품을 이용하여 윌리엄 케네디 딕슨(W.K.L. Dickson)이 총괄 제작한 세계 최초의 영화가 만들어 졌는데, 그것은 짓궂은 장난1(Monkeyshines1)과 짓궂은 장난2(Monkeyshines2)이라는 이름의 영화이다.

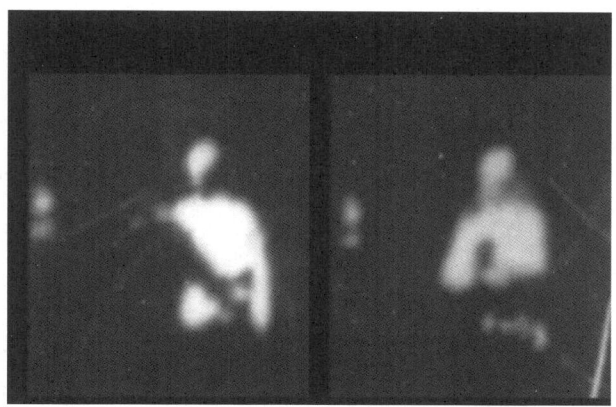

그림 2-54. 짓궂은 장난1(Monkeyshines1, 1889년 6월)[126]

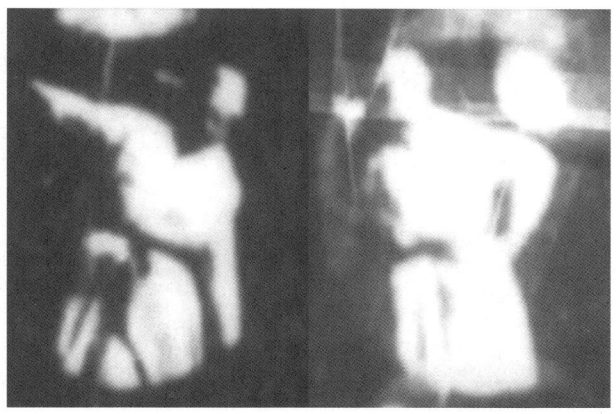

그림 2-55. 짓궂은 장난2(Monkeyshines2, 1889년 11월 21~27일)

---

126) 세계 최초의 이 영화는 무성(無聲)영화이며, 화질이 명확하지 않아서, 무슨 장면을 나타내는지 명확하게 알기 어렵지만, 동영상 및 영화의 시대를 알리는 신호탄이라는 점에서 의미 있는 영화이다.

세계 최초의 영화인 짓궂은 장난1(Monkeyshines1)에서는 남자인지 여자인지도 잘 구분이 되지 않는 한 사람이 나온다. 그런데 이 사람이 무엇인가 움직이지만, 영화의 화질(畫質)이 너무 안 좋아서, 무엇을 하는지도 도무지 잘 알 수 없는 영화이다. 하지만, 이 도전은 세계 최초의 영화의 시작을 알리는 거대한 신호탄임이 분명하다. 1889년 11월 21~27일에는 보다 화질이 개선된 짓궂은 장난2(Monkeyshines2)라는 영화를 선보이게 되었는데 머리에 두건을 쓴 한 사람이 무엇을 돌리는 것을 명확하게 알 수 있도록 영화의 화질(畫質)이 약간 개선되었다.

1891년 5월 20일 다음의 영화를 통하여 토마스 에디슨과 윌리엄 케네디 딕슨(W.K.L. Dickson)은 보다 화질(畫質)이 개선되어 사람의 표정이 살아있는 진정한 영상을 구현할 수 있었다.

그림 2-56. 딕슨의 인사(Dickson Greeting, 1891년 5월 20일)

바로 이 영화에서 윌리엄 케네디 딕슨은 직접 주인공으로 출연하였으며, 모자에 손을 모으다가 펼치는 동작을 하는 딕슨의 인사(Dickson Greeting)라는 제목의 영화이다.

딕슨의 인사(Dickson Greeting)라는 영화를 통하여 윌리엄 케네디 딕슨(W.K.L. Dickson)은 이제 본격적으로 미디어(Media)의 시대가 열리게 되었음을 직접 배우로 등장하여 환영한 영화라고 할 수 있을 것이다.

세계 최초로 제작된 10대 무성(無聲)영화127)를 포함하여 초창기 영화의 상당수는 모두 토마스 에디슨과 그의 4대 연구원 중 한 명인 윌리엄 케네디 딕슨(W.K.L. Dickson)의 손에 의해 촬영되었으며, 영화를 한편, 한편씩 촬영하면서 보다 개선된 화질(畫質)의 영화 촬영장비의 발전과 영화촬영 기법을 얻을 수 있었다. 토마스 에디슨은 영화를 촬영 및 상영하는 카메라, 필름, 렌즈, 영사기, 영화 스튜디오 등 영화와 관련된 발명품은 비록 다른 발명품들 보다는 비교적 양적으로 적은 총 10건128)의 발명을 하였지만, 무엇보다 세상을 크게 변화시킨 위대한 혁신을 이끌어 낼 수 있는 발명이었다.

---

127) 소리가 없이 화면만 있는 영화
128) 토마스 에디슨의 1,093건의 미국 특허 및 디자인을 바탕으로 선정한 10대 발명 분야
 (에디슨의 1,093건의 발명에 대한 분류는 본 저자가 에디슨 미국특허의 초록, 대표도면, 청구항을 읽고, 기술적인 관점을 중심으로 직접 분석 및 분류한 것임)

 순위 : 분야   건수 (분야별 최초출원과 관계된 정보)
  1위 : 발전기, 전동기 및 전력배선 ··· 215건 (32세, 1879년, US218167호)
  2위 : 축음기   ··· 189건 (30세, 1877년, US200521호)
  3위 : 전구   ··· 171건 (31세, 1878년, US214636호)
  4위 : 전신기   ··· 149건 (22세, 1869년, US091527호)
  5위 : 배터리   ··· 135건 (35세, 1882년, US273492호)
  6위 : 광석 및 시멘트   ··· 102건 (33세, 1880년, US228329호)
  7위 : 전기철도 및 전기자동차   ··· 48건 (33세, 1880년, US248430호)
  8위 : 전화기   ··· 40건 (31세, 1878년, US203013호)
  9위 : 영사기   ··· 10건 (44세, 1891년, US493426호)
 10위 : 전기기기 속도제어   ···   9건 (33세, 1880년, US228617호)

특히, 그 중심에는 토마스 에디슨을 신실하게 도와준 에디슨 연구소의 분위기 메이커 윌리엄 케네디 딕슨(W.K.L. Dickson)의 열정, 토마스 에디슨에 대한 존경(尊敬), 그리고 발명에 대한 사랑이 함께 있었음이 분명할 것이다.

표 2-9는 토마스 에디슨과 윌리엄 케네디 딕슨이 제작한 세계 최초의 10대 영화를 정리한 것이다.

표 2-9. 세계 최초의 10대 영화

순서	영화제목	발표일자	참고
1	짓궂은 장난1,2 (Monkeyshines1,2)	짓궂은 장난1 (1889년 6월) 짓궂은 장난2 (1889년 11월 21~27일)	※세계 최초의 영화
2	딕슨의 인사 (Dickson Greeting)	1891년 5월 20일	※윌리엄 케네디 딕슨 주연
3	복싱 (Men Boxing)	1891년 6월	
4	뉴어크의 곤봉선수 (Newark Athlete)	1891년 5~6월	

5	대장간 풍경 (Blacksmith Scene)	1893년 4월	
6	프레드 오토의 재채기 (Fred Ott's Sneeze)	1894년 1월 2~7일	※프레드 오토 주연
7	지팡이 묘기를 선보인 선수 (Athlete with Wand)	1894년 2월	
8	이발소 (The Barbershop)	1894년 3월 초	
9	스티븐스 (Sandow)[129]	1894년 3월 6일	
10	카멘 시(市) (Carmen City)[130]	1894년 3월 10~16일	

---

129) Sandow : 사람의 이름으로 한국에서는 발음 그대로 "산도우"보다는 "스티븐스"로 일반적으로 명칭하며, 근육을 자랑하는 헬스 선수의 이름이 Sandow(스티븐스)라고 생각된다.

130) Carmen City : 카멘 시(市)는 미국 서부의 캘리포니아 주에 있는 도시이며, 이 도시에서 여자 무희(舞姬)가 긴 치마를 돌리면서 춤추는 것을 영화로 제작한 것으로 생각된다.

윌리엄 케네디 딕슨(W.K.L. Dickson)은 세계 최초로 제작된 10대 영화를 비롯하여 그 이후에도 다수의 영화를 촬영하였으며, 아래는 모두 윌리엄 케네디 딕슨이 촬영을 주도한 영화이며, 영화의 촬영이 계속될수록 영화의 화질(畫質)은 상당히 개선되었으며, 영화의 스토리(Story)가 더욱 탄탄해지는 것을 확인할 수 있다.

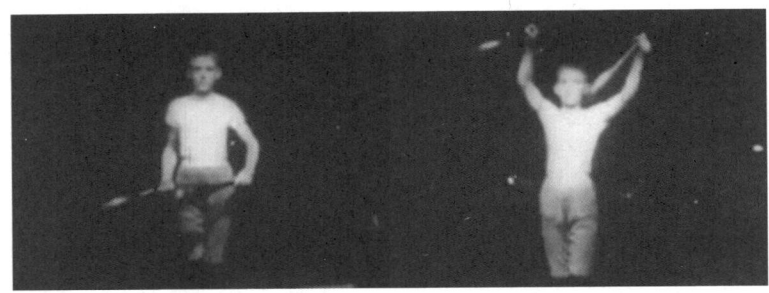

그림 2-57. 뉴어크[131]의 곤봉선수[132](Newark Athlete, 1891년 5~6월)

그림 2-58. 담배피는 해군 장성(Admiral Cigarette, 1897년 8월 5일)

---

131) 뉴어크(Newark): 미국 뉴저지(New Jersey) 주(州)에서 가장 큰 도시
132) 윌리엄 케네디 딕슨(W.K.L. Dickson)이 에디슨이 발명한 카메라 및 영사기(映寫機)를 사용하여 영화스튜디오(Black Maria Studio)에서 촬영한 영화, 약 10초 정도의 분량으로 어린 체조선수가 인디언 클럽(인디언이 사용하는 곤봉)을 돌리는 장면의 동영상이다.

토마스 에디슨은 윌리엄 케네디 딕슨(W.K.L. Dickson)이 촬영 및 제작한 세계 최초의 10대 무성(無聲)영화 이후에 아주 특별한 도전을 하였다. 바로 그것은 유성(有聲)영화[133]의 발명이며, 토마스 에디슨이 발명한 영사기(映寫機)[134]와 축음기(蓄音機)[135] 발명을 결합하여 세계 최초의 유성(有聲)영화 제작 장치에 관한 미국특허 US1182897호[136]를 발명하였다.

미국특허 US1182897호에서는 토마스 에디슨이 기존에 발명한 영사기(映寫機)와 축음기(蓄音機) 발명을 동기화(同期化)시키는 장치를 구현하는 것을 가장 큰 기술적 특징으로 하였다. 1894년 초에 토마스 에디슨의 유성(有聲)영화 제작 장치의 발명을 이용하여 윌리엄 케네디 딕슨(W.K.L. Dickson)이 영화의 주인공으로 유성(有聲)영화의 촬영을 하였다. 이 영화에서 윌리엄 케네디 딕슨은 커다란 축음기의 소리통 앞에서 바이올린을 연주하며, 두 남자가 바이올린 소리에 맞추어 춤추는 장면을 연출하였는데, 바로 이 영화가 영상과 소리가 동기(同期)된 세계 최초의 유성(有聲)영화이다.

윌리엄 케네디 딕슨(W.K.L. Dickson)은 토마스 에디슨이 발명한 카메라, 필름, 렌즈, 영사기, 영화 스튜디오, 유성(有聲)영화 제작 장치 등의 발명들을 실질적으로 상용화하는데 가장 핵심적인 역할을 하였으며, 윌리엄 케네디 딕슨(W.K.L. Dickson)의 무한한 끼와 잠재력은 에디슨 연구소의 활력과 웃음을 주었음이 분명할 것이다.

---

133) 화면과 함께 소리가 나오는 영화

134) 세계 최초로 동영상을 볼 수 있는 영사기 특허, US493426호(1893년 03월 14일 등록, 1891년 08월 24일 출원)

135) 세게 최초로 소리를 녹음하는 축음기 특허 US200521호(1878년 02월 19일 등록, 1877년 12월 24일 출원)

136) 세계 최초의 유성(有聲)영화 제작 장치 특허, US1182897호(1908년 02월 08일 등록, 1916년 05월 16일 출원)

그림 2-59. 총을 돌리는 아라비아 사람
(Arabian Gun Twirler, 1899년 3월 20일)

그림 2-60. 잠수함에서 어뢰 분리작업
(Discharging a White Torpedo, 1900년 5월 12일)

그림 2-61. 전기 궁전(Palace of Electricity, 1900년 8월 9일)

그림 2-62. 세계 최초의 유성(有聲)영화
(Dickson Experimental Sound Film, 1894년 초)

특히, 윌리엄 케네디 딕슨(W.K.L. Dickson)이 촬영한 수많은 영화를 통해서 토마스 에디슨의 영화 관련 발명은 날개를 활짝 펼칠 수 있었으며, 1894년 초에는 영상만이 아니라 소리와 영상이 함께 결합하여 진정한 미디어의 시대를 펼쳐지는데 최고의 기여를 한 연구원이 바로 윌리엄 케네디 딕슨(W.K.L. Dickson)이다.

그래서 본 필자(筆者)는 윌리엄 케네디 딕슨(W.K.L. Dickson)에 대한 수많은 자료와 그가 제작한 영화를 감상하며, 발명의 왕이지만, 보다 세부적으로 영화 및 미디어의 아버지인 토마스 에디슨이 진정으로 존재하기 위하여 그 뒤에서 보이지 않게 에디슨을 도운 영화 및 미디어 분야 최고 연구원이며, 어쩌면 딱딱한 기계분야 발명품을 만들어내길 좋아하고, 상당히 무미건조(無味乾燥)한 에디슨에게 윌리엄 케네디 딕슨(W.K.L. Dickson)이라는 재치와 끼와 열정이 가득한 연구원이자, 영화영출 감독이 있었기에 진정으로 미디어 시대가 열리게 되었다고 생각하며, 윌리엄 케네디 딕슨(W.K.L. Dickson)을 토마스 에디슨의 4대 연구원이라고 생각하는 바이다.

5) 프란시스 제헬(Francis Jehl)137) - 토마스 에디슨과 가장 오래 기간 함께한 연구원

누구나 초·중·고에서 만났던 오랜 친구를 다시 만난다면, 참으로 학창 시절로 돌아간 느낌이고 편안한 느낌일 것이다.

그림 2-63. 프란시스 제헬

토마스 에디슨의 연구원 중에서 그의 말년까지 함께했으며, 미국 뉴저지(New Jersey) 주(州) 멘로 파크(Menlo park) 연구소, 및 웨스트 오렌지(West Orange) 연구소에서도 함께했으며, 뉴저지(New Jersey)에서 무려 1,500km 남쪽의 플로리다(Florida) 주(州) 포트 마이어스(Fort Myers) 에디슨-포드 겨울 연구소에서도 에디슨과 같이 함께한 연구원이 바로 프란시스 제헬(Francis Jehl)이다.

---

137) 프란시스 제헬(Francis Jehl: 1860년~1941년): 미국 뉴욕(New York) 출신으로 토마스 에디슨의 대표적인 연구원 중 한명이다. 프란시스 제헬은 에디슨의 멘로 파크(Menlo park) 연구소, 웨스트 오렌지(West Orange) 및 플로리다(Florida)에 있는 포트 마이어스(Fort Myers) 연구소까지 토마스 에디슨과 함께한 연구원이고 특히 에디슨의 말년에 포트 마이어스 연구소에서 까지도 토마스 에디슨의 친구처럼 에디슨의 곁을 늘 지켰던 에디슨 연구소의 연구원이며, 말년(末年)에는 토마스 에디슨의 초창기 발명품 및 연구소에 관한 "멘로 파크 회고록(Menlo park reminiscence)"을 집필한 과학자

아무리 친한 친구라고 할지라도, 무려 1,500km를 이사 가서 연구하자고 한다면, 따라갈 친구가 있을까??

토마스 에디슨의 연구원 중에서 프란시스 제헬(Francis Jehl)만이 수천 km까지 가서 에디슨과 함께한 그런 연구원이다. 그래서 그런지, 토마스 에디슨의 말년(末年)에 특히 프란시스 제헬(Francis Jehl)과 함께한 사진이 많다.

그림 2-64. 토마스 에디슨과 멘로 파크 연구원들(1877년)

그림 2-64는 토마스 에디슨이 멘로 파크 연구소 정문에서 기념촬영한 것으로 그의 아버지 사무엘 에디슨(Samuel Ogden Edison)을 모시고 그의 가장 초창기 연구원들과 함께 촬영한 귀중한 사진이다.

이 사진 속에서 1877년, 30세의 토마스 에디슨은 가운데 의자에 앉아 있으며, 에디슨의 바로 오른쪽에는 수석연구원인 찰스 베처러(Charles Batchelor)가 않았으며, 그 뒤로 막내아들 토마스 에디슨을 흐뭇하게 바라보는 그의 아버지 사무엘 에디슨이 웃고 있고, 바로 사무엘 에디슨 오른쪽에 프란시스 제헬(Francis Jehl)이 있었다.

그림 2-65. 토마스 에디슨과 함께하는 프란시스 제헬(1929년 10월)

그림 2-65는 1929년 10월, 82세 토마스 에디슨이 다시 뉴저지 (New Jersey) 주(州) 멘로 파크(Menlo park) 연구소를 방문했을 때의 사진이다. 즉, 그림 2-64(1877년)와 그림 2-65(1929년)는 약 52년 시간 간격의 사진이다.

토마스 에디슨의 뉴저지 주(州) 멘로 파크(Menlo park) 연구소는 1876년~1887년(에디슨 29세~40세)까지 사용된 연구소이며, 그 후에 토마스 에디슨은 뉴저지 주(州) 웨스트 오렌지(West Orange) 연구소로 메인(Main) 연구소를 이전하였기에, 그림 2-65는 82세 노년(老年)의 토마스 에디슨은 그의 30대 청춘을 바친 멘로 파크 연구소를 다시 찾아서, 그의 전구 발명을 회상(回想)하고 있는 사진이라고 할 수 있을 것이다.

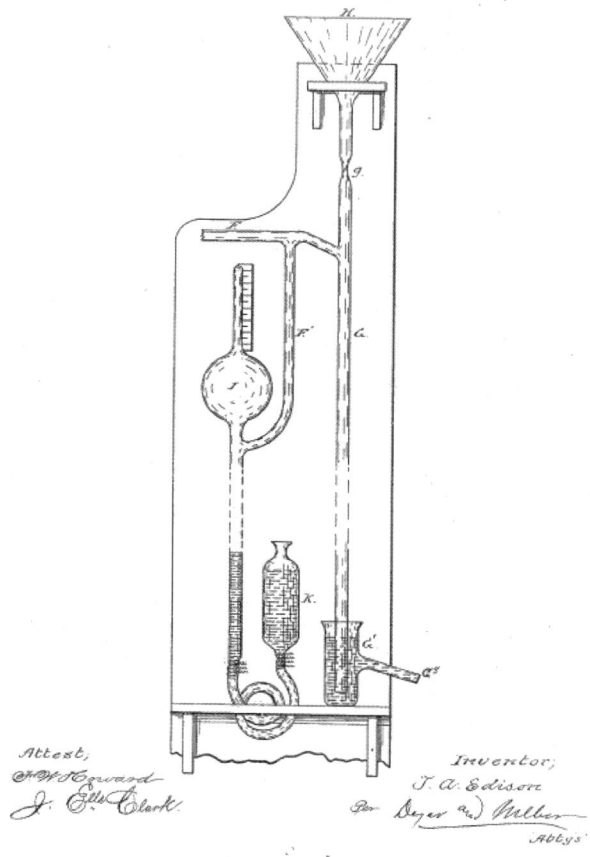

그림 2-66. 전구에 진공을 만드는 장치 특허[138]

---

138) 전구에 진공을 만드는 장치 특허, US251536호(1881년 12월 27일 등록, 1881년 12월 07일 출원)
미국특허 US251536호의 등록공보를 볼 때 대한민국 특허심사관이었던 본 필자(筆者)는 흥미로운 점을 발견하였다. 이 특허는 특허출원한지 20일 만에 등록결정이 된 점이다. 특허심사의 모든 프로세스(Process)를 이해하는 필자(筆者)로,

163

그림 2-65의 좌측 사진은 전구(電球)의 진공을 만드는 장치이며, 그림 2-66은 전구(電球)의 진공을 만드는 장치에 관한 발명으로 1881년 12월에 US251536호 등139)으로 특허 등록된 발명품이다.

그림 2-65의 좌측 사진에서 프란시스 제헬(Francis Jehl)은 전구(電球)의 진공을 만드는 장치의 깔대기에 무엇인가 넣고 있으며, 토마스 에디슨은 전구(電球)의 진공을 만드는 장치를 바라보고 있다. 그림 2-65의 우측 사진은 1929년 10월, 82세 토마스 에디슨이 멘로 파크 연구소를 다시 찾아서 무엇인가 시험을 하는데, 그 자리는 프란시스 제헬(Francis Jehl)과 토마스 에디슨의 수제자(首弟子)인 자동차 왕 핸리 포드(Henry Ford)140)141)가 함께한 사진이다. 토마스 에디슨의 1,093건의 특허와 디자인을 모두 검토한 결과 에디슨과 프란시스 제헬(Francis Jehl)이 공동으로 연구한 특허는 발견되지 않았다.

초고속 우선 심사를 신청해도 20일 만에 등록결정 되기는 특허출원이 많은 현재로는 쉽지 않는 것이 현실이지만, 1900년대 이전에는 특허출원이 몇 건 되지 않았으며, 새로운 발명에 대하여, 특허출원 이후에 상당히 빠른 20일 만에 등록결정 되기도 한다.
참고로, 전화기 분야 대표 발명가인 알렉산더 벨(Alexander Graham Bell)의 전화기 특허인 US174465호(1876년 03월 07일 등록, 1876년 02월 14일 출원)의 경우 특허의 출원 후에 21일 만에 등록되었다.

139) 토마스 에디슨의 전구(電球)에 진공(眞空)을 만드는 장치 및 진공(眞空)의 정도를 측정하는 장치에 관한 특허는 US239372호, US248425호, US248431호, US248433호, US251536호, US263147호, US264655호, US266588호, US278415호, US278416호, US278417호, US278518호, US297581호, US298679호, US411018호, US411019호, US438307호의 총 17건 미국특허를 등록받았다.
140) 핸리 포드(Henry Ford: 1863년~1947년): 에디슨의 컨베이어 밸트 발명으로부터 영감을 받아서 자동차 분야의 혁신적인 조립 라인인 포드시스템을 확립하였고, 미국 자동차 대표기업인 포드사를 설립한 자동차 기업가, 발명가이자 자동차 왕으로 통함
141) 토마스 에디슨의 수제자 핸리 포드(Henry Ford)에 대해서는 이 책의 앞에서 더욱 자세하기 기술(記述)할 것이다.

그림 2-67. 축음기를 만지는 노년(老年)의 프란시스 제헬과 그의 묘비

하지만, 본 필자(筆者)가 프란시스 제헬(Francis Jehl)을 토마스 에디슨의 4대 연구원으로 당당하게 선정한 이유는 제헬은 에디슨의 수많은 연구원 중에서 유일하게 토마스 에디슨의 마지막인 1931년 10월 18일(84세 별세)까지 함께했을 뿐만 아니라, 그 후에도 토마스 에디슨의 마지막 연구소(제5 연구소)인 플로리다(Florida) 주(州) 포트 마이어스(Fort Myers) 연구소를 관리하였고, 토마스 에디슨의 초창기 발명품 및 연구소에 관한 "멘로 파크 회고록(Menlo park reminiscence)"을 집필(執筆)하였다.

프란시스 제헬(Francis Jehl)은 위대한 발명가 토마스 에디슨이 이 세상을 떠한 1931이후 10년 동안 포트 마이어스(Fort Myers) 연구소를 지켜온 토마스 에디슨의 모든 연구소를 함께했으며, 에디슨의 말년(末年)에 친구처럼 보좌했으며, 토마스 에디슨 연구의 처음과 마지막을 함께한 진정한 에디슨의 연구원이라고 할 수 있을 것이다.

6) 에스라 길리랜드(Ezra T. Gilliland)[142] - 전화기 발명에 도움 준 친구

토마스 에디슨은 자신의 1,093건의 특허와 디자인 중 약 1.8%에 해당하는 총 20건의 특허를 다른 사람이 참여한 공동(共同) 발명으로 특허등록을 받았다.

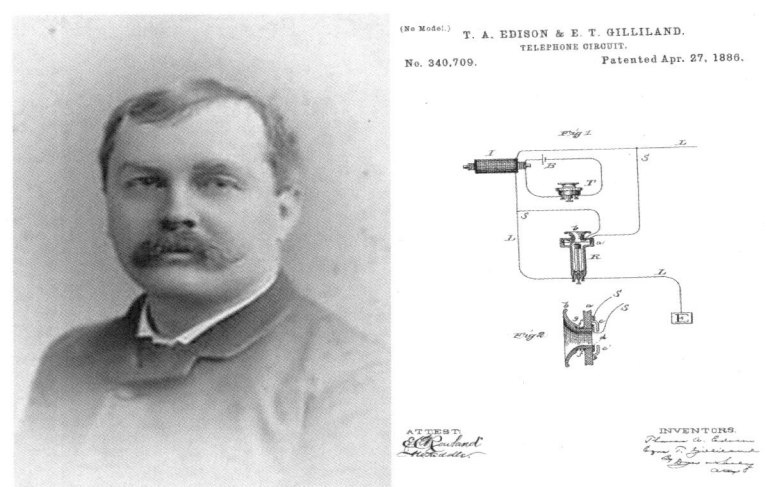

그림 2-68. 에스라 길리랜드 및 에디슨과 공동 발명한 전화기 특허(US340709호)[143]

즉 토마스 에디슨과 그의 공동(共同) 발명가가 함께 발명한 특허의 경우, 참여한 공동 발명가가 그 발명에 상당한 기여를 하였던 것이 분명할 것이다.

---

142) 에즈라 길랜드(Ezra Torrence Gilliland: 1846년~1913년): 미국 뉴욕 출신으로 에디슨의 가장 친한 친구중 하나이자, 전신기 및 전화기 분야 전문 발명가이다. 토마스 에디슨과 함께 플로리다(Florida) 포트 마이어스(Fort Myers) 에디슨-포드 겨울연구소에서 휴가를 보내기도 하였고, 에디슨 축음기 회사를 공동 경영하기도 하였으며, 에디슨에게 전신기, 전화기, 축음기 등의 발명에 많은 아이디어를 주었고, 에디슨과 함께 총 5건의 전화기 분야 공동으로 발명하여 미국특허를 등록받은 미국의 발명가이자 과학자

143) 전화기 특허, US340709호(1886년 04월 27일 등록, 1885년 10월 14일 출원)

필자(筆者)가 토마스 에디슨의 공동(共同) 발명을 연구하면서, 흥미있는 사실을 한 가지 발견하였는데, 토마스 에디슨과 가장 많이 공동 발명한 과학자는 에디슨의 연구원이 아니며, 가장 친한 친구인 에스라 길리랜드(Ezra T. Gilliland)라는 점이다. 에스라 길리랜드는 총 20건의 에디슨의 공동 발명 중 1/4인 5건을 에디슨과 함께 발명하여 미국 특허로 등록받았다.

토마스 에디슨은 전신기 발명에 집중하느라 전화기 발명에 대해서는 알렉산더 벨(Alexander Graham Bell)[144]의 전화기 특허[145] 보다 약 2년 가까이 늦은 1877년 12월 13일에 특허출원하였다. 그리고 1878년 4월 30일에 "말하는 전신기(Speaking Telegraph)"라는 이름으로 미국특허 US203013호[146]로 등록되었다. 알렉산더 벨(Alexander Graham Bell)은 전화기 특허 US174465호를 처음이자 마지막으로 유일하게 자신의 발명에 대한 특허(特許)로 등록

---

144) 알렉산더 벨(Alexander Graham Bell: 1847년~1922년): 청각 장애인을 위하여 농아학교를 운영하면서 발성법을 지도하던 청각 및 언어장애를 위한 교사로서, 세계 최초로 전화기를 미국 특허청에 특허등록[참고로 세계 최초로 전화기 발명 및 특허출원자는 안토니오 메우치(Antonio Meucci)이다. 그는 가난하여 돈이 없어서 아쉽게도 특허를 임시특허만 하였고, 결국 특허등록은 받지 못했다. 훗날 이 사실이 알려졌고, 현재는 세계 최초의 전화기 발명가로 평가받고 있다.] 함을 통하여 전화기의 발명가로서 더욱 유명하게 되었다. 자신이 발명한 전화기 특허를 당시 세계 최대의 전신기 회사인 웨스턴 유니언(Western Union)社에 매각하고 싶었지만, 웨스턴 유니언社로부터 이를 거절 받고, 1877년 자신이 직접 벨 텔레폰(Bell Telephone)社를 설립하였다. 1881년 웨스트 유니언社와 전화기 소송에서 승소하여 전화기 사업의 일체를 인수받았고, 1910년 웨스트 유니언社에 합병하게 되었고, 1915년 뉴욕과 샌프란시스코를 연결하여 세계 최초로 미국 대륙을 횡단으로 전화개통을 성공하였으며, 현재 미국의 대표적인 통신회사인 AT&T(American Telephone and Telegraph)의 설립한, 미국의 발명가이자 사업가

145) 알렉산더 벨의 전화기 특허, US174465호(1876년 03월 07일 등록, 1876년 02월 14일 출원)

146) 토마스 에디슨의 전화기 분야 최초 특허이며, 토마스 에디슨과 에스라 길리랜드가 공동으로 발명한 특허, US203013호(1878년 04월 30일 등록, 1877년 12월 13일 출원)

167

하였지만, 토마스 에디슨의 경우 전화기 37건, 전화 녹음기 1건, 교환기 1건 및 전화알람 1건으로 총 40건의 특허를 출원하였다. 즉 전화기의 기본 개념은 아쉽게도 알렉산더 벨이 먼저 특허로 등록147)받았지만, 전화기의 송화기, 스피커, 다구간 통신, 교환기, 전화녹음기, 전화알람 등 전화기의 실질적인 모든 기술은 에디슨에 의해서 완성되었다고 할 수 있을 것이다.

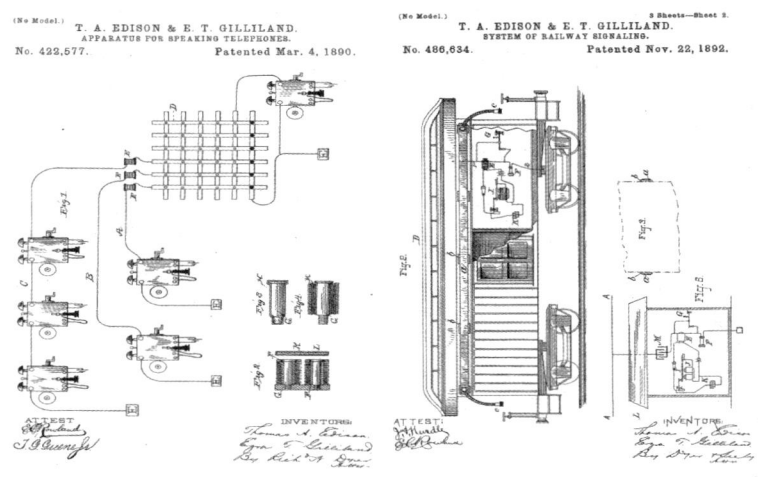

그림 2-69. 에스라 길리랜드가 에디슨과 공동 발명한 전화 교환기 특허(US422577호148)) 및 전기철도용 통신 특허(US486634호149))

특히 전화기 분야에서 토마스 에디슨의 상상력(想像力)과 풍부한

---

147) 전화기의 최초 발명가는 안토니오 메우치(Antonio Meucci)이지만, 알렉산더 벨로 많은 사람들은 인식(認識)하고 있다. 그 이유는 안토니오 메우치(Antonio Meucci)의 경우 세계 최초로 전화기를 발명하였고, 특허출원 하였지만, 그는 가난하여 돈이 없어서 아쉽게도 최종적인 특허등록은 받지 못했다.

148) 교환기 특허, US422577호(1890년 03월 04일 등록, 1884년 12월 01일 출원)

149) 전기철도용 통신 특허, US486634호(1892년 11월 22일 등록, 1885년 04월 07일 출원)

아이디어에 대하여 실질적인 기술적 지원으로 상당한 도움을 주었던 인물이 바로 에디슨의 친구인 에스라 길리랜드(Ezra T. Gilliland)라고 할 수 있을 것이며, 전화기 기술개발에 많은 도움을 주었기에 에디슨과 함께 가장 많은 발명을 한 사람이라는 영광(榮光)을 누리게 되었다고 할 수 있을 것이다.

토마스 에디슨은 전화기 발명 이전에 전신기와 관련하여 약 100여 건 이상[150]의 발명을 하여 미국 특허로 등록받았다. 필자(筆者)가 에디슨의 모든 전신기 특허를 검토한 결과 전신기 기술의 핵심은 전기(電氣)를 흘려서 자석을 만드는 전자석(電磁石) 제어기술이고, 이에 대해서는 타의 추종을 불허할 정도로 독보적인 기술력을 보유하고 있었고, 그의 친구 에스라 길리랜드는 전화기의 음성판과 관련하여 많은 기술적인 도움을 준 것으로 생각된다. 그래서 토마스 에디슨과 에스라 길리랜드가 함께 발명한 전화기 특허가 미국특허 US340709호이다. 토마스 에디슨은 이미 전신기와 관련하여 1:1 통신을 넘어서 다(多):1[151], 1:다(多)[152] 및 다(多):다(多)[153]의 통신 방식을 구현을 완성[154]하였다. 마찬가지로 전화기에서도 다(多):다(多) 통신에 대해서 고민하게 되었고, 에스라 길리랜드의 도움을 받아서 전화 교환기에 관한 미국특허가 US422577호를 완성하게 되었다.

---

150) 토마스 에디슨은 전신기와 관련하여 평생 총 149건의 미국특허를 등록받았다.
151) 에디슨의 네 번째 특허이자 발신부를 2개 병렬로 배치한 전신기 특허, US96681호(1869년 11월 09일 등록, 출원일은 알 수 없음)
152) 에디슨의 다섯 번째 특허이자 발신부가 1개 수신부를 다수인 전신기 특허, US102320호(1870년 04월 26일 등록, 출원일은 알 수 없음)
153) 수신부를 선택적으로 보낼 수 있는 교환기를 포함하는 전신기 특허, US131334호(1872년 09월 17일 등록, 출원일은 알 수 없음)
154) 에디슨의 전신기 기술에 대해서는 제4장 "사람과 사람 사이의 찬란한 연결을 꿈꾸다"에서 보다 자세하게 설명하였다.

또한 1880년 에디슨이 발명한 전기철도에서 전기철도와 철도역, 전기철도 사이의 통신을 위한 기술로서, 에스라 길리랜드(Ezra T. Gilliland)의 도움을 받아서 완성한 전기철도용 통신가 미국특허 US486634호이다.

토마스 에디슨은 전화기의 송·수신기에 대해서 직접 실험하였고 수많은 연구개발을 하였지만, 에디슨의 전화기 발명의 기술적 도움 에는 그의 절친[155]인 에스라 길리랜드가 있었음을 부인할 수 없으며, 토마스 에디슨의 전화기와 관련된 총 40건의 발명 중 1/8인 5건의 특허가 에스라 길리랜드가 공동으로 발명한 특허이다.

토마스 에디슨의 발명과 특허를 바라볼수록, 에디슨은 기술적인 완성을 추구하는 기술자(Engineer) 또는 과학자(Scientist)라기 보다는 진정한 싱크 탱크(Think tank)에 더욱 가깝다는 생각을 하였다. 과학자와 기술자는 과학의 본질 또는 기술의 완성을 추구하는 경향이 있지만, 싱크 탱크(Think tank)은 에디슨은 항상 새로움과 그래서 나타날 수 있는 실생활 속에서 혁신적인 편리함을 추구한 것으로 보인다. 즉 창의력, 상상력이 에디슨에게 있어서 가장 큰 강점이자 장점이며, 마지막으로 도전정신과 실행력이 뒷받침 되었기에 그는 발명의 왕이자 발명의 아버지라는 칭송을 받을 수 있는 것이다.

그는 정말 운이 좋게 그의 풍부한 상상력과 창의력을 기술적으로 완성시켜 줄 수많은 연구원이 있었지만, 전화기 분야에서는 그의 친구인 에스라 길리랜드(Ezra T. Gilliland)의 도움으로 전화기 분야에서 가장 많은 도움을 받았으며, 이러한 전화기의 음성 재생 기술은 후에 축음기에 적용되어, 에디슨의 축음기 발명을 꽃피우는 근본적인 원동력이 되었다고 평가할 수 있을 것이다.

---

[155] 절대적으로 친한 친구

7) 에드워드 존슨(Edward H. Johnson)156) - 전구, 전력기기 제어 분야 연구원

에드워드 존슨(Edward H. Johnson)은 토마스 에디슨의 전구 및 전력기기 제어분야의 연구원이다.

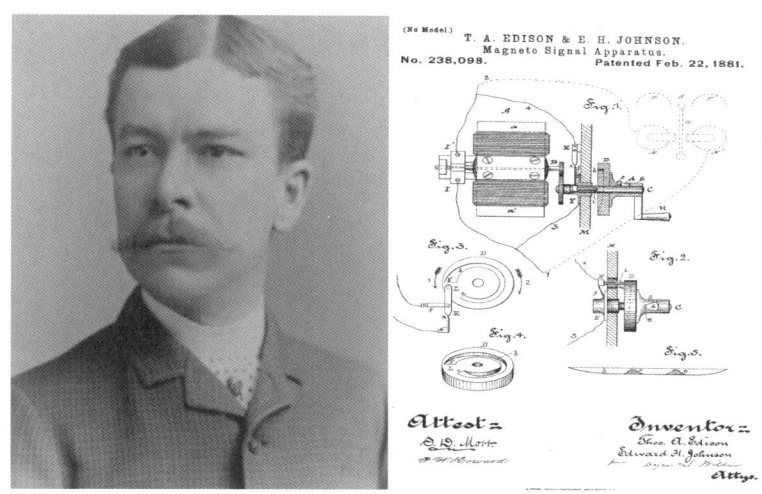

그림 2-70. 에드워드 존슨 및 에디슨과 공동 발명한
전기기기 속도제어 장치 특허(US238098호157))

1882년 12월 25일에 크리스마스(Christmas)에 뉴욕(New York)시에 크리스마스 트리(Christmas Tree)를 세계 최초로 전구로 장식

---

156) 에드워드 존슨(Edward Hibberd Johnson: 1846년~1917년): 토마스 에디슨의 대표적인 전구, 전력기기 제어 분야 연구원 중 한사람이며, 에디슨과 함께 전력기기 제어 장치를 공동으로 연구하여 미국특허를 공동으로 등록받기도 하였으며, 이후 에디슨 전구 회사(Edison Electric Light Comp.)의 부사장을 역임하기도 하였으며, GE(General Electric)社의 연구원으로 활발하게 연구한, 미국의 연구원이자 과학자

157) 전기기기 속도제어 장치 특허, US238098호(1881년 02월 22일 등록, 1880년 11월 11일 출원)

하여서, 전구(電球) 크리스마스 트리의 아버지(The Father of Electric Christmas Tree Light)라는 명성을 얻게 되었다.

에드워드 존슨은 토마스 에디슨과 함께 전력기기 제어장치에 관한 미국특허 US238098호를 공동으로 발명하기도 하였다. 토마스 에디슨이 전구(電球)를 상용화하기 위하여 에디슨 전구 회사(Edison Electric Light Comp.)를 설립한 이후에 에디슨 전구 회사의 초대 부사장을 역임하기 하였고, 훗날 GE(General Electric)社의 연구원으로 활발하게 연구하였다. 하지만, 연구에 대한 그의 열정은 1917년 9월 9일에 불의(不意)의 전기 사고로 사망하게 되었지만, 에디슨의 발명의 열정을 이어받아, 천재(天才)와 함께 위대한 작품(作品)에 도전한 대표적인 연구원이다.

8) 프란시스 업턴(Francis R. Upton)[158] - 에디슨에게 부족한 수학적인 부분을 채워준 전구, 발전기 및 전력배선 분야 연구원

토마스 에디슨이라고 하면, 초등학교 3개월 중퇴 학력이 전부이기에 아마도 공학(工學) 및 과학(科學)을 하기에 가장 부족한 부분이 수학(數學)이라고 할 수 있을 것이다. 무엇보다 아무리 상상력(想像力)이 풍부한 토마스 에디슨이라고 할지라도 수학적인 도움이 때로는 절실하게 필요할 것이라고 생각한다. 이렇게 에디슨의 수학적인 부분을 채워주었던 가장 대표적인 연구원이자 전구, 발전기, 전력배선 분야의 설계에 가장 핵심적인 연구원이 바로 프란시스 업턴(Francis R. Upton)이다.

---

[158] 프란시스 로빈슨 업턴(Francis Robbins Upton: 1852년~1921년): 독일 베를린의 훔볼트(Humboldt) 대학과 미국 뉴저지의 프린스턴(Princenton) 대학을 졸업한 물리학자이자 수학자로서, 토마스 에디슨 발명의 이론적인 부분을 제공하고, 설계를 담당한 연구원이며, 뉴욕 펄 스트리트(Pearl Street) 중앙발전 시스템의 설계를 담당한 미국의 연구원이자 과학자

그림 2-71. 프란시스 업턴(좌측) 및 그를 지도한 헤르만 폰 헬름홀츠(우측)

프란시스 업턴은 독일의 베를린(Berlin)의 훔볼트(Humboldt) 대학에서 그 당시 세계적인 석학(碩學)인 헤르만 폰 헬름홀츠(Hermann von Helmholtz)159) 교수의 지도하게 공부하였고, 미국 뉴저지의 프린스턴(Princenton) 대학에서 물리학과 수학을 공부한 물리학자이자 수학자로서, 에디슨 발명의 가장 핵심적인 설계를 전담하였다. 그래서 업턴은 수학의 2차 방정식도 잘 모른다는 토마스 에디슨에게 수학적인 바탕을 제공해 주며, 에디슨의 발명을 실질적으로 완성시킨 연구원이라고 할 수 있을 것이다.

---

159) 헤르만 폰 헬름홀츠(Hermann Ludwig Ferdinand von Helmholtz: 1821년~1894년): 독일의 물리학자, 생리학자 및 철학자로서, 물리학 분야에서 열역학 이론의 정립, 전기역학, 열화학, 유체역학, 빛의 분산이론, 삼원색설 등을 연구하였고, 생리학 분야에서 공간의 인지, 시각이론, 음향의 인지 등 생리광학 및 생리음향학에 기여하였고, 철학 분야에서 초기 신(新)칸트에 대해서 연구하였다. 독일의 과학을 발전시킨 대표적인 학자로서, 독일의 가장 큰 과학자 조직인 헬름홀츠 협회(Helmholtz-Gemeinschaft)도 그의 이름을 딴 것이다.

프란시스 업턴(Francis R. Upton)에 대하여 토마스 에디슨은 "세련(또는 교양, Sophistication)"이라는 별명을 지어주었으며, "수학자는 나를 고용할 수 있지만, 나는 수학자를 고용할 수 있다."라고 말하기도 하여서, 에디슨 본인에 대한 자랑과 함께 프란시스 업튼에 대한 자랑스러운 마음을 표현하기도 하였다.

토마스 에디슨과 프란시스 업턴과 관련된 일화(逸話)로서 전구 발명을 완성한 이후에 에디슨이 "전구의 용적(부피)은 얼마일까?"라고 물었을 때, 업튼은 전구의 형태를 바탕으로 수학적으로 계산하였다. 이에 대하여 에디슨은 "자넨 대단하군, 나라면 전구에 물을 채워서 물의 양을 계측했을 거야"라고 대답했다는 이야기가 전해지고 있다.

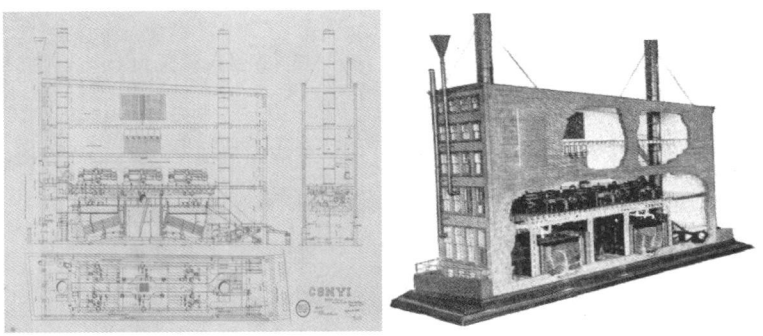

그림 2-72. 프란시스 업턴이 직접 설계한
펄 스트리트(Pearl Street) 발전소[160]

---

[160] 에디슨이 만든 미국 최초의 가정 밀 사무실에 전력을 공급하기위한 발전소로서 뉴욕(New York) 메나탄(Manhattan)의 펄 스트리트(Pearl Street) 255-257번지에 위치하였다.

그림 2-73. 펄 스트리트(Pearl Street) 발전소 내부 스케치

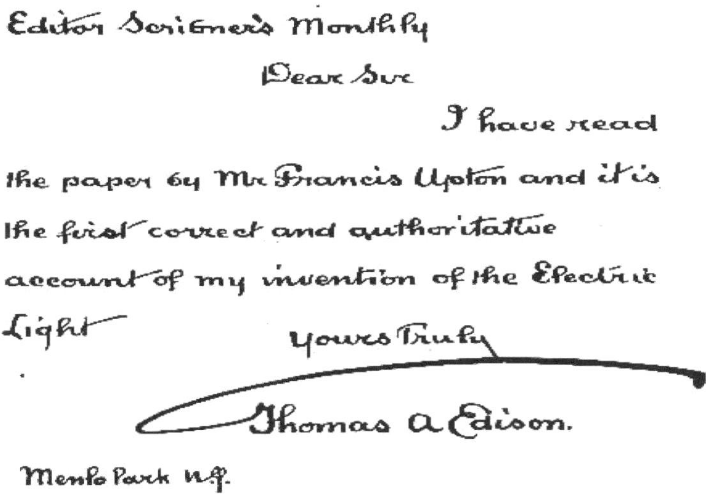

Editor Scribner's Monthly
Dear Sir
        I have read the paper by Mr Francis Upton and it is the first correct and authoritative account of my invention of the Electric Light
        Yours Truly
        Thomas A Edison.
Menlo Park N.J.

그림 2-74. 토마스 에디슨이 과학잡지 편집장에게 쓴 편지

그림 2-75. 발전기를 시험하는 프란시스 업턴(우측)과 C.L. 크락커(좌측)

프란시스 업턴(Francis R. Upton)의 가장 큰 업적이라면, 에디슨 발명의 하이라이트(highlight)인 전구에 불을 밝히기 위한 최초의 중앙발전 시스템인 펄 스트리트(Pearl Street) 발전소에 대한 설계를 담당하였다는 것이다. 또한, 토마스 에디슨이 과학 잡지의 편집장에게 쓴 편지를 참고하면, 프란시스 업턴(Francis R. Upton)이 에디슨의 전구 발명에 대하여 전반적이고 광대하게 정리하였음을 언급하고 있다. 프란시스 업턴은 토마스 에디슨의 발명을 실질적으로 완성하도록 수학적인 바탕을 제공한 연구원으로 어쩌면, 프란시스 업턴이 있었기에 토마스 에디슨의 위대한 발명이 빛을 발할 수 있었다고 할 수 있을 것이다.

9) P. 케니(P. Kenny)[161] - 팩스(팩시밀리) 전신기 기술을 완성한 연구원

토마스 에디슨의 연구원 중에서 P. 케니(P. Kenny) 연구원은 전신기 분야의 기술완성에 상당히 도움을 주었던 연구원이라고 평가 할 수 있다.

---

[161] P. 케니(P. Kenny): 토마스 에디슨의 초창기 연구원으로 전신기, 주식시세 표시기, 팩스(팩시밀리)의 발명에 공헌한 에디슨의 연구원

그림 2-76. 토마스 에디슨과 웨스트 오렌지 연구소의 연구원들

토마스 에디슨의 149건의 전신기 특허 중에서, P. 케니(P. Kenny) 연구원은 에디슨과 총 2건의 공동 발명을 수행하여 특허(特許)를 등록받은 것으로 조사되었으며, 20대 에디슨에게 전신기 분야에서 가장 성공적인 발명인 주식시세 표시용 전신기에 대하여 에디슨과 공동 연구를 수행하여 US314115호로 등록받기도 하였다.

특히 토마스 에디슨은 기존의 ·(dot)와 -(dash)의 신호로 통신(通信)을 단순하게 수행하는 전신기(Telegraph)가 아니라 발신(發信)부 에서는 ·(dot)와 -(dash)를 사용하여 신호를 보내지만, 수신(受信)부에서는 문자(활자)로 수신 받는 팩스(팩시밀리)와 관련하여 총 4건의 특허를 등록[162]한 것으로 분석되었다.

---

162) 토마스 에디슨의 팩스(팩시밀리) 특허는 US151209호, US172305호, US173718호 및 US479184호가 있음

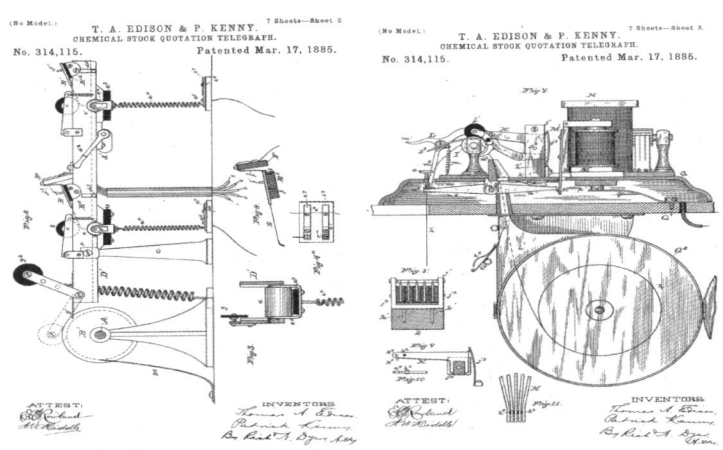

그림 2-77. P. 케니와 에디슨이 공동 발명한
주식시세 표시용 전신기 특허(US314115호[163])

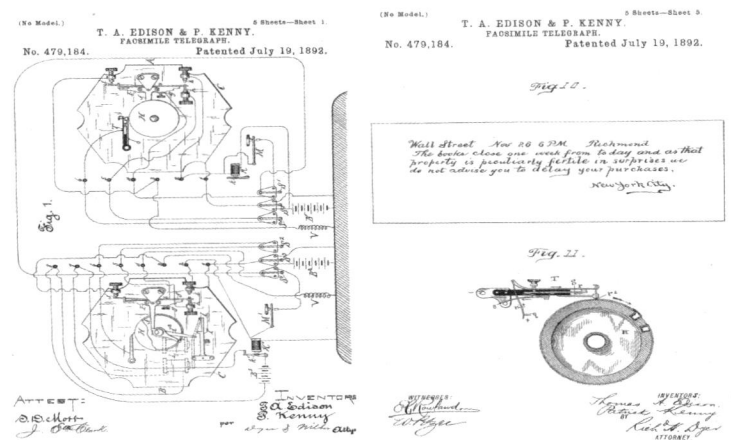

그림 2-78. P. 케니가 에디슨과 공동 발명한 팩스(팩시밀리)
특허(US479184호[164])

---

163) 주식시세 표시용 전신기 특허, US314115호(1885년 03월 17일 등록, 1884년 03월 19일 출원)

164) 팩스(팩시밀리) 특허, US479184호(1892년 07월 19일 등록, 1881년 12월 06일 출원)

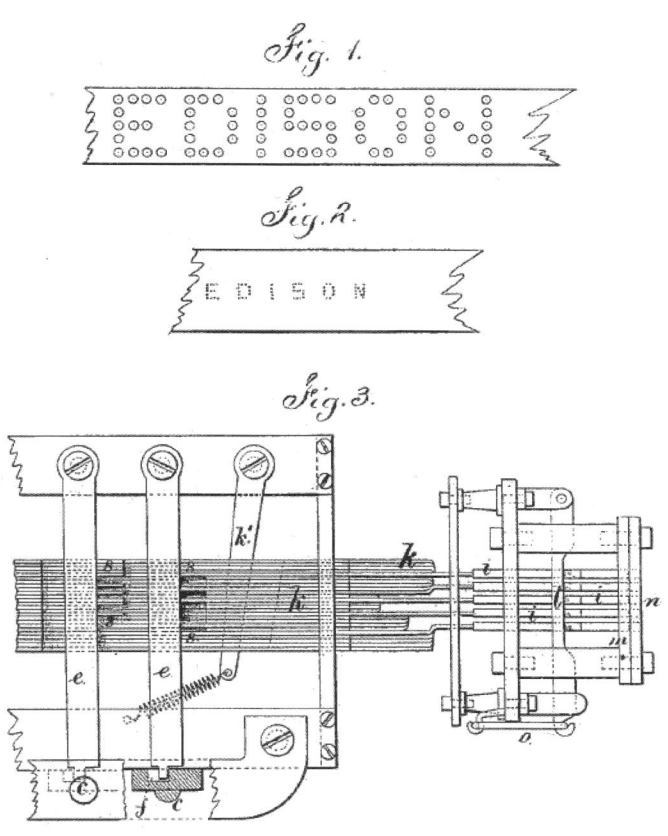

그림 2-79. 토마스 에디슨의 팩스(팩시밀리) 분야
최초 특허(US151209호[165])

토마스 에디슨이 발명한 4건의 팩스(팩시밀리)와 관련된 미국특허는 US151209호, US172305호, US173718호 및 US479184호이며, 팩스(팩시밀리)와 관련된 처음 3건의 특허인 US151209호, US172305호, US173718호는 토마스 에디슨의 단독발명으로 특허

---

165) 토마스 에디슨의 팩스(팩시밀리)분야 최초 특허, US151209호(1874년 05월 26일 등록, 1873년 09월 02일 출원)

등록 받았지만, 마지막 특허인 US479184호의 경우, 토마스 에디슨과 P. 케니(P. Kenny) 연구원이 공동(共同)으로 발명한 것이다.

토마스 에디슨은 전신 기사들에 의해서 주고받는 ·(dot)와 -(dash)의 신호로 인하여 다양한 전신 에러(Error)가 발생하는 불편함을 체감(體感)하면서, 발신(發信)부에서는 ·(dot)와 -(dash)를 사용하여 신호를 보내지만, 수신(受信)부에서는 문자(활자)로 수신 받는 팩스(팩시밀리)에 대하여 에디슨의 나이 26세, 1873년에 최초로 특허 출원하였고, US151209호로 등록받았다.

1881년, 에디슨의 나이 34세에 P. 케니(P. Kenny) 연구원은 팩스(팩시밀리) 특허 US479184호를 통하여, 2개의 배터리를 사용하여 문자를 출력하는 팩스(팩시밀리) 전신기의 기계적/ 전기적 구조의 발명에 적극적인 도움을 주었으며, 에디슨의 팩스(팩시밀리) 전신기의 최종 기술적 완성에 P. 케니(P. Kenny) 연구원은 상당한 공헌(貢獻)을 하였다.

20-30대 젊은 토마스 에디슨에게 전신기 기술에 대하여 많은 고민을 함께 나누었으며, 팩스(팩시밀리) 전신기 기술을 완성에 가장 큰 도움을 주었던 연구원이 바로 P. 케니(P. Kenny) 연구원이다.

10) 천재(天才)를 도와 함께 위대한 작품(作品)에 참여한 사람들

이미 앞에서 토마스 에디슨의 발명에 참여한 10명의 대표적인 과학자 및 연구원[166]들에 대하여 자세하게 살펴보았다.

---

[166] 10명의 과학자 및 연구원은, 토마스 에디슨의 4대 연구원인 『①찰스 베처러(Charles Batchelor) ②존 오토(John F. Ott) ③윌리엄 케네디 딕슨(W.K.L. Dickson) ④프란시스 제헬(Francis Jehl)』을 포함하여 ⑤프랭클린 포프(Franklin L. Pope) ⑥프레드 오토(Fred Ott) ⑦에스라 길리랜드(Ezra T. Gilliland) ⑧에드워드 존슨(Edward H. Johnson) ⑨프란시스 업턴(Francis R. Upton) ⑩P. 케니(P. Kenny)이다.

하지만, 토마스 에디슨은 10명의 대표적인 과학자 및 연구원들 이외에 그의 연구에 도움을 주었던 수많은 연구원들이 있다. 특히 대표적인 연구원으로는 전동기, 발전기 및 전력배선 분야의 연구원으로는 C.L. 크락커(C.L. Clarker)167) 연구원이 있다.

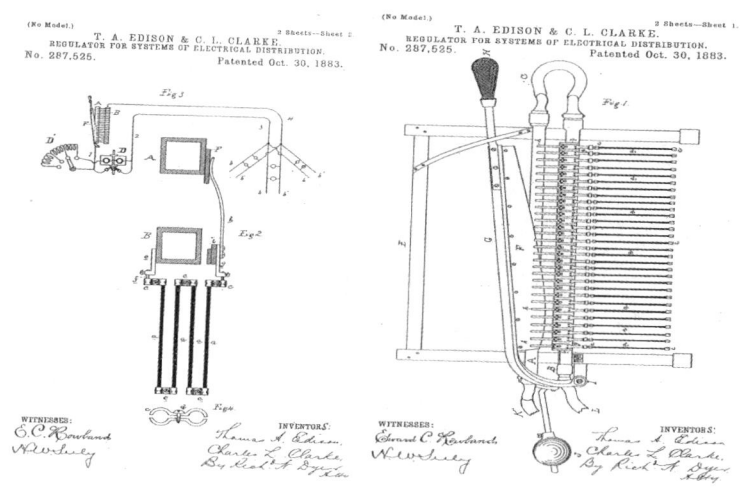

그림 2-80. C.L. 크락커와 에디슨이 공동 발명한
배전(配電) 시스템의 전압조정 장치 특허(US287525호168))

C.L. 크락커(C.L. Clarker) 연구원은 토마스 에디슨과 함께 배전(配電)시스템의 전압 시스템의 전압조정 장치에 관하여 발명하여, 미국특허 US287525호로 등록받기도 하였으며, 에디슨의 전동기, 발전기 및 전력배선 분야 연구에 많은 도움을 준 것으로 보인다.

---

167) C.L. 크락커(C.L. Clarker): 토마스 에디슨의 전동기, 발전기 및 전력배선 분야의 연구원, 참고로 그림 2-75에서는 발전기의 좌측에서 시험(試驗)하는 연구원이 C.L. 크락커(C.L. Clarker)이다.

168) 배전(配電)시스템의 전압 시스템의 전압조정 장치 특허, US287525호(1883년 10월 30일 등록, 1882년 10월 20일 출원)

또한, 전화기 분야에 대해서는 토마스 에디슨의 친한 친구인 에스라 길리랜드(Ezra T. Gilliland)가 많은 도움을 주었지만, 에디슨의 전화기 분야의 대표적인 연구원으로는 지그문트 버그만(Sigmund Bergmann)[169]이 있다.

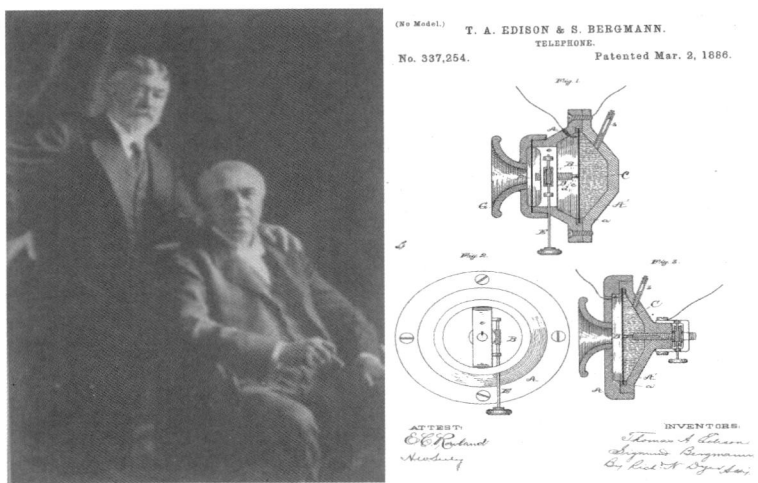

그림 2-81. 토마스 에디슨과 함께한 지그문트 버그만 사진(좌측)
지그문트 버그만이 에디슨과 공동 발명한 전화기 특허(우측)(US337254호[170])

지그문트 버그만(Sigmund Bergmann)은 토마스 에디슨과 공동으로 전화기의 송신기 및 수신기에 대하여 발명하여, 미국특허 US337254호로 등록받았으며, 에디슨의 40건의 전화기 발명 특허와, 전구 및 전력배선 분야 연구에 공헌(貢獻)하였다.

---

169) 지그문트 버그만(Sigmund Bergmann): 토마스 에디슨의 전화기, 전구 및 전력 배선 분야의 연구원
170) 전화기 특허, US337254호(1886년 03월 02일 등록, 1883년 11월 13일 출원)

에스라 길리랜드(Ezra T. Gilliland), 지그문트 버그만(Sigmund Bergmann)과 더불어 아서 케네리(Arthur Edwin Kennely)171) 연구원은 에디슨 연구소의 전신기 및 전화기 분야 연구에 많은 기여를 한 것으로 보인다. 아서 케네리(Arthur Edwin Kennely)는 이후에 토마스 에디슨으로부터 독립하여 연구하였고, 교류(AC) 이론의 대가(大家)로서, 전리층(電離層, ionized layer)을 발견하기도 하였으며, 1933년 미국 전기기술자협회(AIEE)로부터 에디슨 메달(Edison Medal)을 수상하기도 하였다.

그림 2-82. 아서 케네리

---

171) 아서 케네리(Arthur Edwin Kennely: 1861년~1939년): 인도 콜라바(Colaba)에서 태어났으며, 런던대학에서 공부하였고, 토마스 에디슨의 초창기 연구원으로서 전신기 및 전화기 분야 연구원으로 일하기도 하였다. 에디슨으로부터 독립한 이후에 교류(AC) 이론의 대가로서, 전리층(電離層, ionized layer)을 발견하기도 하였으며, 1933년 미국 전기기술자협회(AIEE)로부터 에디슨 메달(Edison Medal)을 수상한 미국의 과학자

전기철도 및 전기자동차 관련된 발명에 대해서는 C.M. 존슨(C.M. Johnson)172) 연구원이 있다.

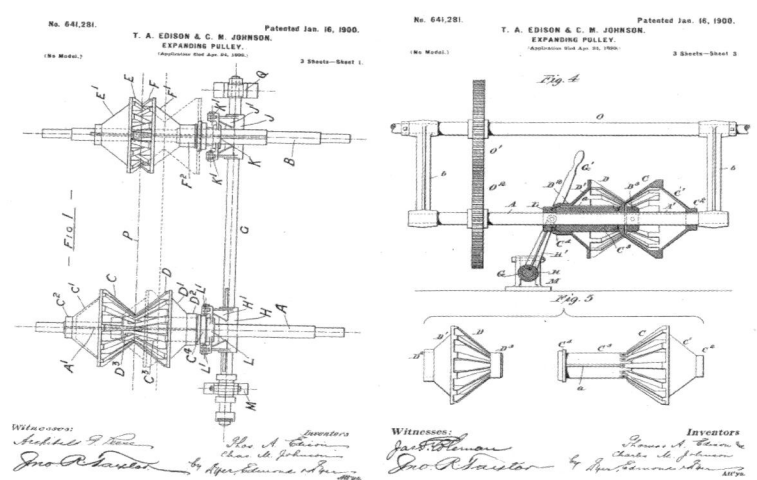

그림 2-83. C.M. 존슨과 에디슨과 공동 발명한
전기철도 및 전기자동차의 기어(Gear) 특허(US641281호173))

C.M. 존슨(C.M. Johnson) 연구원 토마스 에디슨과 함께, 전기철도 및 전기자동차 동력전달을 위한 기어(Gear) 기계적인 구조에 대하여 함께 발명하여, 미국특허 US641281호로 등록받았으며, 에디슨의 48건의 전기철도 및 전기자동차 발명 특허에 도움을 준 연구원이다.

토마스 에디슨은 50대 이후에 가장 많은 연구를 수행한 분야가 전기에너지의 독립을 위한 충·방전 가능한 배터리(2차 전지) 분야라

---

172) C.M. 존슨(C.M. Johnson): 토마스 에디슨의 전기철도 및 전기자동차 분야의 연구원
173) 전기철도 및 전기자동차의 기어(Gear) 특허, US641281호(1900년 01월 16일 등록, 1899년 04월 24일 출원)

고 할 수 있다. 특히 조나스 에일스워스(Jonas W. Aylsworth)[174] 연구원은 토마스 에디슨에게 배터리 분야의 핵심적인 연구원으로서, 토마스 에디슨과 함께 배터리 전극판에 대하여 연구하여, 미국 특허 US976791호로 등록받기도 하였다.

그림 2-84. 조나스 에일스워스 및 에디슨과 공동 발명한
충·방전 가능한 배터리 전극판 특허(US976791호[175])

조나스 에일스워스(Jonas W. Aylsworth)는 토마스 에디슨의 진정한 꿈(Dream)인 전기에너지의 진정한 독립(獨立)을 위한 배터리 기술의 개발에 대하여 함께 고민한 대표적인 배터리 분야 연구원이라고 할 수 있다.

---

174) 조나스 에일스워스(Jonas W. Aylsworth): 충·방전 가능한 배터리(2차 전지) 분야의 연구원
175) 충·방전 가능한 배터리 전극판 특허, US976791호(1910년 11월 22일 등록, 1905년 04월 28일 출원)

지금도 마찬가지이지만, 유럽의 스위스(Swiss)라는 국가는 시계 등 정밀 기계공학 분야의 최고의 기술을 보유한 국가이다. 토마스 에디슨의 풍부한 상상력을 현실에서 구현하는데 가장 도움을 주었던 연구원이 있었는데, 그는 스위스 출신인 정밀 기계공학 분야의 전문가이자 수학자(數學子)인 존 크루시(John Kruesi)[176] 연구원이 가장 대표적인 연구원이다.

토마스 에디슨은 존 크루시(John Kruesi) 연구원의 재능(才能)에 늘 감탄한 것으로 전해지고 있으며, 에디슨이 생각나는 대로 스케치(sketch)하면, 존 크루시(John Kruesi) 연구원은 그것을 눈으로 볼 수 있도록 장치를 완성해 주었고, 축음기, 전신기, 전화기, 전구 및 전력배선 분야 기계제작에 대표적인 연구원이라고 할 수 있다.

그림 2-85. 존 크루시 및 에디슨이 발명하였고
존 크루시가 기계적인 제작을 담당한 세계 최초 축음기[177]

---

176) 존 크루시(John Kruesi: 1843년~1899년): 스위스 출신의 수학자(數學子)이자 정밀 기계공학분야 전문 연구원이며, 토마스 에디슨의 상상력(想像力)을 현실에서 구현하는데 가장 도움을 주었던 연구원이며, 특히 세계 최초로 소리를 저장 할 수 있는 축음기의 기계적인 설계에 가장 도움을 준 것으로 알려져 있으며, 축음기 이외에도 전신기, 전화기, 전구 및 전력배선 발명의 기계적 설계에 도움을 주었던 에디슨의 연구원

177) 세계 최초 축음기 특허, US200521호(1878년 02월 19일 등록, 1877년 12월 24일 출원)

존 크루시(John Kruesi) 연구원은 토마스 에디슨의 세계 최초의 축음기 발명의 완성에 적극적인 도움을 주었던 연구원으로 에디슨의 상상력을 현실로 만드는데 가장 도움을 주었던 연구원이었지만, 아쉽게도 56세 나이인 1899년 토마스 에디슨보다 먼저 세상을 떠나서, 에디슨이 그 재능(才能)을 너무나 아쉬워하는 대표적인 기계 제작 담당 연구원이라고 할 수 있을 것이다.

이제까지 토마스 에디슨의 위대한 발명을 도운 에디슨의 연구원들에 대하여 중심적으로 살펴보았다. 하지만, 에디슨에게도 수많은 스케줄을 관리해주는 토마스 에디슨의 신실한 비서가 있었으니 그는 사무엘 인설(Samuel Insull[178])이다.

그림 2-86. 토마스 에디슨의 비서인 사무엘 인설

---

178) 사무엘 인설(Samuel Insull: 1859년~1938년): 영국 런던 출신의 전신기 분야 발명가이자 사업가이다. 1881년 3월 1일 토마스 에디슨과의 만남을 인연으로 에디슨의 개인비서로서, 에디슨이 발명한 발명품을 사업화하는데 상당한 기여를 하였으며, 나중에는 에디슨의 전구회사가 발전한 GE(General Electric)社의 부사장을 역임한 에디슨의 개인비서이자 사업가

그는 1881년 3월 1일 토마스 에디슨과 만남을 인연으로 에디슨의 비서로서 토마스 에디슨의 수많은 스케줄을 관리해 주었으며, 에디슨의 발명품을 대중화(大衆化)하는데 상당한 공헌을 하였다. 그리고 훗날 토마스 에디슨의 전구회사가 발전한 GE(General Electric)社의 부사장을 역임하기도 하였다.

그림 2-87. 토마스 에디슨(우측)과 사무엘 인설(좌측)(1915년)[179]

토마스 에디슨의 경우 평생 1,093건의 특허 및 디자인을 출원했으며, 그의 발명품에 대하여 사업화를 추진하는데 특히 특허관리인(법률대리인)이 매우 중요한 역할을 할 수 밖에 없을 것이다.

---

179) 이 사진은 1915년 토마스 에디슨이 발명에 대한 공로로 제1회 프랭클린(Franklin) 메달을 수여받았을 때, 기념사진이며, 에디슨의 바로 우측에 그의 비서인 사무엘 인설(Samuel Insull)이 함께한 사진이다.

토마스 에디슨의 대표적인 특허관리인이 바로 프랭크 루이스 다이어(Frank Lewis Dyer[180]) 변호사이다. 그는 1892년부터 본격적으로 토마스 에디슨의 특허에 대하여 특허출원 대리 및 관리하기 시작하였으며, 에디슨의 축음기, 전구 및 배터리 등의 발명품에 대하여 특허관리, 특허소송 및 사업화를 진행하는데 법률대리인으로 상당히 법률적인 기여를 하였다.

그림 2-88. 프랭크 루이스 다이어(좌측) 및 그가 저술한
에디슨의 생애와 발명 책(우측)

프랭크 루이스 다이어(Frank Lewis Dyer) 변호사는 토마스 에디슨의 특허를 완성하는데 많은 법률적인 기여를 하였으며, 나중에는

---

180) 프랭크 루이스 다이어(Frank Lewis Dyer: 1870년~1941년): 미국 출신의 변호사이며, 1892년부터 토마스 에디슨의 특허변호사로 임명되었고, 에디슨의 법적 대리인 및 사업 관리인으로서 토마스 에디슨의 축음기, 전구 및 배터리 등의 발명에 대하여 특허관리, 특허소송 및 사업화하는데 법률적으로 상당히 기여하였으며, 토마스 에디슨을 추억하여 "에디슨의 생애와 발명(Edison His Life and Inventions)"라는 책을 저술한 에디슨의 특허관리인이자 특허변호사

토마스 에디슨을 추억하며, 『에디슨의 생애와 발명(Edison His Life and Inventions)』이라는 책을 저술하였다.

필자(筆者)는 토마스 에디슨에 대하여 단순한 발명가가 아니라는 것에 대하여 이미 앞에서 언급하였다. 토마스 에디슨이 발명가로 살아오고 걸어갔었던 기간인 1869년~1931년까지 총 62년의 시간의 정확히 중앙인 1900년을 중심으로 과학의 중심축(中心軸)이 유럽에서 미국으로 이동을 하게 되었다.
바로 토마스 에디슨은 한마디로 "과학의 중심축(中心軸)을 유럽에서 미국으로 이동"시킨 시대를 바꾼 천재(天才) 과학자이다.

토마스 에디슨이라는 위대한 천재(天才)와 함께 위대한 작품(作品)을 함께 만들어 갔지만, 많은 사람들에게 잘 알려지지 않는 한사람, 한사람의 연구원, 발명가 친구, 사업가, 비서 및 특허 변호사에 대하여 살펴보는 시간이었다.

"토마스 에디슨의 꿈, 발자취 그리고 에디슨 DNA"라는 토마스 에디슨의 인생과 발명의 세계로 여행하는 가이드(Guide)로서 에디슨을 도운 수많은 사람들에게 존경(尊敬)과 감사의 인사를 드린다.
비록 토마스 에디슨에게만 비춰진 스포트라이트(spotlight)로 인하여 에디슨을 도와 함께 밤새며 연구한 수많은 연구원들, 친구, 비서 및 특허변호사에 대한 관심은 비록 떨어지지만, 천재(天才)를 도운 당신들이 계셨기에 에디슨의 위대한 작품(作品)이 빛을 발하고 세상을 혁신할 수 있었음이 분명할 것이다.

끝으로 독자(讀者)여러분, 토마스 에디슨과 그의 대표적인 연구원님들과 기념사진을 촬영하는 시간을 가지겠습니다.^^
토마스 에디슨과 함께 뉴저지(New Jersey) 주(州) 멘로 파크(Menlo park) 연구소의 대표적인 연구원님들과 기념사진을 촬영하실 분들은 그림 2-89로 가시고, 웨스트 오렌지(West Orange) 연구소의 대표적인 연구원님들과 함께 기념사진을 촬영하실 분들은 그림 2-90으로 가셔서 촬영하시면 되겠습니다. 이 책의 독자(讀者) 분들은 연구원님들 사이에 잘 서서 함께 기념사진에 촬영해 주시기 바랍니다.

이렇게 본 가이드(Guide)가 이야기 하는 것은

진짜 서서 기념사진을 찍자는 것은 아니라는 것^^ 여러분은 잘 아살 것이다. 독자(讀者) 여러분의 마음으로 토마스 에디슨 및 그의 연구원님들과 함께 서주시고 마음으로 기념촬영 하시길 바란다.

어쩌면 더욱 중요한 것은 "**토마스 에디슨의 발명정신(에디슨 DNA)을 계승하여 이 세계를 선도할 발명을 하는 것이 모든 독자(讀者)님들의 중요한 사명(使命)이며, 그렇게 위대한 발명에 함께 참여하는 것이 이 책의 저자(著者)의 꿈이 아닌가?**"라고 잠시 생각해본다.

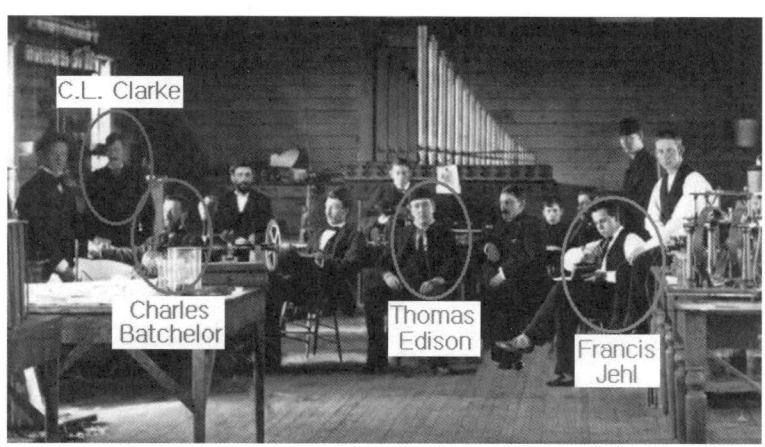

그림 2-89. 토마스 에디슨과 멘로 파크 연구원들(1880년)[181]

---

181) 1880년 토마스 에디슨의 멘로 파크 연구소 내부에서 촬영된 사진으로서, 좌측에서 우측으로 이름은

그림 2-90. 토마스 에디슨과 웨스트 오렌지 연구원들(1893년)[182]

L.K. Boehm 연구원, <u>C.L. Clarke 연구원</u>, <u>Charles Batchelor 연구원</u>, William Carman 연구원, S.D. Mott 연구원, George Dean 연구원, <u>토마스 에디슨</u>, Charles T. Hughes 연구원, Gorge Hill 연구원, Gorge Carman 연구원, <u>Francis Jehl 연구원</u>, Lawson 연구원, Charles Flammer 연구원

182) 1893년 토마스 에디슨의 웨스트 오렌지 연구소의 외부에서 촬영된 사진으로서, 좌측에서 우측으로 이름은
(제1열) Ch. Brown 연구원, J.W. Gladstone 연구원, Thos. Maguire 연구원, <u>John F. Ott 연구원</u>, <u>토마스 에디슨</u>, <u>Charles Batchelor 연구원</u>, W.S. Mallory 연구원, J.F. Randolph 연구원, J.W. Harris 연구원
(제2열) A.V. Stewart 연구원, W. Miller 연구원, <u>J.W. Aylesworth 연구원</u>, J.T. Marshall 연구원, A.E. Kennelly 연구원, <u>P. Kenny 연구원</u>, <u>W.K.L. Dickson 연구원</u>, T. Banks 연구원, H.F. Miller 연구원
(제3열) S.G. Burn 연구원, Ch. Wurth 연구원, F.A. Phelphs, Jr. 연구원, <u>Fred Ott 연구원</u>, E.W. Thomas 연구원, R. Lozier 연구원, Wm. Heise 연구원, W.S. Logue 연구원, H.J. Hagan 연구원, A.T.E. Wangemann 연구원
(제4열) L.W. Sheldon 연구원, R. Arnot 연구원, C.H. Kaiser 연구원, J. Martin 연구원, H. Reed 연구원, C.M. Dally 연구원, F.C. Devonald 연구원, A.J. Thompson 연구원

제3장. 미국의 특허정책의 변화와 에디슨 특허를 바탕으로 시작된 사업들

- 에디슨 뉴저지 멘로 파크 연구소
- 에디슨 뉴저지 웨스트 오렌지 연구소
- 에디슨 뉴저지 헤리슨 전구 공장
- 에디슨 뉴욕 기계 회사
- 에디슨 뉴욕 펄 스트리트 발전소
- 에디슨 보스톤 전기조명 회사
- 에디슨 디트로이트 발전소

* 토마스 에디슨의 주요 연구소, 발전소, 공장 및 회사

☝3-1. 미국!!, 발명가와 특허권자의 천국(天國)

현재 미국은 과학기술, 정치, 경제, 문화, 사회, 군사 및 교육 등 모든 분야에서 가장 영향력 있는 국가이다. 비록, 최근 중국이 약진하고 있지만, 1970년대 미·소 냉전시대 이후 소련이 붕괴 되면서 오늘까지 미국은 지구상에 가장 강력한 국가라는 것은 모두가 인정하고 있는 현실이다. 현재의 강력한 미국의 배경에는 미국특허제도는 매우 중요한 역할을 하고 있었고, 이것은 지금도 현재 진행형(現在 進行形)이라고 할 수 있다.

표 3-1과 표 3-2는 2011년도 기준의 국제 특허수지 흑자국(黑字國)과 적자국(赤字國) 현황을 나타낸다. 이 통계는 일본 국제무역투자연구소의 집계를 소개하면서 2011년도 기준으로 미국은 721억 달러 이상의 특허수지 흑자(黑字)로 지적재산권 강국의 절대적인 위상을 과시하였고, 그 뒤로 일본, 영국, 프랑스 등이 2~4위의 특허수지 흑자국(黑字國)이며, 한국은 특허수지 적자국(赤字國)으로 세계 4위를 기록하고 있다[183].

경제학자들에 따르면 일반 상품의 수출이 약 5% 정도의 경상이익을 가져오는 것과 보통 매출액의 약 5% 정도를 로열티(Royalty)로 지불하게 하는 관행을 고려하면, **특허수지 흑자는 일반 상품의 무역수지 흑자와 비교하여 최소 20배 이상의 효과**가 있다고 평가한다.

---

[183] 한국이 해외에 지급한 특허 사용료 - 2013년 : 120억 3800만 달러/ 2012년 : 110억 5200만 달러/ 2011년 : 99억 달러/ 2010년 : 102억 3400만 달러/ 2009년 84억 3800만 달러
한국이 해외로부터 받은 특허 사용료 - 2013년 : 68억 4600만 달러/ 2012년 : 53억 1100만 달러/ 2011년 : 40억 3200만 달러/ 2010년 : 33억 4500만 달러/ 2009년 35억 8200만 달러 (한국은행 제공)

즉, 미국은 721억 달러의 특허수지 흑자액은 '721억 달러 × 20배 = 14420억 달러(한화로 약 1500조원)의 무역수지 흑자와 같은 효과를 가진다고 해석할 수 있을 것이다. 이런 계산대로라면 미국은 매년 14420억 달러(한화로 약 1500조원)에 달하는 무역으로 인한 흑자(黑字)와 맞먹는 금액을 발명을 권리화한 특허(特許)를 바탕으로 특허 로열티(Royalty)라는 이름으로 전 세계로부터 받고 있다.

표 3-1. 국제 특허수지 흑자국(黑字國) 현황[184]

순위	국제수지 흑자국	흑자액(달러)
1	미국(U.S.A.)	721억 3300만 달러
2	일본(Japan)	79억 1200만 달러
3	영국(U.K.)	53억 2200만 달러
4	프랑스(France)	48억 4900만 달러
5	스웨덴(Sweden)	47억 5000만 달러
6	네덜란드(Netherlands)	17억 8300만 달러
7	독일(Germany)	13억 3400만 달러
8	핀란드(Finland)	11억 500만 달러
9	파라과이(Paraguay)	2억 5200만 달러
10	벨기에(Belgium)	2억 3500만 달러

반면에 우리나라는 매년 수백 억의 달러의 무역수지 흑자를 특허수지 적자로 다 까먹는다[185]고 할 수 있을 것이다.

---

184) 출처: 일본 국제무역투자연구소의 집계, 참고로 국제수지와 관련된 통계는 자료가 정리되는데 시간이 필요하기에 2011년 통계를 사용하였고, 1~5위의 국가의 경우 흑자 및 적자액이 증감되는 차이가 있을 뿐, 나라별 순위에는 크게 영향이 없는 경향이 있다.

표 3-2. 국제 특허수지 적자국(赤字國) 현황

순위	국제수지 적자국	적자액(달러)
1	아일랜드(Ireland)	355억 7000만 달러
2	싱가포르(Singapore)	139억 9100만 달러
3	중국(China)	122억 90만 달러
4	대한민국(Korea)	58억 1900만 달러
5	캐나다(Canada)	48억 5100만 달러
6	대만(Taiwan)	44억 8300만 달러
7	러시아(Russia)	44억 4100만 달러
8	이탈리아(Italy)	33억 820만 달러
9	타일랜드(Thailand)	29억 3100만 달러
10	브라질(Brazil)	24억 5300만 달러

세계 최고의 특허수지 흑자국인 미국의 배후에는 특허권자에게 가장 유리한 판결을 하는 미국의 특허법원과 소송제도가 있으며, 미국의 특허법원과 소송제도는 미국을 지적재산에 절대적인 강국으로 만드는 중요한 요소로 평가할 수 있을 것이다. 현재 미국은 과학과 기술에서 단연 세계 최고이고, 최첨단의 기술력을 특허라는 강력한 제도를 바탕으로 전 세계에 그 영향력을 미치고 있다.

---

185) 한국이 해외에 지급한 특허 사용료 - 2013년 : 120억 3800만 달러/ 2012년 : 110억 5200만 달러/ 2011년 : 99억 달러/ 2010년 : 102억 3400만 달러/ 2009년 84억 3800만 달러
한국이 해외로부터 받은 특허 사용료 - 2013년 : 68억 4600만 달러/ 2012년 : 53억 1100만 달러/ 2011년 : 40억 3200만 달러/ 2010년 : 33억 4500만 달러/ 2009년 35억 8200만 달러 (한국은행 제공)

💡3-2. 미국의 대통령과 특허정책의 변화

미국의 구(舊)특허청 건물186) 현관에는 미국의 제16대 대통령인 에이브러햄 링컨(Abraham Lincoln)187)의 명언(名言)이 비석으로 새겨져 있다.

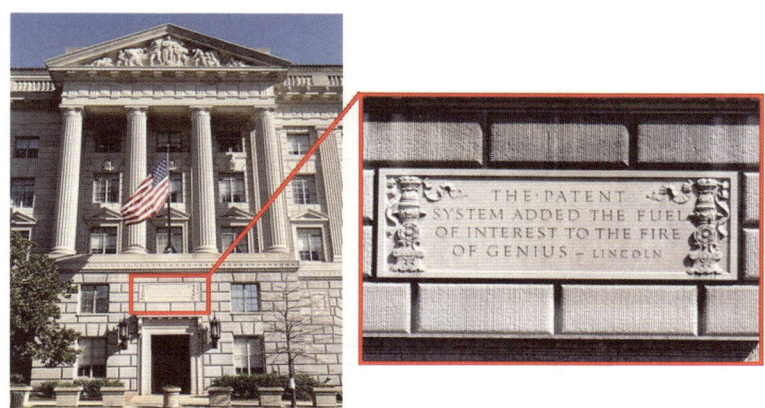

그림 3-1. 구(舊)특허청 건물 및 현판

『 THE PATENT SYSTEM ADDED THE FUEL OF INTEREST TO THE FIRE OF GENIUS 』

즉 번역하면 "특허제도는 천재라는 불에 이익이라는 기름을 붓는 것이다."라고 할 수 있다. 1776년 이전까지는 미국의 특허제도는 각 주(州)별 특허청에서 관리하였고 1790년 헌법에 의하여 최초의 전문 제7조의 미국 특허법에 공포되었으나, 1793

---

186) 현재 미국 무역 위원회(U.S. Department of Commerce) 건물, 워싱턴 위치
187) 에이브러햄 링컨(Abraham Lincoln: 1809년~1865년) : 미국의 제16대 대통령, 노예제도를 폐지하고 남북전쟁을 승리로 이끌었지만, 불운의 암살을 맞은 대통령

년부터 무심사주의의 미국특허제도는 1830년대 초반까지 계속되었다.

남북전쟁을 승리로 이끈 링컨은 바로 이 특허제도를 강화시키는 정책을 사용했는데, 특허제도가 천재라는 불에 이익이라는 기름을 붓는 강력한 제도를 추구하였다. 미국의 제7대 대통령인 앤드루 잭슨[188](Andrew Jackson)의 재임기간(1829~1837년) 말기에 세계 최초의 독립된 기구로 미국특허청이 탄생하여 무(無)심사주의에서 심사주의로 바뀌었지만, 미국특허청의 역량을 강화시킨 가장 큰 장본인은 링컨(Abraham Lincoln) 대통령이라고 할 수 있을 것이다.

세계에서 가장 존경받는 대통령인 링컨(Abraham Lincoln)은 비록 불운한 암살을 맞이했지만, 그가 남긴 이 명언과 특허제도를 강화하는 사상에 의해 미국에 가장 유명한 천재 발명가이자 과학자가 탄생했으니, 그가 바로 달걀을 품어서 병아리를 만들려고 시도한 토마스 에디슨이라고 할 수 있다.

일반적으로 링컨(Abraham Lincoln) 대통령의 위대함이 "남북전쟁 승리와 노예제도 폐지"라는 것에 많은 중점을 두고 있지만, 미국 특허제도에서 그는 바로 천재 에디슨이 나올 수 있는 개기(開基)를 마련한 대통령이고, 19세기 후반에 미국의 산업을 발달시킨 원동력이라고 할 수 있을 것이다. 미국 특허제도에 명암(明暗)[189]이 있다면, 링컨 대통령은 미국 특허제도를 어두움에서 밝음으로(즉, 특허제도를 강화) 만드는데 기여한 대통령이라고 할 수 있을 것이다.

---

188) 앤드루 잭슨(Andrew Jackson: 1767년 ~ 1845년) : 미국의 제7대 대통령, 미국의 군인으로 1815년 뉴올리언스 전투에서 영국군과 싸와 대승하여 미국 민주주의 정신적 기원이 된 대통령

189) 밝음과 어두움

그림 3-2. 미국 특허제도 강화에 기여한 잭슨 및 링컨 대통령
(제7대 대통령 앤드루 잭슨, 제16대 대통령 에이브럼 링컨)

미국은 에디슨과 같은 과학자의 탄생과 과학기술에 대한 수많은 발달로, 1880년부터 전신 및 전력산업 분야의 특허 수가 급증했고, 1900년부터는 자동차와 항공우주 산업의 발달을 이룰 수 있었다.

1914년 제1차 세계대전[190])이 일어나자 미국은 엄정한 중립을 선호하였으나, 1917년에 결국 참전하여 제1차 세계대전을 승리로 이끌면서 20세기에 국제적인 주도권을 잡아가기 시작하였다. 1920년대 미국은 제1차 세계대전의 부산물로 라디오, 자동차, 항공기, 영화, 직물 등의 산업이 급성장하기 시작하였고, 이른바 번영의 시

---

190) 제1차 세계대전(World War I: 1914년 7월 28일 ~ 1918년 11월 11일) : 1914년 6월 사라예보(Sarajevo)에서 오스트리아-헝가리 제국 왕위 후계자인 프란츠 페르디난트(Franz Ferdinand) 대공이 유고슬라비아 민족주의자 가브릴로 프린치프(Gavrilo Princip)에게 암살당한 사건을 개기로 영국-프랑스-러시아 제국의 동맹국과 독일-오스트리아-헝가리 동맹국 사이에 전쟁이 시작되었고, 7000만 명의 군인이 참전하여 900만명 이상의 군인이 사망한 세계에서 가장 사상자가 많았던 전쟁

대를 맞이하게 되었다. 이 1920년대 번영의 시대에 미국 정부는 고관세 보호정책을 취하였고, 국제무역은 침체되고 기업독점은 극에 달하는 결과를 초래하게 되었다.

그림 3-3. 핸리 포드 자동차 박물관(미국 디트로이트)

그림 3-4. 스미소니언 항공우주 박물관(미국 워싱턴)

1925년 미국의 호경기는 최고의 정점을 이루었으나, 1929년 10월에 뉴욕시장의 주가폭락을 개기로 미국은 대공황(大恐慌)을 맞이하게 되고, 미국의 대공황은 세계의 대공황의 상황을 몰고 왔다. 1930년대 미국의 프랭클린 루즈벨트[191](Franklin Delano Roosevelt)

---

191) 프랭클린 루즈벨트(Franklin Delano Roosevelt: 1882년 ~ 1945년) : 미국의 제32대 대통령, 미국의 대공황을 극복하기 위하여 강력한 내각을 조직하고, 뉴딜정책을 추진하며, 외교면에서 호혜통상법, 선린외교정책을 추진했고, 제2차 세계대전 중에는 연합국회에서 지도자의 역할을 하여 전쟁 종결에 노력을 기울인 대통령

대통령은 대공황의 해법으로 뉴딜정책(New Deal)[192]을 내놓게 되었고, 이들 정책의 근본적인 정신은 바로 반독점 정책(Antitrust policy)[193]이라 할 수 있다.

즉, 미국의 제16대 대통령인 링컨(Abraham Lincoln)은 특허제도의 강화를 통하여 1880년부터 1920년 사이에 전기 및 전자분야와 자동차 및 항공분야의 발달에 기여한 대통령이라면, 미국의 제32대 대통령인 루즈벨트(Franklin Delano Roosevelt)는 특허제도의 약화(즉 반독점 정책)을 통하여 미국경제의 대공황을 타개한 대통령이라고 할 수 있을 것이다.

루즈벨트(Franklin Delano Roosevelt) 대통령은 대공황의 극복을 위해 특허제도와 특허권의 권리를 약화시키는 반독점 정책이 단기적으로는 미국의 대공황을 극복하는 효과를 보았지만, 장기적인 부작용에 대해서는 이 당시까지 전혀 예측하지 못하고 있었다.

바로 미국의 반독점정책은 1940년대부터 1960년대까지 특허출원의 급감(急減)을 야기하기 시작하였고, 1940년대부터 1960년대 미국의 특허출원 감소는 연구개발(R&D)을 약화시키는 원인을 제공하게 되었고, 급기야 1970년대 미국은 제1,2차 석유파동[194]과

---

[192] 미국 제32대 대통령 F.D.루스벨트의 지도 아래 대공황(大恐慌) 극복을 위하여 1) 은행에 대항 대폭적인 구제 2) 통화관리에 대한 정부의 규제력 강화 3) 농산물 가격의 하락방지 및 균형가격에 정부의 적극개입 4) 노동자의 안정된 고용과 임금확보 5) 테네시강 유역으로 일자리 창출 6) 실업자 구제 등의 종합적인 경제회생 정책

[193] Antitrust law(반트러스트법 또는 미국 독점금지법)은 19세기말 미국에서 트러스트(신탁) 형태를 취한 독점기업이 출현하여 여러 가지로 경제력을 남용하자 이와 같은 독점기업에 대한 반대운동이 일어나서 이것을 반대하는 법률, 즉 반(反)트러스트법의 제정으로 이어져 나갔다. 이러한 유래로부터 독점금지법을 미국에서는 "반트러스트법"이라고 부르게 되었다. 지금의 반트러스트법은 셔만법(Sherman Act, 1890년 제정), 클레이튼법(Clayton Act, 1914년 제정) 및 연방거래위원회법(Federal Trade Commission Act, 1914)의 3개 법을 중심으로, 이것들을 수정 또는 보강한 몇 개의 법률로 형성되어 있다. 이것의 시행기관으로서는 법무부 반트러스트국과 연방거래위원회가 설치되어 있다.

함께 해외시장에서 점점 치열하게 일본, 유럽 등과의 무역경쟁에 직면하고, 결국 루즈벨트 대통령 이후에 강력하게 추진한 반독점 정책(Antitrust policy)의 산업적 부작용을 알아차리게 되었다.

1981년 미국은 영화 람보1[195])의 주인공과 같이 위기의 미국산업에 강력한 구원투수가 등장하였는데, 그는 미국의 제40대 대통령인 로널드 레이건(Ronald Wilson Reagan)[196])이라 할 수 있다. 1930년대 루즈벨트(Franklin Delano Roosevelt) 대통령으로부터 강력하게 실시된 특허제도의 약화(즉 반독점 정책)의 기조는 1980년대 레이건 대통령으로부터 현격하게 변화를 맞이하게 되었다. 레이건 대통령은 1860년대 링컨 대통령과 같이 미국의 국가경쟁력 강화를 위한 일련의 종합정책을 마련하였는데 이것이 바로 친 특허(Pro-Patent) 정책[197])이다.

---

194) 1차 석유파동 : 1973년 시작된 중동정생(아랍 및 이스라엘 분쟁)으로 야기되어 원유의 고시가격이 인상되고 1974년 배럴당 5.119달러에서 11.651달라고 인상하면서 자원민족주의를 강화시킨 석유파동
2차 석유파동 : 1978년 12월 OPEC 회의해서 배럴당 12.70달러에서 단계적으로 14.5%의 인상을 경의했고, 이해 12월 말에 이란은 국내의 정치 및 경제적 혼란을 이유로 석유생산을 대폭 감축하여서 현물시장에서 1배럴당 40달러로 증가된 석유파동

195) 람보1(1982년) : 실베스터 스텔론이 주연한 영화, 월남전을 경험한 람보(실베스터 스텔론 주연)가 전우(戰友)를 구출하기 위해 록키(Rocky)산맥을 찾는 영화

196) 로널드 레이건(Ronald Wilson Reagan: 1911년 ~ 2004년) : 미국의 제40대 대통령, 전직 영화배우였으며, 정치에 입문한 대통령, 미국 경제의 친 특허(Pro-Patent) 정책으로 1980년대 미국 경제를 약진시킨 대통령

197) 친특허(Pro-Patent) 정책 : 일본과 유럽의 산업 경쟁력을 재고(再考)하기 위하여 레이건 대통령으로부터 시작된 경제정책으로 미국을 중심으로 지식재산권의 전반적인 강화를 포함하는 종합적인 경제정책

그림 3-5. 특허정책 변화를 통하여 경제위기를 극복한 미국의
루즈벨트(상·좌측), 레이건(상·우측) 대통령 및 람보1 포스터
(제32대 대통령 프랭클린 루즈벨트, 제40대 대통령 로날드 레이건)

레이건 대통령이 추진한 친 특허(Pro-patent) 정책의 내용은 산업 분야에서 국가경쟁력 향상을 위한 정책으로 다음과 같이 크게 6가지로 나뉘어 볼 수 있다.

첫째, 미국특허상표청(USPTO)의 예산확충과 미정부내의 미국특허상표청의 위상강화로 미국특허상표청(USPTO)의 권한을 확대시켰으며,

둘째, 미국의회는 특허사건 등을 전담하는 연방순회 항소법원(CAFC : Court of Appeals for Federal Circuit)의 설립198)에 주도적 역할을 의회에서 추진하고,

셋째, 특허의 재심사제도(Reexamination System)와 특허권 보호를 위한 기간의 연장 등을 포함한 일련의 특허법을 개정하고,

넷째, 생명공학(Biotechnology)이나 컴퓨터 소프트웨어 등과 같은 신기술들에 대한 특허대상의 범위를 확대하고,

다섯째, 연방정부의 예산지원을 받은 대학과 공공기관의 기술연구물에 대한 미국 산업계로의 기술이전을 촉진하는 Bayh-Dole Act199)와 같은 법안을 입안(立案)하였고,

여섯째, 지적재산권 문제와 연계한 미국의 총체적 무역정책을 들 수 있다.

레이건(Ronald Wilson Reagan) 대통령으로부터 추진된 이 정책은 산업 경쟁력의 근본은 바로 특허(特許)라는 것을 깨닫고, 특허와 관련된 확실한 우위를 법적으로 인정하는 종합적인 특허정책이라고 할 수 있다.

---

198) 연방순회 항소법원(CAFC)를 조직하게 된 주된 입법이유는 첫째, 각 순회구항소법원의 부담경감. 둘째, 특허법의 해석과 적용의 통일화. 셋째, 각급 법원에 산재(散在)된 전문 인력의 활용 등을 들 수 있다.

199) Bayh-Dole Act 법안 : 미국 대학들은 연방정부의 예산지원으로 개발된 기술을 단순히 연구보고서로서 공표하는데 그치지 않고, 그 개발된 기술에 대한 특허권자로서 지위와 산업계에 대한 기술이전의 주도적 역할을 담당케 한 법안으로 1980년도에 입안(立案)된 개혁입법이다.

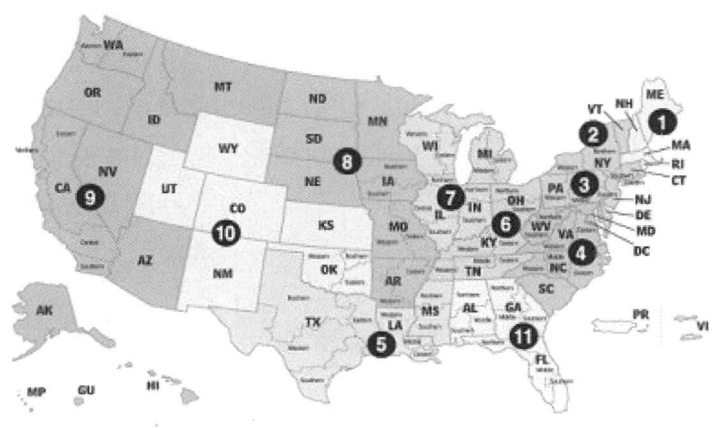

그림 3-6. 미국의 11개 순회법원(Circuit)과 담당지역

미국은 이 친 특허(Pro-patent) 정책의 일환으로 미국의 법원구조를 94개소의 연방지방법원(U.S. District Court), 13개소의 연방항소법원(U.S. Court of Appeals) 및 최고재판소(Supreme Court) 재편하게 되었다. 그리고 특허침해와 관련된 사건은 제1심은 각 지방법원에서 실시하고 제2심은 연방순회 항소법원(CAFC)에서 전담하게 집중시킨 것이 친 특허(Pro-patent) 정책의 골자(骨子)인데, 이 연방순회 항소법원(CAFC)은 이전까지와 다르게 특허권자에게 매우 유리한 판결을 선고하였고, 각 연방지방법원이 내놓은 판결과 상방되는 수많은 친 특허(Pro-patent)적인 판결을 하였다.

1980년대 미국 법원구조의 재편은 특허권의 강화를 위한 이전과는 전혀 태도를 가지는 연방순회 항소법원(CAFC)이라는 막강한 기구를 탄생시켰고, 이 정책의 최고의 하이라이트는 35 USC § 284조라는 특허 침해시 최고 3배의 침해보상을 할 수 있고, 심리전 판결 이자(Prejudgment Interest)도 지불하게 하는 법이라고 할 수 있다.

제40대 미국 대통령 레이건(Ronald Wilson Reagan)은 1970년대 미국 경제의 위기를 완벽에 가깝게 구원하게 되었고, 람보와 같은 강력한 미국의 부활을 기대하는 미국 국민의 기대를 충족시키면서 대통령 재선에도 성공하게 되었다. 이제 미국은 세계에서 특허권자의 천국이 되었으며, 특허권자에게 가장 유리한 판결과 보상을 주는 국가의 이미지를 굳히게 되었다고 할 수 있다.

바로 레이건 대통령은 루즈벨트 대통령으로부터 시작된 특허의 암흑기(특허권자가 불리한 시대)를 종식하고 반도체, 컴퓨터 프로그램, 생명과학과 같은 첨단산업의 발달을 통하여 미국 특허량의 증가와 함께 미국 특허권의 절대 우위를 지키게 하는 개기를 마련하는 대통령이라는 평가를 할 수 있을 것이다.

그림 3-7은 1850년부터 1998년 미국의 특허출원현황 및 특허정책의 변화와 이와 관계된 대통령 및 과학자에 대하여 종합적으로 표시한 것이다.

1980년대부터 현재까지 미국의 특허정책 기조인 친 특허(Pro-Patent) 정책은 변함없이 계속되어 오고 있다. 미국은 1980년대 이후에 일본, 유럽 및 아시아 등의 기업을 상태로 특허침해 소송이 급증하고 있으며, 1992년에 미국기업이 일본기업을 상대로 미국법원에 특허침해 소송을 제소하여 계류 중인 건이 1,691건[200]이며, 미국 연방지방법원에서 1995년부터 2004년까지 10년간 처리된 지식재산권 관련 분쟁사건은 5,041건[201]으로 확인되고 있다.

---

[200] 서천석, 「미·일 특허제도 개혁 과정 고찰(하)」 지식재산21(통권 제54호), 특허청, 1999.05.

[201] 미국 특허 소송 제도, 실무통신 28호, 6면

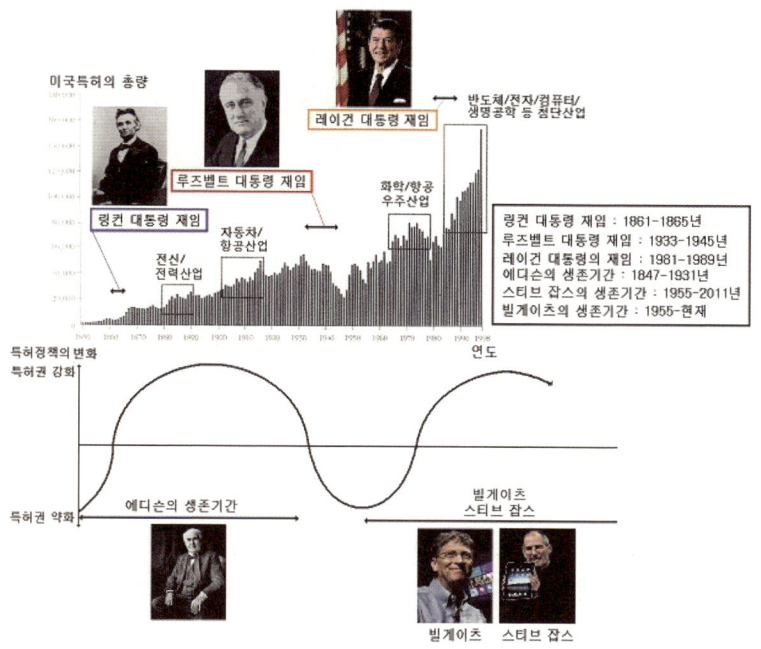

그림 3-7. 미국 특허출원 현황 및 특허정책의 변화와
이와 관련된 대통령 및 과학자

또한, 특허사건에 있어서 연방순회 항소법원(CAFC)의 판단에 이의를 하여 미국 대법원이 취급한 사건은 평균 2~3년에 1건 정도[202]로서 연방순회 항소법원(CAFC)의 판단이 거의 확정적으로 강력하게 영향을 미친다고 할 수 있다.

1980년대 레이건 대통령이 마련한 친 특허(Pro-Patent) 정책 중 생명공학(Biotechnology)이나 컴퓨터 소프트웨어 등과 같은 신기술들에 대한 특허대상의 범위의 확대에 최대 이익을 누린 21세기

---

[202] 미국 특허 소송 제도, 실무통신 28호, 6면

207

영웅들이 탄생하였으니 그가 1955년생 동갑내기의 마이크로소프트(MS)社의 빌 게이츠(William Henry Gates III)[203](1955년~현재)와 애플(Apple)社의 스티브 잡스(Steve Jobs)[204](1955년~2011년)라고 할 수 있을 것이다.

1970년대 중반에 빌 게이츠는 폴 앨런[205]과 함께 마이크로소프트(MS)社를 설립하였고, 컴퓨터의 새로운 구동 시스템(OS: Operation System)인 Window 시스템을 만들었고, 역시 1970년대 중반에 스티브 잡스(Steve Jobs)는 스티브 워즈니악(Stephen Gary Wozniak)[206]과 애플社를 설립하였고, 컴퓨터와 휴대폰의 신기원을 만든 애플 컴퓨터, iPad 및 iPhone을 탄생시켜서, 스마트폰(Smart Phone)이라는 새로운 통신개념을 창시하였다. 바로 **빌 게이츠(William Henry Gates III)와 스티브 잡스(Steve Jobs)는 레이건 대통령이 마련한 친 특허(Pro-Patent) 정책의 최대 수혜자**라고 할 수 있을 것이다.

---

203) 빌 게이츠(William Henry Gates III: 1955년~현재): 하바드 대학을 중퇴하고, BASIC 프로그램을 개발하고, 현재 모든 IT 기기의 표준 운영체제인 윈도우(Widow)를 발명하여 세계 최대의 소프트웨어 기업인 마이크로소프트(Microsoft)社를 창업하고, 손꼽히는 세계 최고의 갑부이자, 기부활동을 하는 미국의 기업인

204) 스티브 잡스(Steve Jobs: 1955년~2011년): 리드(Reed) 대학을 중퇴하고, 매킨토시 컴퓨터, 아이폰, 아이패드, 아이팟을 개발하여, 핸드폰의 개념을 스마트폰으로 변화시키고, 우리의 삶의 패턴을 스마트폰 안에서 새롭게 구현한 발명가, 손꼽히는 갑부이며, 미국의 기업인

205) 폴 앨런(Paul Gardner Allen : 1953년 ~ 현재) : 미국의 마이크로소프트(MS)사의 공동 창업자며 사업가, 학력은 워싱턴 주립대 중퇴이지만 재산이 약 227억 달러로 세계 10위 이내로 평가됨

206) 스티브 게리 워즈니악(Stephen Gary Wozniak : 1950년 ~ 현재) : 미국의 애플 컴퓨터사의 공동 창업자며 학력은 캘리포니아 버클리대학교 중퇴이지만 키보드와 디스플레이다 장착된 애플 컴퓨터의 실질적인 제작자이자 엔지니어임

그림 3-8. 미국 친 특허(Pro-Patent) 정책의 최대 수혜자 및 기업가
(빌 게이츠, 폴 앨런, 스티브 잡스)

미국의 세기의 과학자를 평가한다면 20세기는 링컨 대통령이 마련한 특허권 강화 정책을 바탕으로 토마스 에디슨은 전신기, 전화기, 전구, 전력배전, 발전기 및 축전지 등의 전기관련 1,093건의 특허 및 디자인을 발명하고 전신 및 전력산업을 발달시켰다면, 21세기는 레이건 대통령이 마련한 친 특허(Pro-patent) 정책을 바탕으로 스티브 잡스와 빌 게이츠는 스마트 폰(iPhone)과 소프트웨어의 운영체재(Window)의 신개념을 수립하고, 강력한 독점정책을 통하여 21세기 미국의 컴퓨터/통신/반도체/전자 산업의 전성기를 이끌어 가고 21세기도 미국의 시대로 이끌고 있는 영웅(英雄)이라 할 수 있을 것이다.

바로 지금 미국 산업을 선도하는 빌 게이츠와 스티브 잡스는 모두 천재적인 아이디어를 발명(發明)과 특허(特許)로 승화시키고, 이를 과감하게 현실에서 실현시키는 토마스 에디슨과 같은 도전 정신을 보유하고 있으며, 지금도 수많은 미국 기업인과 엔지니어들 가슴 속에 에디슨의 도전정신과 그의 DNA[207]가 살아 숨쉬고 있음이 분명하다.

---

207) DNA(Deoxyribo Nucleic Acid) : 뉴클레오티드(nucleotide)로 이루어진 두 가닥의 사슬이 서로 꼬여 있는 2중 나선 구조의 유전자를 이루는 기본단위로서 생물의 유전정보가 들어있는 핵산

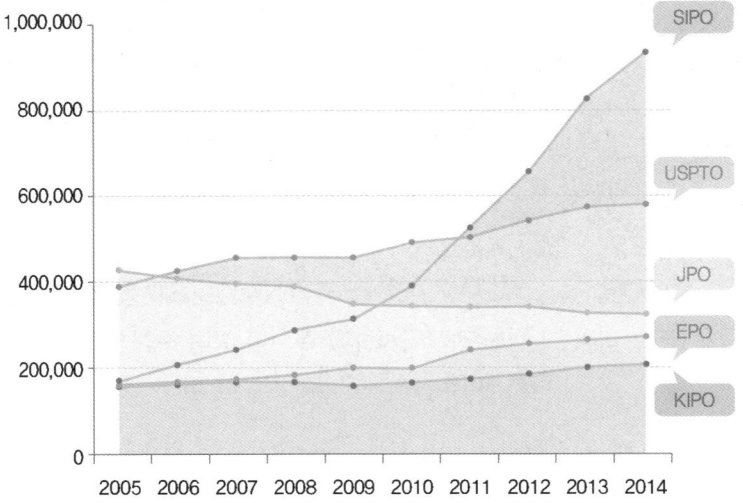

그림 3-9. 전 세계 주요국가 특허출원 현황[208]
(중국: SIPO, 미국: USPTO, 일본: JPO, 유럽: EPO, 한국: KIPO)

그림 3-9는 미국(USPTO), 중국(SIPO), 일본(JPO), 유럽(EPO) 및 한국(KIPO) 특허청[209]의 특허출원 현황을 나타낸 것이다. 2010년까지는 미국이 세계에서 가장 많은 발명(發明)을 특허(特許)로 출원하는 국가였지만, 2011년 이후에 중국의 급격한 경제성장과 더불어 특허출원에서 중국은 미국을 추월하여 현재까지 세계에서 가

---

208) 2010년까지 미국은 세계 1위의 특허출원 국가였지만, 중국의 급격한 경제발전으로 인하여 2011년 이후 중국은 세계 1위로 올라섰고, 최근 90만건 이상의 특허를 출원하고 있으며, 미국은 세계 2위의 특허출원 국가가 되었다.

209) USPTO : United State Patent and Trademark Office의 약어(略語)이며, 미국 특허청을 의미한다.
　　 SIPO : State Intellectual Property Office of People's Republic of China의 약어(略語)이며, 중국 특허청을 의미한다.
　　 JPO : Japanese Property Office의 약어(略語)이며, 일본 특허청을 의미한다.
　　 EPO : Europe Property Office의 약어(略語)이며, 유럽 특허청을 의미한다.
　　 KIPO : Korean Intellectual Property Office의 약어(略語)이며, 한국 특허청을 의미한다.

장 많은 발명(發明)을 특허(特許)로 출원하는 국가가 되었다. 하지만, 아직까지도 세계 시장과 산업을 이끌어가는 가장 중요한 기술(技術)과 특허(特許)의 대부분은 미국의 발명가와 기업인이 발명한 미국의 특허라고 할 수 있다.

💡3-3. 에디슨의 특허(特許)를 바탕으로 새롭게 시작된 사업들

미국의 기업가 정신을 가장 잘 대변(代辯)하는 장소로 실리콘밸리 (Silicon Valley)210)라는 곳에 대해서 한 번쯤은 들어봤을 것이다. 실리콘밸리는 미국 캘리포니아(California) 주(州) 산호세(San José)에 위치한 곳으로 반도체 재료인 실리콘(Silicon)과 산타클라라(Santa Clara) 인근 계곡(Valley)을 합쳐서 만든 합성어(合成語)이다. 원래 이 곳은 양질의 포도주 생산 지대였는데, 반도체 및 IT 기업들이 대거 진출하면서 실리콘밸리로 불리게 되었고, 세계적인 기업으로 성장한 벤처기업 밀집 지역이며, 지금은 새로운 기술을 향한 **미국 도전 정신의 심장(心臟)과 같은 장소**이다.

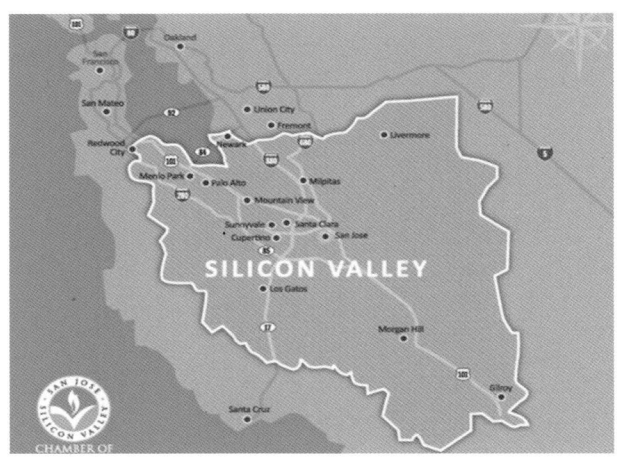

그림 3-10. 미국 캘리포니아 주(州)의 실리콘 밸리(Silicon Valley)

---

210) 실리콘밸리(Silicon Valley) : 반도체 재료인 실리콘(Silicon)과 산타클라라 인근 계곡(Valley)를 합쳐서 만든 합성어, 원래는 양질의 포도주 생산 지대였는데, 반도체 및 IT 기업들이 대거 진출하면서 실리콘밸리로 불리게 되었고, 세계적인 기업으로 성장한 벤처기업 밀집 지역

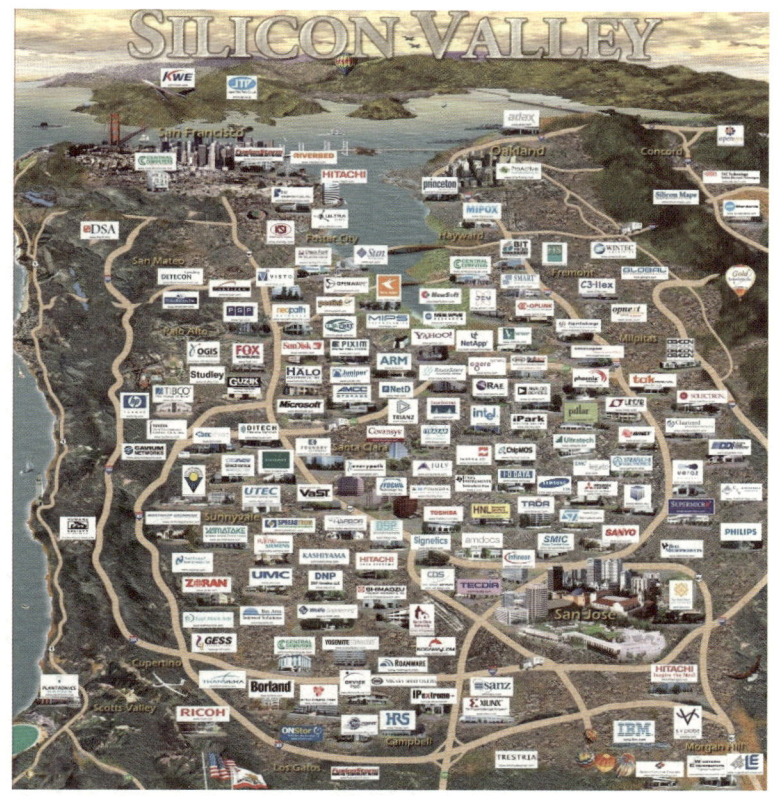

그림 3-11. 세계를 이끌어가는 미국 실리콘 밸리의 주요 기업

실리콘밸리는 미국을 넘어서 세계의 경제를 선도하고 있으며, 시대를 변화시키는 구글(Google), 애플(Apple), 페이스북(Facebook), 인텔(Intel), 트위터(Twitter), 테슬라 모터스(Tesla Motors), 휴렛패커드(Hewlett-packard) 등 세계적인 기업의 본사와 연구소가 위치하고 있다.

바로 이런 미국의 기업에 가장 크게 영향을 끼친 위대한 발명가가 있었으니, 그가 바로 발명왕이자 발명의 아버지인 토마스 에디슨(Tomas Edison)이라고 할 수 있을 것이다. 분명한 것은 세계적인 미국의 기업과 기업인들 가슴에는 다름 아닌 에디슨 정신이 살아서 숨 쉬고 있으며, 지금도 미국의 실리콘밸리에서는 수많은 에디슨 키즈(Kid's)가 시대를 변화시킬 천재적인 아이디어를 발명(發明)과 특허(特許)로 승화시키고, 이를 과감하게 현실에서 실현하는 도전을 계속적으로 시도하고 있다고 할 수 있을 것이다.

『 토마스 에디슨의 발명을 통해서 만든 회사는 몇 개나 될 것인가?? 』

본 필자(筆者)는 토마스 에디슨의 발명만이 아니라 사업에 대해서도 전반적으로 조사했으며, 토마스 에디슨은 평생 1,093개 특허와 디자인을 등록하였으며, 이를 바탕으로 대략 12가지 사업 분야, 30여개가 넘는 회사가 탄생하였다.

그림 3-12. 웨스턴 유니온社211)의 미국 뉴욕 본사 및 내부 모습

---

211) 웨스턴 유니온(Western Union)社 : 1845년 사무엘 모스는 자신의 전신기 특허를 바탕으로 마그네틱 텔레그래프(Magnetic Telegraph)社를 설립하였고, 1856년 하이럼 시블리(Hiram Sibley)라는 사업가와 함께 웨스턴 유니온(Western Union)社를 설립하여 미국 전 지역에 전신 시스템을 구축하였다. 한때는 전신기 분야에서 미국 최고의 회사로 성장하였지만, 1876년 알렉산더 벨이 발명한 전화기라는 새로운 통신 매체의 개발과 1881년 벨 텔레폰(Bell Telephone)社와 전화기 소송에서 패소하였고, 1910년 벨 텔레폰社에 합병되어서, 현재 미국의 대표적인 통신회사인 AT&T(American Telephone and Telegraph)의 모태(母胎)가 되었다.

토마스 에디슨의 초창기 발명인 전신기(149건 특허) 및 전화기(40건 특허) 관련 사업의 경우, 직접 회사를 경영하기 보다는 에디슨의 발명과 특허권을 다른 사람에게 실시하도록 허락하였고, 그는 단지 연구개발 및 발명가로서 사업을 지원하는 역할을 하였으며, 대표적으로 토마스 에디슨의 발명을 사업화한 회사로는 웨스턴 유니온社(Western Union Co.), Gold and Stock Telegraph社, American Printing Telegraph社, American District Telegraph社, American Automatic Telegraph 社 및 American Bell Telephone 社 등이 있다.

토마스 에디슨의 발명 중에서 전기펜(4건 특허) 및 등사기(복사기)(2건 특허)에 관한 발명의 경우 토마스 에디슨이 직접 사업화하기 보다는 자신의 발명을 라이센스(License) 하여서 다른 사업가를 통해서 사업화하였으며, 그로 인하여 탄생된 회사가 전기펜(Electric Pen) 회사인 Edison's Electric Pen and Duplicating Press社와 등사기(복사기) 회사인 A.B. Dick社가 있다. 특히 1883년 알버트 딕(Albert Blake Dick)[212]은 A.B. Dick社라는 사무기기 전문기업을 설립하였고, 1887년 토마스 에디슨의 미국특허 US224665호의 실시권을 허락받아서 Mimeograph[213]라고 이름을 붙이고, 상표로도 등록을 받았고, 수동형, 자동형 등 다양한 등사기(복사기)를 개발하여 세계적인 사무기기 전문기업으로 성장하였다(그림 3-13 참고).

---

212) 알버트 딕(Albert Blake Dick: 1856년~1934년): 1883년 등사기(복사기) 분야의 전문 기업인 A.B. Dick社를 설립하였고, 1887년 토마스 에디슨의 등사기 특허 US224665호의 실시권을 허락받아서 등사기를 생산한 미국의 기업가

213) 미국 등록상표 US3056815호

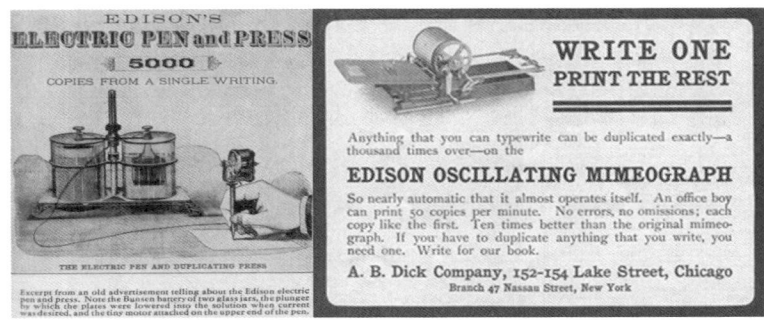

그림 3-13. 토마스 에디슨이 발명한 전기펜 및 등사기 광고[214]

그림 3-14. 토마스 에디슨의 최초 미국 뉴저지 전구(電球) 공장[215]

토마스 에디슨이 자신의 발명을 직접 사업화를 하였던 가장 중점적인 분야가 바로 에디슨을 대표하는 전구(電球)(171건 특허) 및 발전기, 전동기 및 전력배선(215건 특허) 분야의 발명이다.

---

214) 토마스 에디슨은 전기펜(Electric Pen)과 등사기(복사기)에 대하여 직접 사업화 하지 않았으며, Edison's Electric Pen and Duplicating Press社 및 A.B. Dick社를 통하여 사업화하였다.

215) 미국 뉴저지(New Jersey) 주(州) 멘로 파크(Menlo park) 전구(電球) 공장, 1880년 사진

그림 3-15. 토마스 에디슨의 미국 뉴저지 해리슨 전구 공장[216]

그림 3-16. 토마스 에디슨의 영국 런던 전구(電球) 회사[217]

---

216) 미국 뉴저지(New Jersey) 주(州) 해리슨(Harrison) 전구(電球) 공장, 1881년 그림
217) 영국 런던, 전구(電球) 회사, 1881년 1월 사진

217

그림 3-17. 토마스 에디슨의 미국 뉴욕 기계 공장[218]

그림 3-18. 토마스 에디슨의 미국 뉴욕 펄 스트리트 발전소[219] 위치 및 모습

---

218) 에디슨 기계 회사(Edison Machine Works) : 1881년 3월 설립되었고, 1889년 에디슨 GE 회사(Edison General Electric Company)로 합병되어서, 후에 GE(General Electric)社의 모태(母胎)가 된 회사

그림 3-19. 토마스 에디슨의 미국 디트로이트 발전소[220]

토마스 에디슨은 자신이 만든 전구(電球) 발명의 사업화를 위하여 1880년부터 미국 뉴저지(New Jersey) 주(州)에 멘로 파크(Menlo park) 전구(電球) 공장(그림 3-14 참고) 및 해리슨(Harrison) 전구(電球) 공장(그림 3-15 참고)을 설립(設立)하여서 전구(電球)의 대량 생산과 상업화를 시도하였으며, 1882년부터 세계 최초의 상업용 발전소인 미국 뉴욕의 펄 스트리트(Pearl Street) 발전소를 시작으로 미국 각 주요도시에 상업용 발전소를 설치하여 자신이 발

---

[219] 펄 스트리트(Pearl Street) 발전소 : 1882년 전구 사업을 본격적으로 상업화 하기 위한 세계 최초의 상업용 발전소로서, 토마스 에디슨의 뉴욕(New York) 펄 스트리트(Pearl Street) 발전소는 110[V] 직류 배전으로 인하여 공급지역이 1마일(mile)[약 1.6 킬로미터(Km)] 범위로 한정되었고, 에디슨은 전기의 안정적인 공급을 위하여 발전소를 중심으로 0.5마일(mile)[800 미터(m)] 이내에 전기를 공급하였다.

[220] 디트로이트(Detroit) 발전소 : 1903년 미국의 자동차 생산 도시인 미시건(Michigan) 주(州)에 설립된 에디슨의 발전소이다. 무엇보다 이 곳에서 미국의 자동차 왕인 핸리 포드(Henry Ford)가 젊은 시절에 엔지니어로 일했던 발전소이며, 발명왕인 토마스 에디슨과 자동차 왕인 핸리 포드가 만날 수 있는 매우 의미있는 장소라고 할 수 있을 것이다.

명한 전구(電球)에 전기(電氣)에너지를 공급하는 것을 목표로 하였다(그림 3-18, 19 참고). 이러한 전구(電球)의 대량생산과 상업용 전력발전소는 촛불, 가스등(Gas Lamp) 및 아크등(Arc Lamp)의 시대를 종결시키고, 태양 빛과 최대한 유사한 그윽한 빛을 발산하면서, 냄새도 공해도 없는 마법의 빛과 같기에 전 세계 모든 사람으로부터 찬사와 감동을 전하게 되었다.

토마스 에디슨의 상업용 발전소에는 수많은 발전기, 전동기, 전압계 및 전류계 등 수많은 전력기기(電力器機)가 필요한데, 이를 생산하는 회사가 미국 뉴욕에 위치한 에디슨 기계 회사(Edison Machine Works)(그림 3-17 참고)라고 할 수 있다.

그림 3-20. 토마스 에디슨의 미국 뉴저지 축음기 공장[221]

---

221) 에디슨 축음기 공장(Edison Phonograph Company) : 1887년 10월 미국 뉴저지에 설립되었다.

그림 3-21. 토마스 에디슨의 축음기 공장 및 토이(인형) 공장222)

그림 3-22. 토마스 에디슨의 미국 오그덴스버그223) 철광석 공장224)

---

222) 에디슨 축음기 공장(Edison Phonograph Company) : 1887년 10월 미국 뉴저지에 설립되었다.

223) 오그덴스버그(Ogdensburg) : 미국 뉴욕(New York) 북쪽에 있는 광산도시 이다.

224) 오그덴스버그(Ogdensburg) 철광석 공장 : 1865년 설립되었고, 1890년 토마스 에디슨이 인수하였다. 이 사진은 1895년 사진이며, 사진 속 건물을 광석 공장의 발전소 및 보일러 건물이다. 토마스 에디슨은 오그덴스버그 광석 공장을 인수하

토마스 에디슨의 대표적인 발명 중에서 전구(電球)와 함께 직접 사업화로 추진한 중요한 분야가 바로 축음기(189건 특허) 분야이다. 특히 토마스 에디슨의 축음기 사업은 축음기의 직접적인 사업화와 함께 축음기를 인형 속에 넣어서 아이들을 위한 에디슨의 말하는 인형이라는 사업이며, Edison Phonograph社, Edison Phonograph Toy Manufacturing社, United States Phonograph 社 및 Toy Phonograph社 등이 있다.

발명왕인 토마스 에디슨에게 가장 중요하게 느껴지는 것은 산업의 근본인 철광석 및 제련 기술이라고 할 수 있을 것이다. 토마스 에디슨은 전신기, 전화기, 전구, 발전기, 전동기, 전력배선 및 축음기 등의 발명을 하면서 수많은 금속과 광물을 테스트 해보았으며, 더불어 산업을 지탱하는 가장 근본적인 철광석 생산 기술에 대하여 상당히 관심을 가진 것으로 보인다. 그래서 토마스 에디슨의 1,093건의 특허 및 디자인 중에서 약 7%에 가까운 75건이 광석 및 제련분야의 발명이며, 광석분리(鑛石分厘), 광석분쇄(鑛石粉碎), 광석이동(鑛石移動) 및 광석제습(鑛石除濕)에 관하여 발명하였다.

1890년 토마스 에디슨은 오그덴스버그(Ogdensburg) 철광석 공장을 인수하였으며, 산업의 가장 근본이 되는 철광석 분야에 대하여 자신의 발명을 산업으로 집중적으로 상업화하였다. 그리고

면서 본격적으로 광석 및 제련 사업을 하였으며, 에디슨이 발명한 광석분리(鑛石分厘), 광석분쇄(鑛石粉碎), 광석이동(鑛石移動) 및 광석제습(鑛石除濕)에 관한 발명과 총 76건의 특허를 적극적으로 사업화 하였으며, 71.4%의 철분 비율을 가진 철광석 분리에도 성공(成功)하였지만, 1892년에 미네소타(Minnesota) 주(州)에 메사비(Mesabi) 광산에서 95%에 가까운 질 좋은 철광석이 땅에 깔려있는 미국 최대의 노천(露天) 철광석 광산이 발견됨으로 인하여 토마스 에디슨의 오그덴스버그 철광석 공장은 1899년 파산(破産)하게 되었다.

토마스 에디슨의 광석분리(鑛石分厘), 광석분쇄(鑛石粉碎), 광석이동(鑛石移動) 및 광석제습(鑛石除濕)에 관한 발명들이 성공(成功)하는 듯 하였다. 하지만, 1892년 미네소타(Minnesota) 주(州)에 메사비(Mesabi) 광산에서 95%에 가까운 질 좋은 철광석이 땅에 깔려있는 미국 최대의 노천(露天) 철광석 광산이 발견됨으로 인하여 토마스 에디슨의 오그덴스버그(Ogdensburg) 철광석 공장은 1899년 파산(破産)하게 되는 아쉬움이 있다. 하지만, 토마스 에디슨은 광석 및 제련 분야에 있어서, 광석의 분쇄(粉碎)를 전문으로 하는 Edison Ore-Milling社와 오그덴스버그(Ogdensburg) 철광석 공장의 사업을 진취적으로 하였음을 알 수 있다.

그림 3-23. 토마스 에디슨의 미국 뉴저지
뉴 빌리지 포틀랜드 시멘트 공장[225]

토마스 에디슨의 발명에 대하여 많은 사람들이 의외로 인식하지 못하는 부분이 바로 시멘트(Cement)와 콘크리트(Concrete)이다. 토마스 에디슨은 건축 및 토목에 가장 기본이 되는 재료인 시멘트(Cement)의 강도에 대하여 상당한 관심을 가졌으며, 대용량 회전식 시멘트 소성로(燒成爐)226), 믹서(Mixer)227) 및 콘크리트 건축물을 중심으로 연구하였고, 시멘트 및 콘크리트 건축물과 관련하여 총 26건의 특허를 출원하였다. 또한 이 특허를 바탕으로 Edison Portland Cement社 및 Edison Crushing Roll社를 설립하였고, 사업화하였다.

그림 3-24. 토마스 에디슨의 미국 뉴저지 배터리 공장228)

---

225) 에디슨 포틀랜드 시멘트 공장(Edison Portland Cement Co.) : 1899년 6월에 뉴저지(New Jersey) 뉴 빌리지(New Village)에 에디슨 포틀랜드 시멘트(Edison Portland Cement Company)社를 설립하여 그가 발명한 향상된 시멘트 생산방법을 실질적으로 사업하였고, 미국과 캐나다에 시멘트 판매 및 건설사업을 추진하였으며, 1908년 에디슨의 광석 분쇄 및 분리 특허를 바탕으로 에디슨 파쇄-롤(Edison Crushing-Roll Company)社가 설립되었다.

226) 소성로(燒成爐) : 시멘트의 열적, 기계적, 화학적인 강도(强度)를 향상시키기 위하여 고온(高溫)에서 시멘트의 특성을 변화시키는 장치

227) 믹서(Mixer) : 시멘트를 회전시키면서 섞는 장치

228) 에디슨 배터리 회사(Edison Storage Battery Co.) : 1901년 3월 뉴저지(New Jersey) 주(州) 멘로 파크(Menlo park) 설립된 회사이며, 1960년대 이후에 미국의 대표적인 배터리 회사인 Exide Technologies社로 변경되어 지금까지 배터리 회사로 지속되고 있다. 참고로 그림 3-16의 우측 사진은 2015년 10월에 필자(筆者)가 에디슨 배터리 공장을 방문하고 직접 촬영한 사진이다.

그림 3-25. 토마스 에디슨의 미국 뉴저지 배터리 공장(뒷면)

그림 3-26. 토마스 에디슨의 미국 뉴저지 웨스트 오렌지 연구소와 바로 옆에 위치한 배터리 공장

토마스 에디슨에게 있어서 가장 긴 시간 연구한 분야이고, 에디슨이 그의 인생에 마지막까지 연구한 분야가 바로 『배터리 관련 발명』이

다. 토마스 에디슨의 나이 25세인 1872년 미국특허 US142999호를 출원한 것을 시작으로 하였고, 그의 나이 79세인 1926년 미국특허 US1908830호를 출원하였고, 에디슨이 눈을 감은지 2년 후인 1933년에 등록된 마지막 특허의 연구분야가 바로 충·방전 가능한 배터리라고 할 수 있을 것이다.

지금도 가전(家電) 및 전자(電子) 장치에서 가장 취약한 분야가 바로 에너지 저장 장치인 배터리이며, 토마스 에디슨이 마지막까지 연구한 것이 바로 발전소에서 종속적으로 공급되는 전기(電氣)에너지가 아니라, 전기(電氣)에너지의 완전한 독립(獨立)이라고 할 수 있을 것이다.

더욱이 토마스 에디슨 배터리 발명과 상업화에 대한 그의 특별한 애정(愛情)에 대하여 직접적으로 말하는 것이 바로 토마스 에디슨의 배터리 공장의 위치이다. 토마스 에디슨의 배터리 공장은 그의 메인(Main) 연구소인 웨스트 오렌지(West Orange) 연구소 바로 옆에 위치하며, 1901년에 상당한 규모로 건축되었다(그림 3-24~26 참고). 1901년 5월부터 본격적으로 배터리를 생산하였고, 생산된 배터리를 콜롬비아(Columbia)社 및 디트로이트(Detroit)社 및 랜스덴(Lansden)社 등 전기자동차 회사에 공급하였다.

토마스 에디슨은 전기철도 및 전기자동차 분야의 전동기(모터) 배치, 동력전달 장치, 속도제어 장치 및 조향(操向) 장치 등에 대하여 총 48건의 특허를 출원하였다. 전기철도 및 전기자동차와 관련된 에디슨의 발명은 그가 직접 사업화하기 보다는 다른 사람을 통하여 사업화하였다. 토마스 에디슨의 전기철도와 관련된 발명은 Electric Railway Comp of the United States社를 통하여 사업화하였으며, 토마스 에디슨의 전기자동차와 관련된 발명은 랜스덴(Lansden)社를 통하여 사업화하였다.

그림 3-27. 랜스덴(Lansden)社에서 생산된 전기 트럭(Truck)229)

토마스 에디슨의 10대 발명 분야230) 중에서 가장 늦은 44세에 최초로 발명한 것이 있으니, 그것은 영사기(映寫機) 분야 발명이다. 비록 영사기 발명은 에디슨의 40대 이후에 간간히 수행하였으며,

---

229) 랜스덴(Lansden)社는 토마스 에디슨의 전기자동차 발명 및 특허를 바탕으로 그림과 같은 1,750대의 전기 트럭(Electric Truck)을 생산 및 판매하였다.

230) 토마스 에디슨의 1,093건의 미국 특허 및 디자인을 바탕으로 선정한 10대 발명분야(에디슨의 1,093건의 발명에 대한 분류는 본 저자가 에디슨 미국특허의 초록, 대표도면, 청구항을 읽고, 기술적인 관점을 중심으로 직접 분석 및 분류한 것임)

```
순위 : 분야                      건수 (분야별 최초출원과 관계된 정보)
1위 : 발전기, 전동기 및 전력배선  ··· 215건 (32세, 1879년, US218167호)
2위 : 축음기                     ··· 189건 (30세, 1877년, US200521호)
3위 : 전구                       ··· 171건 (31세, 1878년, US214636호)
4위 : 전신기                     ··· 149건 (22세, 1869년, US091527호)
5위 : 배터리                     ··· 135건 (35세, 1882년, US273492호)
6위 : 광석 및 시멘트             ··· 102건 (33세, 1880년, US228329호)
7위 : 전기철도 및 전기자동차     ···  48건 (33세, 1880년, US248430호)
8위 : 전화기                     ···  40건 (31세, 1878년, US203013호)
9위 : 영사기                     ···  10건 (44세, 1891년, US493426호)
10위 : 전기기기 속도제어         ···   9건 (33세, 1880년, US228617호)
```

다른 발명 분야와 비교하여 상대적으로 적은 10건의 특허만 출원하여 등록받았지만, 인류의 생활에 가장 크게 영향을 끼친 분야라고 할 수 있을 것이다. 무엇보다 토마스 에디슨은 그의 4대 연구원 중 한 명인 윌리엄 케네디 딕슨(W.K.L. Dickson)은 세계 최초로 제작된 10대 영화를 비롯하여 그 이후에도 다수의 영화를 촬영하였지만, 에디슨은 영사기(映寫機), 촬영기(撮影機) 및 필름(Film) 등 영화 관련된 장비의 성능 개선 및 영화의 화질(畵質)을 개선하는데 관심이 있었지만, 영화를 제작하는 것에 대하여 직접적인 관심은 없었다.

토마스 에디슨은 동전(Coin)을 넣고 짧은 단편 영화를 시청하는 Kinetoscope(활동 사진 영사기) 사업을 직접 하기도 하였지만, 그 이후 본격적으로 영화의 산업에 대해서는 영화 제작에 관심이 있었던 사람들에 의해서 사업화 되었으며, Kinetoscope社, Compagnie Francaise du Phonographe Edison社 및 Edison Kinetoscope社 등의 수많은 영화 회사를 통하여 사업화화게 되었으며, 미디어 시대를 열게 되었다.

참고로, 토마스 에디슨의 발명으로 많은 사람들이 오해(誤解)하는 발명이 있다. 그것은 바로 시몬스(Simons)社 침대의 포켓 스프링(Pocket Spring)에 관한 발명이다. 시몬스 침대의 광고에 늘 등장하는 토마스 에디슨의 사진으로 인해서 필자(筆者)도 처음에는 포켓 스프링(Pocket Spring)을 토마스 에디슨이 발명했고, 그래서 흔들리지 않는 편안한 침대를 만들었다고 생각했다. 하지만, 토마스 에디슨의 1,093건의 모든 특허와 디자인을 모두 검토했고, 수많은 자료를 찾아본 결과, 시몬스 침대의 포켓 스프링(Pocket Spring)과 토마스 에디슨의 발명은 전혀 관계가 없으며, 시몬스 침대의 광고에 발명왕 토마스 에디슨(Thomas Edison), 자동차 왕 핸리 포드(Henry Ford) 및 미국 루즈벨트(Roosevelt) 대통령의 아내 엘리너 루즈벨트(Anna Eleanor Roosevelt) 등이 출연하였고, 현재도 토마스 에디슨을 광고의 모델로 사용하여서, 마치 에디슨이 포켓 스프링(Pocket Spring)을 발명한 것처럼 오해(誤解)하도로 하고 있다(그림 3-28, 그림 3-29 참고).

그림 3-28. 토마스 에디슨이 모델로 등장한 시몬스社 침대 광고[231]

---

231) 시몬스(Simons)社 및 시몬스(Simons) 포켓 스프링(Pocket Spring) : 1870년 미국 위스콘신(Wisconsin) 주(州) 케노샤(Kenosha)에서 젤몬시몬스(Zalmon Simmons)에 의해서 설립된 침대 전문 회사이며, 1926년부터 시몬스(Simons)社의 기술자인 J.F. Gail 및 E.E. Woller에 의해서 발명(發明)되어 특허(特許)로 등록되었으며, 토마스 에디슨의 발명과는 아무런 연관성이 없다.

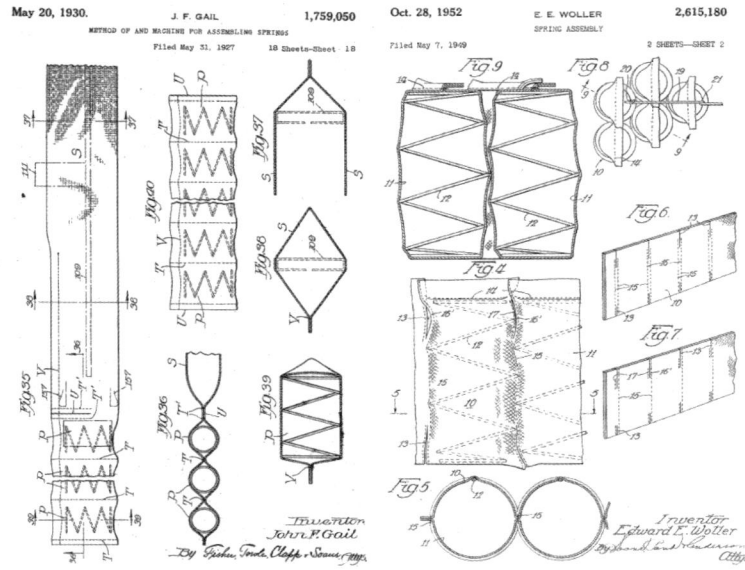

그림 3-29. 시몬스社 침대특허[232]

발명왕이자, 발명의 아버지인 토마스 에디슨이 기존의 전기(또는 전자) 공학의 기본 단위로 사용되는 과학자[233] 및 과학 분야의 최

---

232) 시몬스社의 침대 스프링 제작을 위한 장치 및 방법 특허, US1759050호(1930년 05월 20일 등록, 1927년 05월 31일 출원)
시몬스社의 침 스프링 장치 특허, US2615180호(1952년 10월 28일 등록, 1949년 05월 07일 출원)

233) 볼타(Alessandro Volta: 1745년~1827년, 전압의 단위로 사용), 앙페르(André-Marie Ampère: 1775년~1836년, 전류의 단위로 사용), 와트(James Watt: 1736년~1819년, 전력의 단위로 사용), 쿨롱(Charles Augustin de Coulomb: 1736년~1806년, 전하의 단위로 사용), 헨리(Joseph Henry: 1797년~1878년, 인덕턴스의 단위로 사용), 패러데이(Michael Faraday: 1791년~1867년, 커패시턴스의 단위로 사용), 외르스테드(Hans Christian Oersted: 1777년~1851년, 자기장 세기의 단위로 사용), 베버(Wilhelm Eduard Weber: 1804년~1891년, 자속의 단위로 사용), 옴(Georg Simon Ohm: 1789년~1854년, 저항의 단위로 사용), 줄(James Prescott Joule: 1818년~1889년, 일의 단위로 사용), 헤르츠(Heinrich Rudolf Hertz: 1857년~1894년, 주파수의 단위로 사용)

고의 권위로 인정받는 노벨상(Nobel Price)을 수상한 과학자[234]와 가장 차별화 된 점은 『세상을 변화시키는 실용주의』와 『기업가 정신』이라고 할 수 있다.

토마스 에디슨의 전신기, 전화기, 전구, 발전기, 전동기, 축음기, 전력배선, 시멘트, 배터리 및 영사기 등 모든 발명은 단지 이론적으로 연구하는 과학이 아니라, 모든 사람의 현실을 혁신적으로 변화시키는 실용주의 과학이며, 이로 인하여 인류(人類)의 삶이 더욱 편안하게 하는 변화를 추구하였다. 그리고 토마스 에디슨의 발명(發明)은 단지 특허(特許)만이 아니라 세상을 리드(Lead)하는 사업(事業) 및 기업(企業)의 탄생을 이끌었다.

토마스 에디슨의 정신(에디슨 DNA)을 한 마디로 정의하면, 다음과 같다.

『세상을 변화시키는 실용주의 기업가 정신』

어쩌면 지금, 이 순간에서도 미국의 최대 장점은 세상을 리드(Lead)하는 발명가이자 세계적인 사업가가 계속적으로 탄생하고 있으며, 그 이유의 근본에는 이를 몸소 실현하였던, 위대한 발명가이자 도전자인 토마스 에디슨과 그의 정신이 가장 밑바탕이 되지 않는가 생각된다.

---

234) 빌헬름 뢴트겐(Wilhelm Konrad Röntgen: 1845년~1923년, 1901년 제1회 노벨 물리학상 수상), 마리 퀴리(Marie Curie: 1867년~1934년, 1903년 노벨 물리학상 및 1911년 노벨 화학상 수상), 막스 플랑크(Max Planck: 1858년~1947년, 1918년 노벨 물리학상 수상), 알버트 아인슈타인(Albert Einstein: 1879년~1955년, 1921년 노벨 물리학상 수상), 나카무라 슈지(中村修二: 1954년~현재, 2014년 노벨 물리학상 수상) 등

표 3-3. 에디슨의 특허를 바탕으로 시작된 12분야 사업 및 기업들[235]

	사업분야	회사이름	설립연도
1	전신기	Gold and Stock Telegraph Co. Pope & Edison Co. American Printing Telegraph Co. American District Telegraph Co. American Automatic Telegraph Co. Western Union Telegraph Co.	1867년 1869년 1870년 1872년 1875년 1856년
2	전화기	American Bell Telephone Co. Western Union Co.	1879년 1856년
3	전기펜	Edison's Electric Pen and Duplicating Press Co.	1876년
4	등사기	A.B. Dick Co.	1883년
5	전 구	Edison Electric Light Co. Edison General Electric Co. General Electric Co.	1880년 1889년 1892년
6	전력사업	Edison Machine Works Edison Pearl Street Power Station Edison Illuminating Co. Edison Detroit Power Station	1881년 1882년 1886년 1903년
7	축음기	Toy Phonograph Co. Edison Phonograph Co. Edison Phonograph Toy Manufacturing Co. United States Phonograph Co. Thomas A. Edison Inc.	1878년 1887년 1888년 1894년 1896년
8	광 업	Edison Ore-Milling Co. Ogden Iron Co.(1865년 설립)	1881년 1890년 인수
9	시멘트	Edison Portland Cement Co. Edison Crushing Roll Co.	1899년 1908년
10	배터리	Edison Storage Battery Co.	1901년
11	전기철도 및 전기자동차	Electric Railway Comp of the United States Lansden Company	1883년 1904년
12	영 화	Kinetoscope Co. Compagnie Francaise du Phonographe Edison Edison Kinetoscope Co.	1901년 1904년 1913년

---

235) Thomas A. Edison Papers(인터넷 웹 사이트) : http://edison.rutgers.edu/list.htm 참고

그래서 지난 100년간 세계를 이끌어가는 대표적인 기업들은 세상을 변화시키는 실용주의 기업가 정신을 가진 미국에서 탄생했으며, 그 본산(本山)은 미국의 기업가 정신을 가장 잘 대변(代辯)하는 장소인 캘리포니아(California) 주(州) 산호세(San José)에 위치한 실리콘밸리(Silicon Valley)라고 할 수 있을 것이다.

표 3-3은 토마스 에디슨의 특허를 바탕으로 시작된 12가지 사업 분야와 대표적인 30여개 회사를 나타내며, 그림 3-30은 에디슨 정신(에디슨 DNA)을 가지고 세상을 변화시키기 위하여 도전하는 미국 실리콘밸리(Silicon Valley)의 주요 회사들을 나타낸다.

그림 3-30. 에디슨 정신을 가지고 세상을 변화시키기 위하여
도전하는 미국 실리콘밸리의 주요 회사들

미국은 토마스 에디슨과 같이 새로운 아이디어(Idea)를 세상을 변화시키는 실용주의 기업가 정신으로 특허(特許)와 사업(事業)으로 성공시켜, 세상의 변화를 꿈꾸며 과감하게 도전하는 수많은 에디슨 키즈(Kids)가 지금도 계속적으로 탄생하고 있다.

지금까지도 미국(美國)은 세계 최고 국가이며, 전 세계 경제, 기술, 과학 및 특허 등 거의 모든 분야의 최고의 국가로서, 매년 전 세계로부터 약 70조원이 넘는 엄청난 로열티를 받는 국가가 되었냐면, 바로 토마스 에디슨이라는 위대한 발명가와 그가 남긴 에디슨 DNA가 현재 미국을 이끌고 빌 게이츠(William Henry Gates III), 마크 주커버그(Mark Zukerberg), 엘론 머스크(Elon Reeve Musk) 등 세계적인 기업가들 가슴 속에는 살아서 벌떡벌떡 뛰고 있기 때문이다.

4장. 사람과 사람 사이의 찬란한 연결을 꿈꾸다(전신기 및 전화기 발명)

── 에디슨이 320km 전신거리 한계를 극복한 라인
　　US135531호 관련(1873년 등록)
── 에디슨이 4중 전신기 통신을 성공한 라인
　　US209241호 관련(1878년 등록)

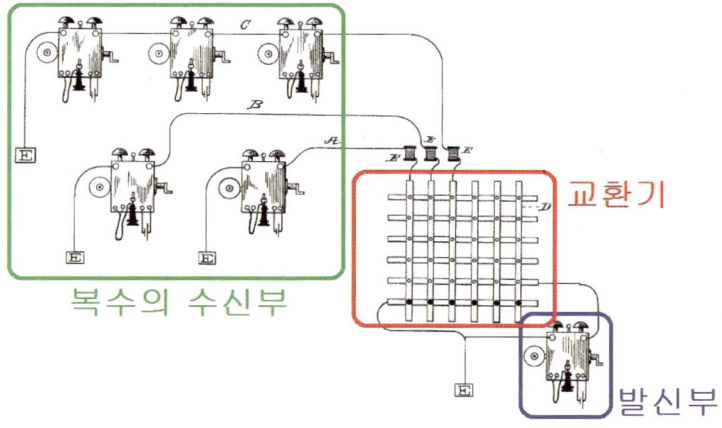

* 전신거리의 한계를 극복하기 위한 토마스 에디슨의 실험 라인 및 토마스 에디슨의 전화 교환기 특허

☝4-1. 토마스 에디슨의 최초 발명품과 모스의 전신기

토마스 에디슨은 평생 총 1,093건의 미국 특허 및 디자인을 등록 받았고, 미국 이외의 국가에서 총 1,239건[236)]의 특허를 등록받았다. 에디슨의 수많은 특허를 보면서 다음과 같은 질문을 필자(筆者) 스스로 해보았다.

『 토마스 에디슨의 수많은 발명에 대하여 잘 설명한 책이 없을까?? 』

토마스 에디슨에 대하여 관심을 가지고 수많은 자료, 책을 찾아본 결과, 필자(筆者)가 이 질문에 결론부터 이야기하면 『 **없는 것 같다.** 』이다. 그래서 필자(筆者)가 이 책을 저술하게 되었다.

일부 책에서 전구, 축음기 및 영사기 등 그 발명의 극히 특정(特定) 부분에 대해서만 이야기하고 있을 뿐, 전체적으로 이야기하는 책 또는 논문은 없는 것 같다.

---

236) 미국 이외의 다출원(多出願) 국가현황
- 1위 : 영국 (131건)
- 2위 : 독일 (130건)
- 3위 : 캐나다 (129건)
- 4위 : 프랑스 (111건)
- 5위 : 오스트리아 (101건)
- 6위 : 벨기에 (88건)
- 7위 : 이탈리아 (83건)
- 8위 : 스웨덴 (61건)
- 9위 : 스페인 (54건)
- 10위 : 인도(44건) 등
미국 이외의 국가에서 총 1,239건의 특허를 등록받았다.

『 토마스 에디슨은 뭘 발명했고? 그리고 왜 발명하게 되었을까?? 』

필자(筆者)는 이 질문에 답을 드리고 싶었다. 그래서 '에디슨 전문 연구가(研究家)'라고 스스로 명함(名銜)에 새기게 되었고, 에디슨-테슬라 특허 박물관(에디슬라 박물관: www.edisla.kr)의 박물관장 및 네이버 카페(토마스 에디슨의 꿈, 발자취 그리고 에디슨 DNA)의 카페 주인이 되어서 박물관과 카페를 오늘도 공사하고 있다. 언젠가 독자(讀者) 여러분이 에디슬라 박물관과 네이버 까페를 방문하면 마치 에디슨의 제1 내지 제5 연구소를 방문한 기분이 들도록 해보겠다.

결국 토마스 에디슨의 발명을 이해하기에 가장 명확하고 좋은 자료는 총 1,093건의 에디슨의 미국 특허(特許) 및 디자인이라고 할 수 있을 것이며, 제4장에서는 토마스 에디슨 인생에서 초창기 발명인 전신기 및 전화기 발명을 중심으로 설명을 해보겠다.

토마스 에디슨은 평생 전신기와 관련하여 대하여 총 149건을 발명하였으며, 전화기와 관련하여 총 40건의 발명을 완성하고 특허로 등록받았다.

『 토마스 에디슨은 전신기 및 전화기와 관련하여 무엇을 발명했을까? 발명은 많이 한 것 같은데... 왜 에디슨 이름이 잘 알려지지 않았을까?? 전신기 하면 '모스'가 떠오르소, 전화기 하면 '벨'이 떠오르는데... 』

토마스 에디슨은 그의 나이 22세 1869년에 프리랜서(Freelancer) 발명가로 독립하였고, 제일 먼저는 전기투표 기록기(US90646호)를 발명하여 특허(特許)를 출원하였다.

발명가(發明家)로서 토마스 에디슨의 가장 큰 장점(長點)은

첫째로 불편함을 인식하는 능력이고,
둘째로 불편한 것을 편리함으로 바꾸는 아이디어를 항상 생각하여 노트에 메모하고,
셋째로 편리함을 위한 아이디어를 실제 제품으로 제작했으며,
넷째로 자신의 신제품과 아이디어를 특허로 작성하여 독점적인 특허권으로 확보하기 위해 노력했으며,
마지막으로 자신이 개발한 제품을 대중에게 판매하고 적용하기 위해 대량생산을 위해서 지속적으로 노력(努力)하고, 혁신(革新)하였다는 것이다.

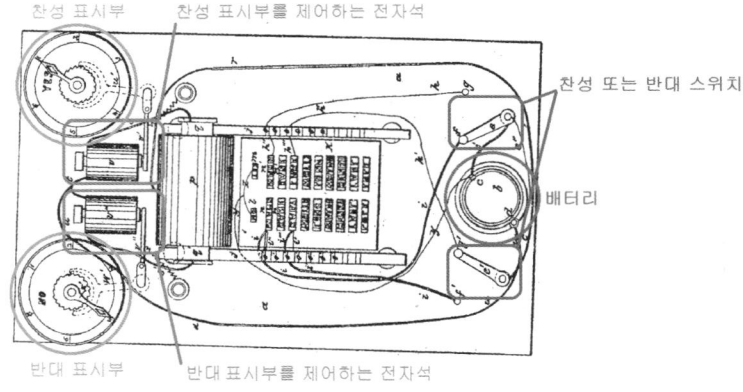

그림 4-1. 토마스 에디슨의 최초 발명품인 전기투표 기록기[237]

토마스 에디슨이 전기투표 기록기를 착상(着想)한 것은 의회(議會)의 진행 상황을 알려주는 전신 뉴스를 본 그가 점호식(點呼式) 투표라는 그 당시로는 매우 일반적이지만, 정말 비효율적인 투표방식

---

237) 에디슨 최초 특허인 전기투표 기록기 특허, US90646호(1869년 06월 01일 등록, 출원일은 알 수 없음)

의 개선에 아이디어(Idea)를 내게 되었다. 점호식(點呼式) 투표는 상원 또는 하원 의원을 일일이 호명(呼名)하였고, 찬성과 반대를 확인한 후 기록하는 가장 원시적인 방식이었고, 그래서 토마스 에디슨은 투표시간을 혁신적으로 단축하는 장치를 발명하였다.

에디슨의 최초 발명품인 전기투표 기록기는 스위치(e, e')를 조작하면 배터리(b)에 충전된 전기가 전자석(v, v'')를 동작시키며, 이것이 찬성(YES)과 반대(NO)를 표시하는 표시부의 지침이 증가하는 것이 가장 큰 기술적 특징이다. 하지만, 투표시간을 단축시키는 에디슨의 전기투표 기록기는 미국 의회(議會)의 입법(立法) 과정에서 특정 법안의 통과를 저지하는데 다양한 전략과 전술이 필요하고, 때로는 투표 시간을 질질 끄는 전술도 필요하기 때문에, 대부분의 의원들은 도입을 꺼려했기 때문이다. 토마스 에디슨의 첫 번째 발명에 대해서 실패했지만, 그는 이 발명품을 위해서 특별히 개발한 전자석과, 찬성 또는 반대를 기록하는 기계식 톱니 구조는 후에 에디슨의 전신기(Telegraph) 개발에 상당한 영향을 미치게 되었다.

토마스 에디슨이 본격적인 발명가로서 독립(獨立)하면서 가장 먼저 관심을 가진 분야는 전신기였다. 에디슨의 나이 22세~33세인 약 11년의 시간동안 집중적으로 연구하였고, 평생 149건의 특허를 등록받았다.

토마스 에디슨은 10대 초반에 미시간(Michigan) 주(州) 포트휴런(Port Huron) 역과 디트로이트(Detroit) 역을 운행하는 열차에서 신문, 사과, 샌드위치 및 땅콩을 파는 가운데, 그의 눈에 들어온 것은 바로 그 당시 최첨단 통신방식인 전신기였을 것이다. 철도역을 지나가면서 일하는 전신 기사들을 지켜보면서, 그는 사람과 사람 사이에 찬란한 연결에 대한 희망을 보았고, 꿈을 키우게 되었다.

그림 4-2. 토마스 에디슨이 처음 전신 기술을 배운
마운트 클레멘스 역(좌측: 에디슨 생전 당시, 우측: 현재)

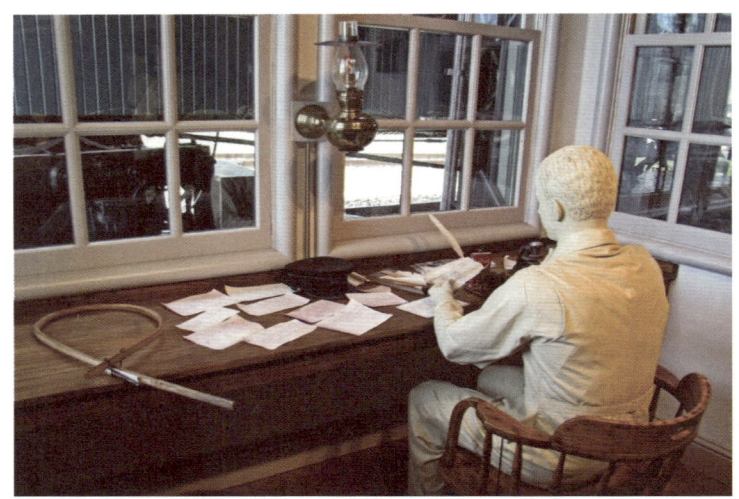

그림 4-3. 토마스 에디슨이 전신기사로 일하는 모습[238]

토마스 에디슨은 그의 나이 16세인 1863년 마운트 클레멘스 역(Mount Clemens Station)의 역장인 제임스 맥킨지(James McKinsey)로부터 전신기술을 배웠다.

---

[238] 토마스 에디슨의 어린 시절을 기념하여 미시간(Michigan) 주 포트휴런(Port Huron)에는 토마스 에디슨 차고 박물관(Tomas Edison Depot Museum)에 전신기사로 일하는 에디슨의 모습이 전시됨

토마스 에디슨이 전신기술을 배운 이 시점은 남북전쟁이 한창인 시절로서 전신에 대한 수요가 많았으며, 1급 전신 기사들은 1분에 45단어를 처리할 수 있었다. 에디슨은 제임스 맥킨지(James McKinsey) 역장에게서 5개월 동안 전신 기술을 열심히 배웠고, 이후에는 포트 휴런(Port Huron)에서 전신 기사로 본격적으로 일하게 되었다.

사무엘 모스(Samuel Morse)가 발명한 전신기는 1800년대 중반 남북전쟁[239]을 통하여 뉴스를 멀리 떨어진 지역으로 빠르게 전달하는 수단이 되었고 전신에 대한 수요가 급격하게 증가하게 되었다. 모스가 개발한 전신기의 원리는 전기를 이용해서 자석을 만드는 전자석(電磁石)의 원리를 적극 이용한 것으로 그 당시에는 매우 획기적인 통신방법이다.

사무엘 모스(Samuel Morse)가 발명한 전신기의 원리는 간단하게 설명하자면, 크게 모스 신호를 발생시키는 발신부(發信部)와 이를 받는 수신부(受信部)로 구성되어 있으며, 그 사이를 도선으로 연결되어 있고, 배터리에 저장된 전기 에너지는 스위치에서 발생시키는 단(短)펄스인 ·(dot)와 장(長)펄스인 −(dash)의 신호를 발생시킨다.

---

[239] 남북전쟁(American Civil War: 1861~1865년): 주(州)가 연방으로부터 분리·탈퇴한다는 것이 헌법에서 인정되고 있는가의 여부에 관한 헌법해석의 문제 및 노예제도 시비, 그리고 이와 관련된 동서남북 각 지역 간의 이해 대립 등 많은 문제가 얽혀 전쟁의 원인되었고, 남군이 패배하고 북군이 승리하여 노예제도 폐지를 야기한 전쟁

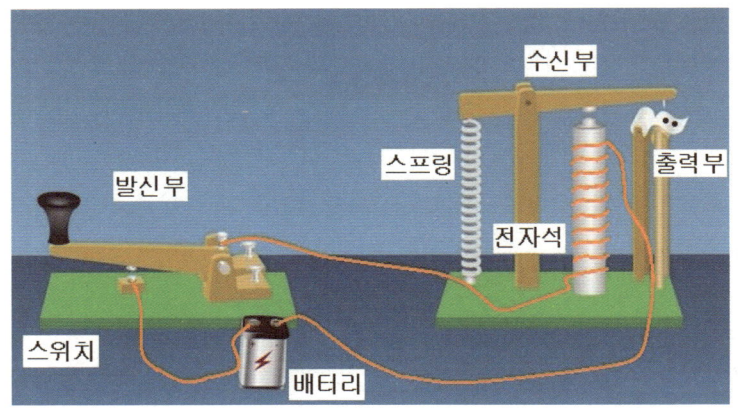

그림 4-4. 전신기의 원리

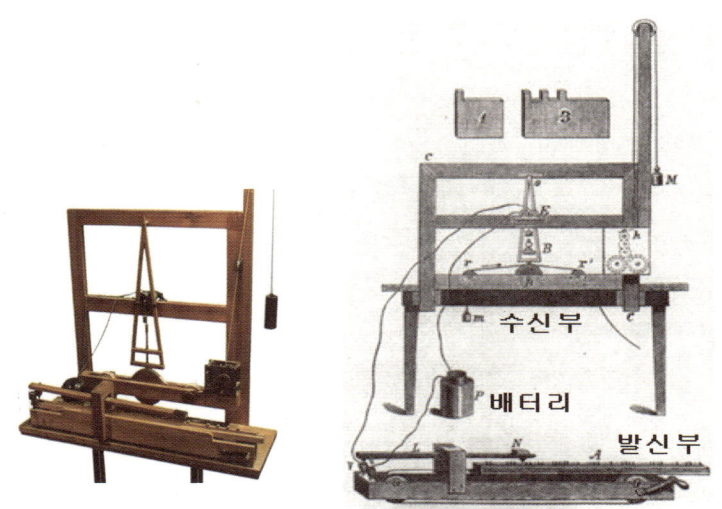

그림 4-5. 모스가 최초로 발명한 전신기

이에 따라서 도선에 전류(電流)의 흐름을 제어하게 되고, 이 전류(電流)는 멀리 수신부에 위치한 전자석(電磁石)에서 자기장(磁氣場)을 발생시키고, 출력부에서 ·(dot)와 -(dash)의 신호를 출력할 수 있는 그 당시로는 획기적인 장거리 통신방식이다.

그림 4-5 및 그림 4-6은 사무엘 모스(Samuel Morse)가 세계 최초로 발명한 전신기로서 특허 US1647호로 등록되었다. 모스의 세계 최초 전신기 발명품은 나무를 이용하여 발신부(發信部)와 수신부(受信部)를 제작한 것으로서 다소 조악(粗惡)하게 제작되었다.

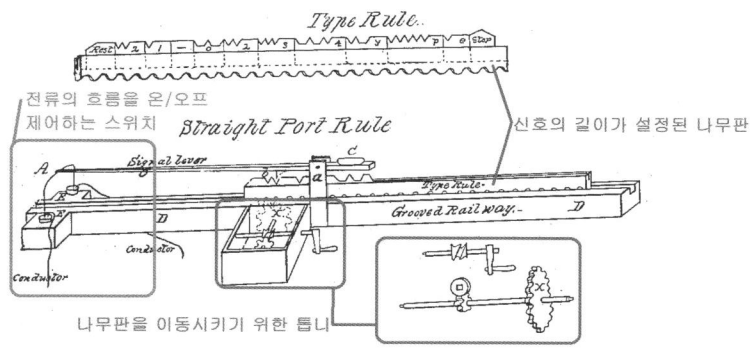

(a) 발신부(發信部)

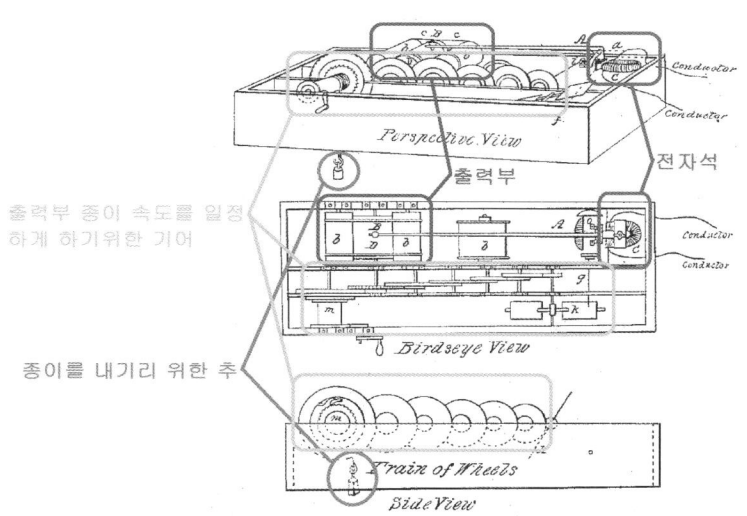

(b) 수신부(受信部)

그림 4-6. 모스의 세계최초 전신기 특허 US1647호[240]

사무엘 모스의 세계최초 전신기 특허인 US1647호에서는 모스가 발신부(發信部)와 수신부(發信部)의 구조에 대해서 상당히 고민한 흔적이 나타나 있다. 특히 발신부(發信部)는 사람이 손으로 입력하는 스위치 온/오프 방식이 아니라 미리 신호의 길이가 설정된 나무판을 발신부에 연결하였고, 나무판을 이동시키기 위한 톱니를 조작하여서 전류의 온/오프를 제어하게 된다.

또한, 수신부(發信部)는 출력부의 종이의 속도를 일정하게 하기 위하여 기계적인 구조물에 대해서 상당히 고민하였는데, 특히 6개로 구성된 톱니와 종이를 내리기 위한 추를 이용하여 종이의 이동 속도를 일정하게 하였고, 전자석을 동작시켜서 출력부에서 ·(dot)와 -(dash)의 신호를 종이에 출력하도록 고안하였다.

실질적으로 모스가 최초 특허출원한 전신기 발명품은 전신국(電信局)에서 사용되지 않았으며, 실재로 전신국(電信局)에서는 수신부(發信部)에 대해서는 특허 US4453호를 통하여 종이의 출력부를 개선하였으며, 발신부(發信部)에 대해서는 특허 US6420호를 통하여 손으로 스위치를 온/오프가 가능하도록 변경하였다. 또한, 특허 US3316호를 전류(電流) 누설(漏泄)을 방지하기 위한 전선 피복에 대해서도 발명함을 통하여 전신 기술을 보다 편리하게 개선하였다.

그림 4-7은 에디슨 당시 전신국(電信局)에서 사용된 모스의 개선된 전신기 발명품과 회로적인 연결을 도시한 것이다.

---

240) 세계 최초의 전신기 특허 US1647호(1840년 06월 20일 등록, 출원일은 알 수 없음)

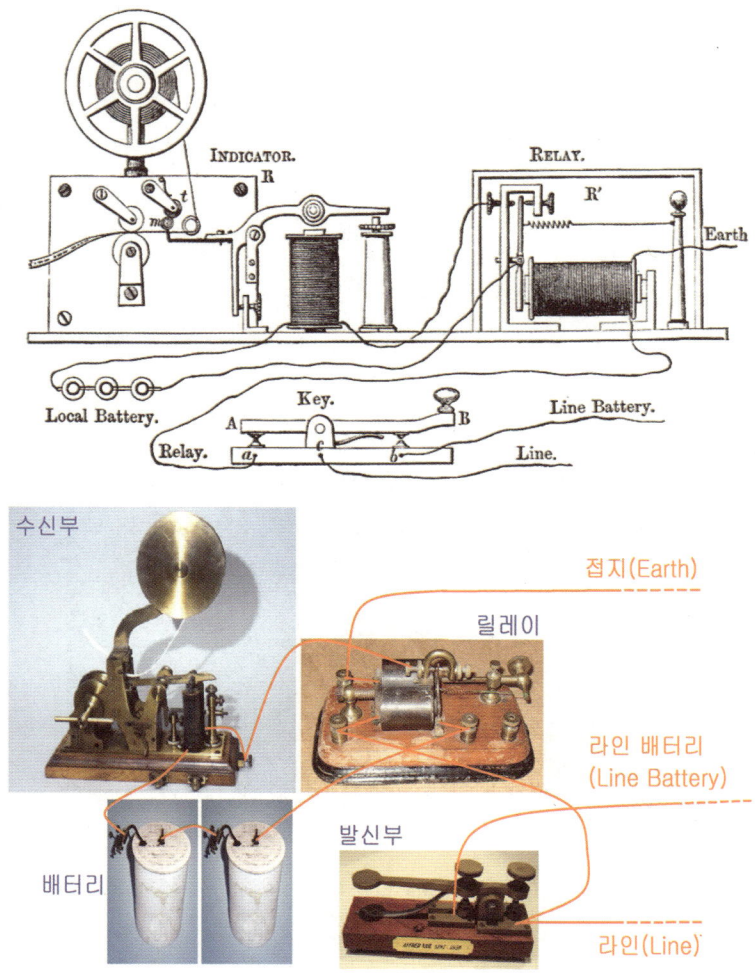

그림 4-7. 모스의 개선된 전신기 발명[241]

---

241) 전류(電流) 누설(漏泄)을 방지하기 위한 전선 피복 특허 US3316호(1843년 10월 25일 등록, 출원일은 알 수 없음)
발신부(發信部)에서 종이의 출력부를 개선한 전신기 특허 US3316호(1846년 04월 11일 등록, 출원일은 알 수 없음)
발신부(發信部)에서 손으로 스위치를 온/오프가 가능하도록 개선한 전신기 특허 US3316호(1849년 05월 01일 등록, 출원일은 알 수 없음)

💡4-2. 모스 전신기의 불편함이 눈에 들어오다

토마스 에디슨이 발명가로서 본격적으로 일하면서 첫 번째 집중한 분야는 전신기(Telegraph)와 관련된 발명이고, 가장 젊은 시절인 20대 초반부터 30대 초반까지 전신기의 성능을 개선하는데 집중하였다. 에디슨의 1,093개 특허 및 디자인을 살펴보면, 30대 이후부터 에디슨의 발명은 매우 다양한 영역으로 확장되었지만, 나이 30세까지 에디슨의 발명은 주로 전신기에만 집중하였음을 확인할 수 있다.

그림 4-8. 토마스 에디슨의 전신기(좌측:수신부, 우측:발신부)[242]

전신기에 대한 발명은 에디슨이 태어나기 8년 전인 1840년에 이미 사무엘 모스가 발명하여 특허출원하였고, 에디슨이 활발하게 전신기

---

[242] 에디슨은 순순하게 전신기 기술과 관련하여 US91527호(1869년 06월 22일 등록, 출원일은 알 수 없음) 외 107건의 발명을 하였다.

발명을 할 20~30대에는 웨스턴 유니온(Western Union)社243) 및 아틀랜틱 퍼시픽 텔레그래프(Atlantic Pacific Telegraph)社 등의 회사가 설립되어 미국 전 지역에 전신 시스템을 구축하였다.

토마스 에디슨이 발명한 **주식시세 표시용 전신기**는 당시 뉴욕 월스트리트(Wall Street)244)에서 미국 전 지역으로 주식시세를 가장 빠르게 전달할 수 있고, 확인할 수 있도록, 전신기를 주식시세 표시의 용도로 개선한 전신기를 발명을 하였는데, 바로 **이 주식시세용 전신기가 에디슨의 발명 중에서 첫 번째로 가장 크게 성공한 발명품**이라고 할 수 있을 것이다.

토마스 에디슨은 이 주식시세용 전신기를 약 1,200대 이상을 웨스턴 유니온社로부터 주문받았고, 7만 8,000달러를 벌었다. 이 돈을 바탕으로 에디슨은 자신만의 발명 연구소이고 세계 최초로 연구개발 센터(R&D Center)이자, 수많은 에디슨 발명의 탄생지인 멘로 파크 연구소(Menlo Park Lab)245)를 설립할 수 있었다(그림 4-10 참고).

---

243) 1845년 사무엘 모스는 자신의 전신기 특허를 바탕으로 마그네틱 텔레그래프 (Magnetic Telegraph)社를 설립하였고, 1856년 하이럼 시블리(Hiram Sibley)라는 사업가와 함께 웨스턴 유니온(Western Union)社를 설립하여 미국 전 지역에 전신 시스템을 구축하였다. 한때는 전신기 분야에서 미국 최고의 회사로 성장하였지만, 1876년 알렉산더 벨이 발명한 전화기라는 새로운 통신 매체의 개발과 1881년 벨 텔레폰(Bell Telephone)社와 전화기 소송에서 패소하였고, 1910년 벨 텔레폰社에 합병되어서, 현재 미국의 대표적인 통신회사인 AT&T(American Telephone and Telegraph)의 모태(母胎)가 되었다.

244) 미국 뉴욕의 맨하튼 남쪽에 위치한 금융 구역으로 뉴욕 증권거래소와 은행 등이 밀집된 지역으로, 현재까지도 세계 자본과 경제의 중심지이다.

245) 1876년 에디슨은 뉴저지에 멘로 파크(Menlo Park) 연구소를 설립하였고, 기계공, 화학자, 모형제작자 등 20여 명의 전문가를 고용하였다. 멘로 파크 연구소를 발명 공장이라고 부른 에디슨은 열흘에 한 건씩 간단한 발명, 6개월에 한 건씩 굉장한 발명을 해낼 것을 선언하였고, 여기서, 전신기, 전구, 축음기, 전화기, 발전기 등 세계를 놀라게 하는 수많은 발명을 하였다.

그림 4-9. 에디슨이 발명 제작한 주식시세용 전신기[246]

그림 4-10. 에디슨의 멘로 파크(Menlo Park Lab) 연구소[247]

---

246) 주식시세용 전신기 특허, US126531호(1872년 05월 07일 등록, 출원일은 알 수 없음)
247) 멘로 파크(Menlo Park) 연구소 : 길고 폭이 좁은 건물은 실험실(가로 9미터, 세로 30미터의 2층 건물: 1층은 제도실 및 사무실, 2층은 전기, 기계, 화학, 전지 등 각종 실험실로 되어있음), 실험실 앞쪽의 건물은 도서관과 사무실이며, 실험실 뒤쪽 건물은 기계실로 쓰였음.

토마스 에디슨은 전신기 기술 개발을 하면서, 이에 대하여 파생되는 기술을 바탕으로 전신기 108건, 주식시세용 전신기 30건, 팩스(Facsimile) 4건, 전기펜(Electric Pen) 4건, 타자기 1건, 및 복사기 2건으로 전신기 관련 총 149건의 특허를 발명하였다.

통신의 처음 시작에 대해서 간단하게 정리하면, 전신기와 모스 부호를 발명한 모스(Samuel Morse)에서 시작된 세계 최초의 통신 기술은 토마스 에디슨이라는 위대한 발명가를 통해서 전신기 기술의 완성과 더불어, 팩스, 전기펜, 타자가, 복사기 등 다양한 사무기기를 탄생시켰고, 산업화 및 사무 자동화에 엄청난 공헌을 하였다.

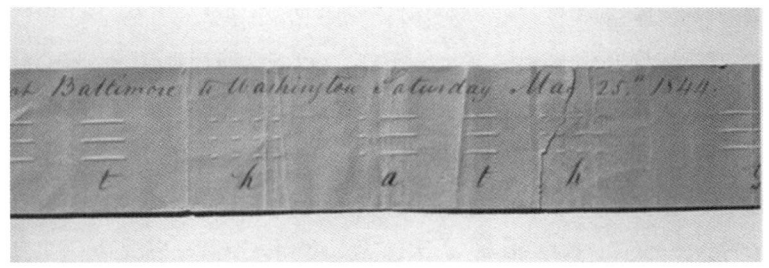

그림 4-11. 최초의 공식 모스 기록[248]

1800년대 중반 이후 미국 철도망의 발달과 함께 1843년 철도의 운행에서 전신기를 최초로 도입하였고, 곧이어 1845년 언론에서 전신기를 사용하였다. 현재 미국 국회도서관에 보관되어있는 최초의 공식 모스 전신기록은 1844년 5월 24일 미국 워싱턴(Washington) DC 대법원 공관에서 볼티모어(Baltimore)로 사무엘 모스(Samuel Morse)가 직접 모스 부호로 전달한 것이다.

---

[248] 최초의 공식 모스 기록은 1844년 5월 24일 특허국장의 딸인 애니 엘스워스(Annie Ellsworth)가 고른 "하나님께서 행하신 일이 얼마나 대단한가!!(What hath GOD wrought!!)" 메시지를 사무엘 모스(Samuel Morse)가 직접 모스 부호를 이용하여 미국 워싱턴 DC에서 볼티모어로 전송한 기록이다.

1861~1865년까지 미국 남북전쟁 기간 동안 전신의 수요는 더욱 급증하였고, 토마스 에디슨은 1863~1867년(나이 16~20세)까지 약 4년의 시간동안 전신 기사로 일하였다. 끊임없이 상상력을 발휘하는 에디슨에게 단순히 ·(dot)와 -(dash)를 받아 적고, 보내는 전신 기사의 일은 따분함 그 자체였다. 그는 일하면서, 틈틈이 책을 읽거나, 무엇인가 발명하기 위하여 다양한 시도를 하였다.

토마스 에디슨은 미시간(Michigan) 주(州) 포트휴런(Port Huron)의 전신국에서 화학실험을 하다가 폭발사고를 일으키기도 하였고, 오하이오(Ohio) 주(州) 루이스빌(Lewisville) 전신국에서는 전지용 염산 용기를 떨어뜨려서, 염산이 카펫트와 가구를 못 쓰게 만드는 사고를 일으켜서 해고되기도 하였다. 하지만, 에디슨은 캐나다 온타리오(Ontario) 주(州) 스트랫퍼드(Stratford) 기차역에서 야간 전신 기사로 일하면서, 그는 태엽 시계장치를 전신기와 결합하여서, 매 시간마다 그를 대신하여 야간에 신호를 보내는 장치를 발명하였으며, 전신이 빠르게 올 경우를 대비하여 전신을 느리게 기록할 수 있는 구식의 '모스 신호 자동 기록기'를 사용하여 전신을 받다가, 1864년 11월 링컨 대통령의 당선 전문을 제대로 받지 못하는 사고를 일으키기도 하였다.

토마스 에디슨이 전신 기사로 일하면서 눈에 들어온 것은 그 당시 **최첨단 통신 방법인 전신기의 편리함이 아니라, 전신기의 불편함**이었고, 후에 에디슨은 전신기의 개량에 대하여 약 11년 동안 149건의 발명을 하게 된 개기가 되었다.
에디슨이 바라본 전신기의 불편함은 다음과 같다.

첫째, 전신 오류를 해소하고, 전신속도의 한계를 극복(①사람이 전신을 받는 경우 반드시 오류가 생김, ②전신에서 전류지연

현으로 ·(dot)가 -(dash)로 변하거나, -(dash)가 기다란 선
으로 변하는 현상이 생김, ③1800년대 중반 전신 기사가 1
분에 25~40단어를 처리하는 수준은 너무 느리다고 생각함)
둘째, 전신 양의 증가를 해결(1:1 전신 네트워크의 한계를 극복,
하나의 전신 선로에 다수의 전신 메시지를 보내는 방법)
셋째, 전신거리의 한계를 극복(320km[249]) 이상의 전신을 보내는
경우 중간에서 전신을 받아서 재전송해야 하므로 통신 시간
이 길어짐)

발명왕 에디슨의 남다른 점은 바로 『 불편함을 바라볼 줄 아는
능력 』이다. 그리고 그 『 불편함을 단순하게 불편 및 불평으로
만 남겨두지 아니하고, 자신이 대안을 제시하고, 좋게 만들려는 끊
임없는 시도 』속에서 수많은 발명이 탄생하였다. 어쩌면 토마스
에디슨은 전신 기사로서 최고의 전신 기사가 되기 위하여 세상에
순응하면서 살아가는 인생을 선택하지 아니한 것은 분명하다. 그가
발명왕으로 세계 최고의 명성을 지닌 배경에는 『 불편함에 대한
순응이 아니라, 불편에 대한 끊임없는 도전 』을 가졌기 때문이라
고 생각한다.

전신기와 관련된 149건의 특허를 세부적으로 분석해보면, 순수하
게 전신기와 관련된 기술은 108건, 주식시세용 전신기 30건, 팩스
(Facsimile) 4건, 전기펜(Electric Pen) 4건, 타자기 1건, 및 복사
기 2건으로 기술적 분류를 할 수 있을 것이다.

특히 순수하게 전신기 관련 기술인 108건의 특허를 조금 더 세부
적으로 분류하면 첫째, 전신 오류를 해소하고, 전신속도의 한계를

---

249) 200마일(mile)

극복하기 위하여 전신기 성능 개선과 관련하여 71건을 발명, 둘째, 전신 양의 증가를 해결하기 위하여 복수 및 양방향 전신기 관련하여 34건을 발명, 셋째, 전신거리의 한계를 극복하기 위하여 장거리 통신을 위하여 3건의 특허를 발명하였다.

❦4-3. 토마스 에디슨의 열정을 담은 전신기 구조 발명

토마스 에디슨 인생(人生)의 두 번째 발명이자, 전신기(Telegraph) 분야로 최초 발명은 에디슨 나이 22세인 1869년 미국특허 US91527호로 등록하였다.

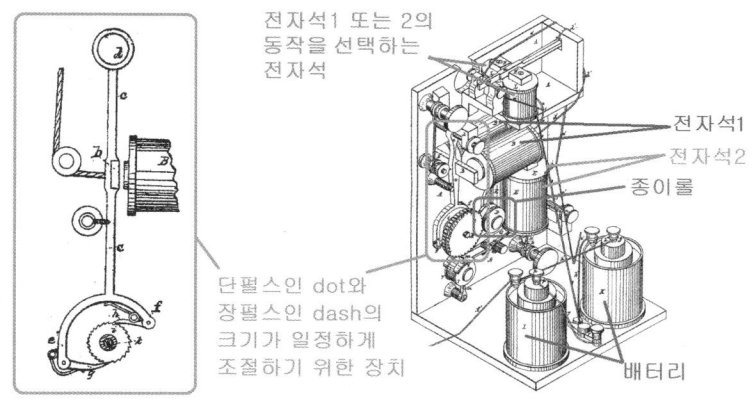

그림 4-12. 에디슨의 전신기 분야 최초 특허의 대표도면250)

이 발명에서 토마스 에디슨은 사무엘 모스의 전신기의 가장 큰 문제점인 전신에서 전류(電流)지연으로 ·(dot)가 -(dash)로 변하거나, -(dash)가 기다란 선으로 변하는 현상을 방지하고, 사람이 손으로 ·(dot)와 -(dash)를 받아 적는 경우 전신오류가 생기므로 ·(dot)와 -(dash)를 프린트 할 수 있는 전신 장치의 발명을 시도하였다.

이를 위하여 토마스 에디슨은 6개의 전자석, 2개의 배터리 및 ·(dot)와 -(dash)를 프린트 가능한 기계적 장치를 착상하였다. 장

---

250) 에디슨의 두 번째 특허이자 전신기 분야로 최초 특허인 프린트되는 개선된 전신기 특허, US91527호(1869년 06월 22일 등록, 출원일은 알 수 없음)

(長)펄스인 -(dash)를 위한 전자석1(전자석 2개 1쌍) 및 단(短)펄스인 ·(dot)를 위한 전자석2(전자석 2개 1쌍)를 전자석1과 수직으로 배치하고, 전자석1 또는 2를 선택할 수 있는 전자석(전자석 2개 1쌍)을 도입하여서, 장(長)펄스와 단(短)펄스를 각각 독립하여 제어할 수 있는 새로운 방안을 도출하였다. 또한, 2개의 배터리는 전자석1과 2에 각각 전기에너지를 공급하고, 기계적으로 장(長)펄스와 단(短)펄스에서 회전하는 톱니 장치를 적용하여 ·(dot)와 -(dash)가 서로 혼동하거나 ·(dot)가 -(dash)로 변하거나, -(dash)가 가느다란 선으로 변하는 경우를 방지하였다. 이 장치에 종이롤(Paper Roll)이 ·(dot)와 -(dash)를 출력 가능한 프린트 기능을 결합한 전신기를 제안한 것이 그의 첫 번째 전신기 분야 발명이라고 설명할 수 있다.

즉, 토마스 에디슨은 기존의 모스 전신기의 문제점을 매우 명쾌하게 바라보았으며, 이를 새롭게 해결할 수 있는 방안을 제시함을 통해서, 불편함을 그냥 불평만 하기 보다는 새로운 해결책을 도출하는 그의 도전 정신을 확인할 수 있는 발명이라고 할 수 있을 것이다.

비록 에디슨의 **최초 발명인 전기투표 기록기(US90646호)**는 미국 의회의 의원들에게 선택받지 못한 실패한 발명이었지만, 전기투표 기록기에서 찬성 및 반대 표시부를 제어하는 기계적인 구조물, 전자석 및 스프링(Spring) 장치는 에디슨의 전신기 구조 발명에 도입되어 전신기의 ·(dot)와 -(dash) 신호를 명확하게 제어하는데 적극 **활용**하였다.

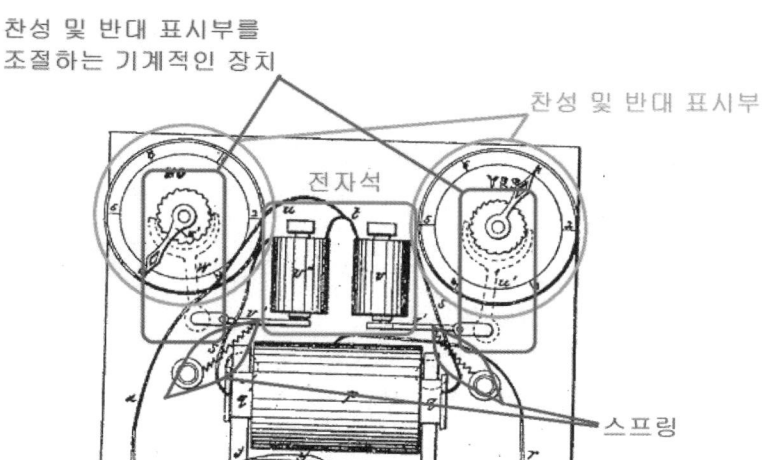

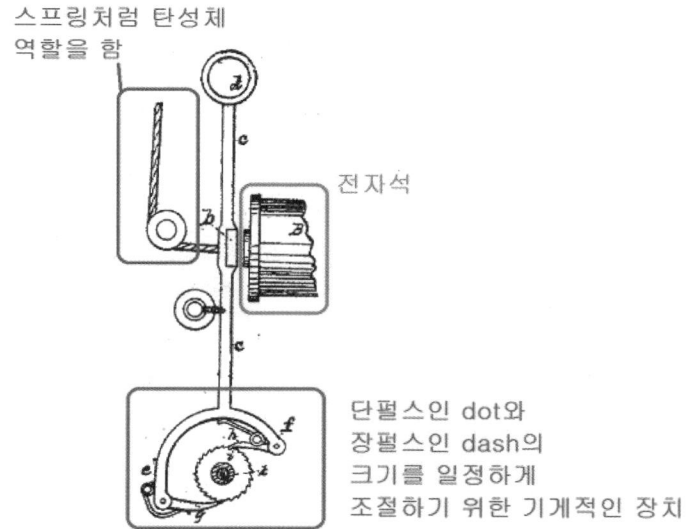

그림 4-13. 에디슨의 최초 발명품 전기투표 기록기 특허(상측)[251]와
전신기 분야 최초 특허(하측)[252]의 주요장치 비교

---

251) 전기투표 기록기 특허, US90646호(1869년 06월 01일 등록, 출원일은 알 수 없음)

255

토마스 에디슨은 총 108건이나 되는 전신기 특허의 기반은 그의 최초 특허인 전기투표 기록기의 기계적인 구조물, 전자석 및 스프링 장치를 다양한 적용하여서 지속적으로 발전시켰고, 특히 전자석과 스프링을 이용하여 전자석에 전기신호의 인가함에 따라서 기계적인 톱니가 한 클릭씩 이동하는 기술적 특징을 적극 활용하였다.

에디슨은 ·(dot)와 -(dash) 신호 길이를 보다 정교하게 전달하기 위하여 수직으로 전자석을 배치하고, 톱니바퀴 형상을 개선한 전신기를 발명하여서 에디슨 나이 22세인 1869년 미국특허 US96567호로 등록하였다(그림 4-14 참고).

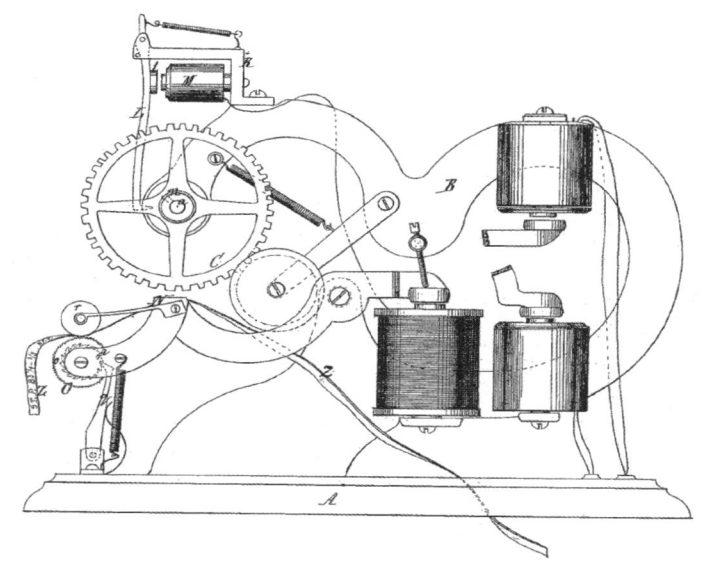

그림 4-14. 전자석의 위치 및 톱니바퀴 형상을 개선한 전신기 특허 US96567호[253]

---

252) 전신기 특허, US91527호(1869년 06월 22일 등록, 출원일은 알 수 없음)
253) 개선된 전신기 특허 US96567호(1869년 11월 09일 등록, 출원일은 알 수 없음)

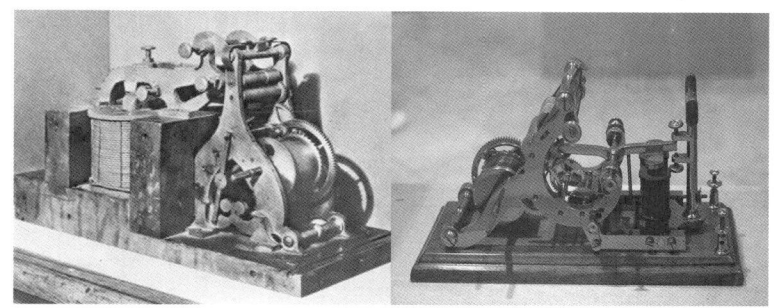

그림 4-15. 에디슨의 개선된 전신기(수직 전자석 배치)

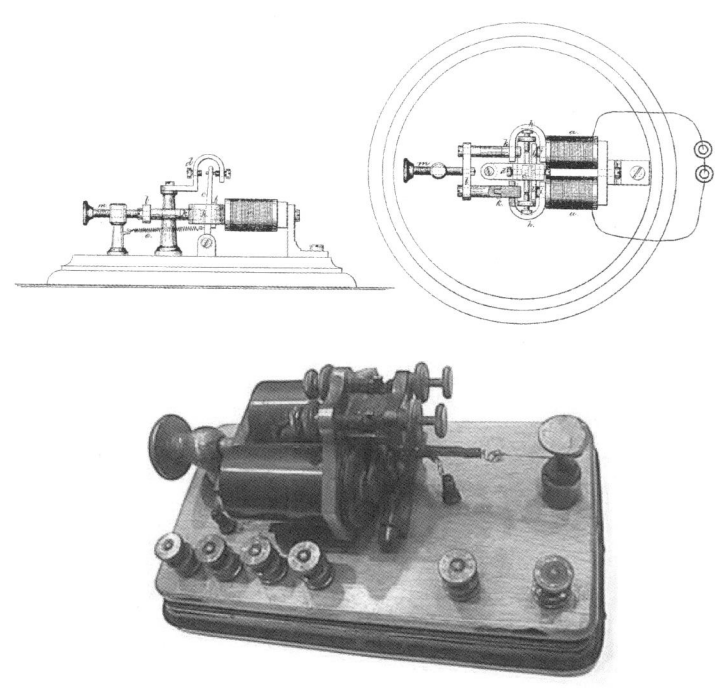

그림 4-16. 에디슨의 개선된 전신기(수평 전자석 배치)
특허 US130795호[254]

---

254) 개선된 전신기 특허, US130795호(1872년 08월 27일 등록, 출원일은 알 수 없음)

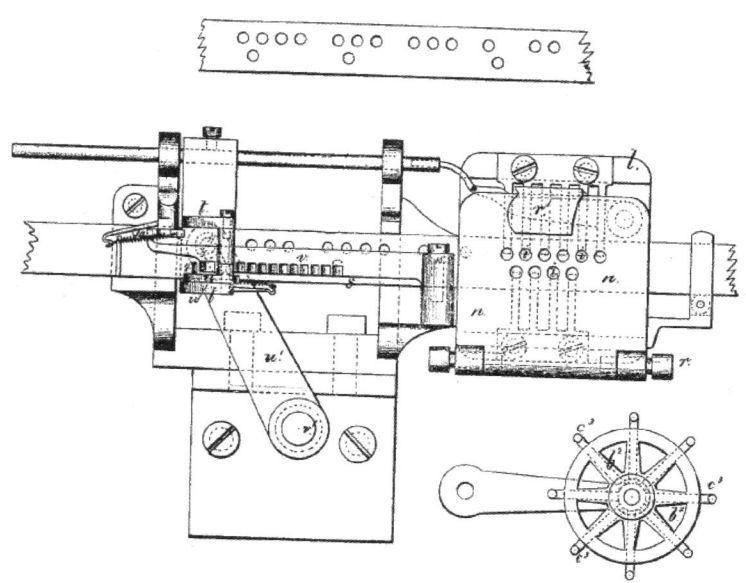

그림 4-17. ·(dot)와 -(dash) 신호를 2라인으로 출력하는
전신기 특허 US121601호

그림 4-15, 16은 토마스 에디슨의 수직 방향으로 전자석을 배치 및 톱니바퀴 형상이 개선된 전신기의 특허 도면과 발명품255)을 나타낸다. 토마스 에디슨은 전자석 배치와 톱니 형상에 대한 다양한 변형을 시도하였으며, 수평 방향으로 전자석을 배치한 전신기는 나이 25세인 1872년 미국특허 US130795호로 등록하기도 하였다.

에디슨의 수직 방향으로 배치한 전자석을 갖는 전신기와 수평 방향 배치한 전자석을 갖는 전신기 중에서 어떠한 방식이 더욱 합리적인지 본 필자(筆者)가 직접적으로 확인할 수 없었지만, 분명한

---

255) 수직으로 전자석을 배치 및 톱니바퀴 형상을 개선한 전신기 특허는 US96567호, US103924호, US114657호 등이 있다.

것은 ·(dot)와 -(dash) 신호를 혼동 없이 명확하게 전달받기 위한 전신기 구조에 대한 고민을 전신기 개발 초창기에 하였고, 그 후에는 보다 향상된 프린트(Print) 방식의 전신기 발명에 집중하였다.

토마스 에디슨은 전신기에 대한 지속적인 발명을 하였고, 미국특허 US121601호[256], US147312호[257] 등을 통하여 ·(dot)와 -(dash) 신호를 2라인으로 출력하는 전신기를 제안하여서 보다 빠르게 ·(dot)와 -(dash) 신호를 프린트하는 전신기를 선보이게 되었다(그림 4-17 참고).

---

256) ·(dot)와 -(dash) 신호를 2라인으로 출력하는 전신기 특허, US121601호 (1871년 12월 05일 등록, 출원일은 알 수 없음)
257) ·(dot)와 -(dash) 신호를 2라인으로 출력하는 전신기 특허, US147312호 (1874년 02월 10일 등록, 출원일은 알 수 없음)

💡4-4. 사람과 사람 사이의 찬란한 연결을 이루는 전신기

토마스 에디슨의 전신기와 관련하여 108건의 특허 중 전신 오류를 해소하고, 전신속도의 한계를 극복하기 위한 전신기 구조 개선에 대하여 71건을 발명하였지만, 그가 바라본 가장 근본적인 모스 전신기의 문제점은 **첫째로 단지 1:1로만 통신을 하는 것에 대한 한계를 극복하고, 다(多):1, 1:다(多) 및 다(多):다(多)의 통신 방식을 구현하는 것이고, 둘째로 320km[258] 정도인 전신거리의 한계를 극복하여서 자유롭게 사람과 사람 사이의 연결을 이루는 것**이었다.

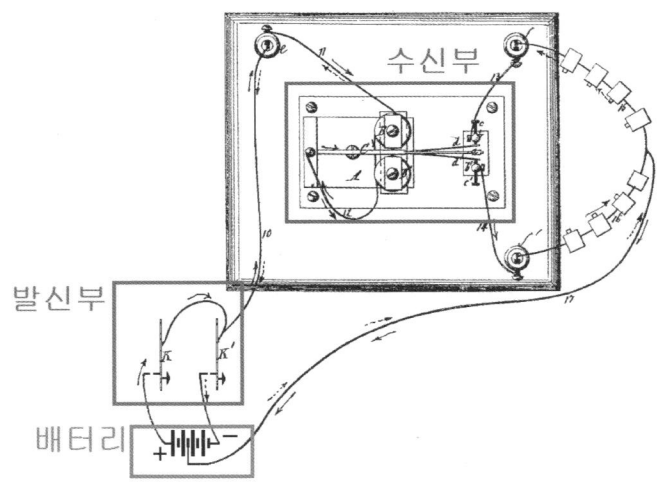

그림 4-18. 발신부를 2개로 배치한 전신기 특허의 대표도면[259]

---

258) 200마일(mile)
259) 토마스 에디슨의 네 번째 특허이자 발신부를 2개 병렬로 배치한 전신기 특허, US96681호(1869년 11월 09일 등록, 출원일은 알 수 없음)

토마스 에디슨은 다(多):1, 1:다(多) 및 다(多):다(多)의 통신 및 전신 양의 증가를 해결하기 위하여 복수 및 양방향 전신기 관련하여 34건, 전신거리의 한계를 극복하기 위하여 장거리 통신을 위하여 3건의 **특허를 발명**하였다.

가장 먼저 전신기의 발신부(發信簿)를 1개가 아닌 2개로 배치하는 방식에 대해서 에디슨 나이 22세인 1869년 미국특허 US96681호로 등록하였다. 이 특허에서 에디슨은 발신부를 2개 병렬로 배치하였고, 이를 위하여 배터리의 양극(+)와 음극(-)에 각각 2개의 발신부의 일단(一端)을 연결시키고, 배터리의 중간 단자에서 전송 선로를 설치하는 것을 특징으로 하였다. 이 발명에서 에디슨은 2개 발신부의 전류 흐름을 각각 반대로 함을 통하여 발신부가 2개이며, 수신부가 1개인, 2:1의 새로운 전신 방식을 제안하였다.

전신기와 관련하여 에디슨의 혁신은 바로 복수의 수신부 중에서 어느 수신부에 선택적으로 전신을 보낼 수 있는지를 결정할 수 있는 전신 교환기를 에디슨 나이 25세인 1872년 미국특허 US131334호로 등록하였다. 에디슨은 복수의 발신부와 복수의 수신부에 자유로운 연결을 하기 위하여, 전자석(d)를 이용하여 복수의 수신부 중에서 특정 수신부를 선택하는 단자(h)를 조절할 수 있는 자동 교환기의 개념을 제안하였다.

마찬가지로 **토마스 에디슨이 최초로 적용한 전신기에서 교환기**라는 개념은 이후에 전화기 발명에서도 그대로 적용되어 에디슨 나이 43세인 1890년 미국특허 US422577호로 등록시킴을 통하여 사람과 사람 사이의 목소리가 실시간으로 전달 가능한 찬란한 연결의 꿈을 이룰 수 있었다.

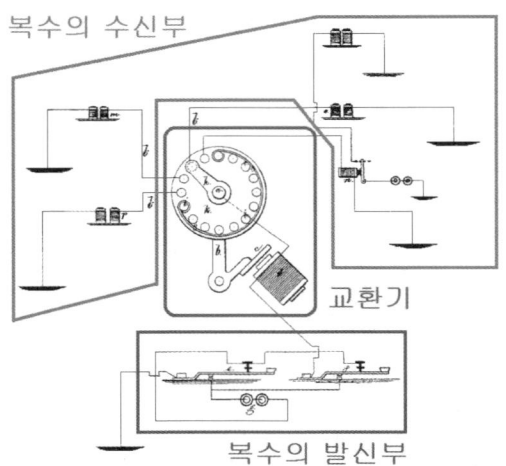

그림 4-19. 복수의 수신부 중에서 선택적으로 전신을
보낼 수 있는 교환기를 포함하는 전신기 특허의 대표도면[260]

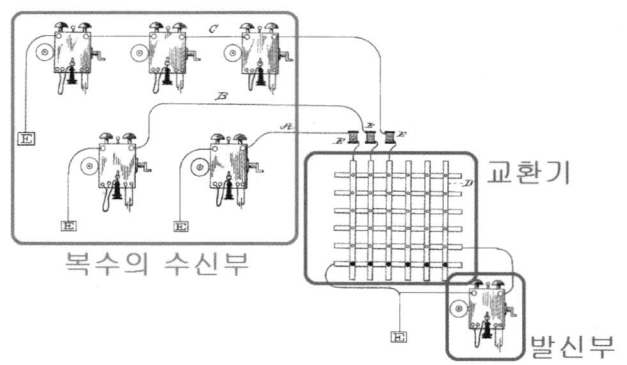

그림 4-20. 복수의 수신부 중에서 선택적으로 전화를
보낼 수 있는 교환기를 포함하는 전화기 특허의 대표도면[261]

---

260) 수신부를 선택적으로 보낼 수 있는 교환기를 포함하는 전신기 특허, US131334
호(1872년 09월 17일 등록, 출원일은 알 수 없음)

261) 수신부를 선택적으로 보낼 수 있는 교환기를 포함하는 전화기 특허, US422577
호(1890년 03월 04일 등록, 1884년 12월 1일 출원)

토마스 에디슨에게 있어서, 사무엘 모스(Samuel Morse)는 통신기술인 전신기에 강력한 영감(靈感)을 부여한 에디슨의 스승이라면, 전신기 기술개발과 관련하여 에디슨의 경쟁자가 있었으니, 그는 바로 죠셉 스텐스(Joseph B. Stearns)262)이다.

그는 1869~1871년 Franklin Telegraph社의 대표로 일하면서, 두 개의 전신 메시지를 반대 방향으로 보내는 새로운 전신기의 통신기법인 듀플렉스(Duplex)를 발명하였고, 1872년~1874년 미국특허 US126847호외 3건의 특허263)를 등록하였다.

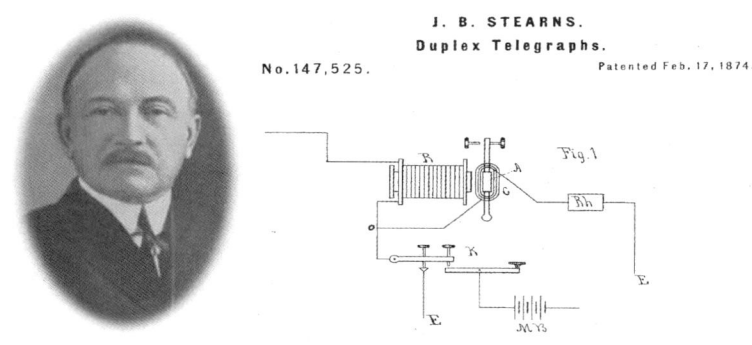

그림 4-21. 죠셉 스텐스 및 그가 발명한 듀플렉스(Duplex) 전신기 특허264)

---

262) 죠셉 스텐스(Joseph B. Stearns: 1831년~1895년): 젊은 시절 전신기사 및 기술자로서 일하면서 성장하였고, Fire Alarm Telegraph Company의 관리자를 역임했고, 1869~1871년 프랭클린(Franklin Telegraph)社의 대표로서 일하면서, 1872년 두 개의 전신 메시지를 반대 방향으로 보내는 듀플렉스(Duplex) 전신 방법을 발명하였고, 특허로 등록받았다. 이후에 모스가 설립한 세계 최대의 전신 회사인 웨스턴 유니온(Western Union)社에게 자신의 듀플렉스(Duplex) 전신 발명과 모든 권리를 양도하고 은퇴한 미국의 발명가

263) 하나의 전신 선로에 두 개의 전신 메시지를 반대 방향으로 보내는 듀플렉스(Duplex) 전신 방법의 특허는 US126847호, US 132931호, US134776호 및 US147525호이다.

264) 죠셉 스텐스의 듀플렉스(Duplex) 전신기 특허, US147525호(1874년 02월 17일 등록, 1873년 02월 21일 출원)

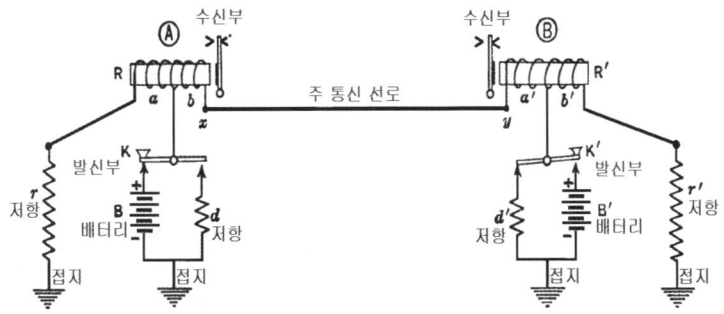

그림 4-22. 죠셉 스텐스가 발명한 듀플렉스(Duplex) 전신 회로도

기존의 모스 전신기에서는 A라는 발신부에서 B라는 수신부로 주 통신 선로를 사용하여 단방향으로만 전신을 보낼 수 있었다. 따라서 B라는 지점을 발신부로하고 A라는 지점을 수신부로 추가하는 경우 주 통신 선로를 A→B 및 B→A로 2라인을 설치해야만 하는 문제점이 있었다.

지금의 개념으로 보자면 너무나 당연한 기술이지만, 이 당시만 하여도 이것은 땅이 넓은 미국에서는 반드시 필요한 발명이다. 전신기 기술에서 가장 필수적이 이 문제점을 해결한 발명가가 바로 죠셉 스텐스(Joseph B. Stearns)이다. 그의 전신기 통신의 핵심은 하나의 주(Main) 통신 선로를 이용하여 양방향(Bi-direction)으로 전류가 흐르게 하는 방법을 제안하였다.

과학 기술이 발달하여 무선(無線) 통신이 발달한 현재는 단일(單一) 선로를 이용하여 양방향(Bi-direction)으로 통신하는 것이 뭐 그리 대단한 발명이냐고 반문할 수 도 있을 것이다. 하지만, 1800년대 후반에 이 발명은 기존의 모스 전신 방식과 비교하여 선로의 수를 1/2로 저감시키는 획기적인 발명이었고, 특히 미국과 같이 넓은 나라에서 통신 선로의 수가 1/2로 저감한다는 것은 전신비용을 상당히 저감할 수 있는 매우 우수한 효과를 지닌 발명이라고 할 수 있을 것이다.

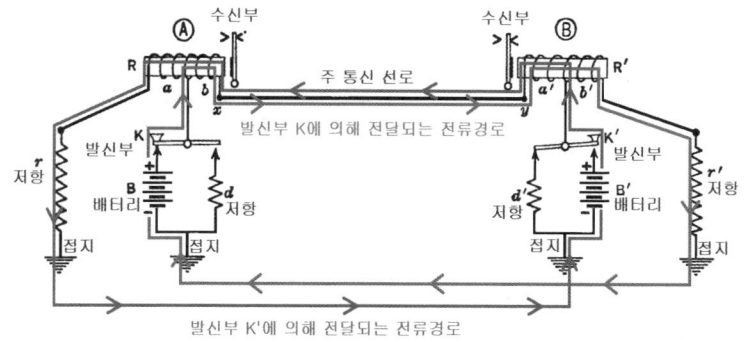

그림 4-23. 죠셉 스텐스의 듀플렉스(Duplex) 전신의 전류흐름

그림 4-23은 죠셉 스텐스의 듀플렉스 전신기에서 전류흐름을 나타낸다. 발신부 K에서 온/오프의 모스 신호를 발생시키면, 주 통신 선로를 통해서 수신부 B에서 모스 신호가 수신되고, 발신부 K'에서 온/오프의 모스 신호를 발생시키면, 주 통신 선로를 통해서 수신부 A에서 모스 신호가 수신된다. 바로 이 방식은 1800년대 후반에서는 가장 최신의 통신방식이며, 주 통신 선로에서는 서로 반대 방향으로 흐르는 전류를 통해서 단일 선로를 이용한 최신 전신기술이라고 할 수 있을 것이다.

한편 토마스 에디슨도 죠셉 스텐스의 발명에 자극을 받아서, 전신기의 듀플렉스(Duplex) 통신에 관한 발명을 에디슨 나이 27세인 1874년 미국특허 US156843호로 등록하였다.

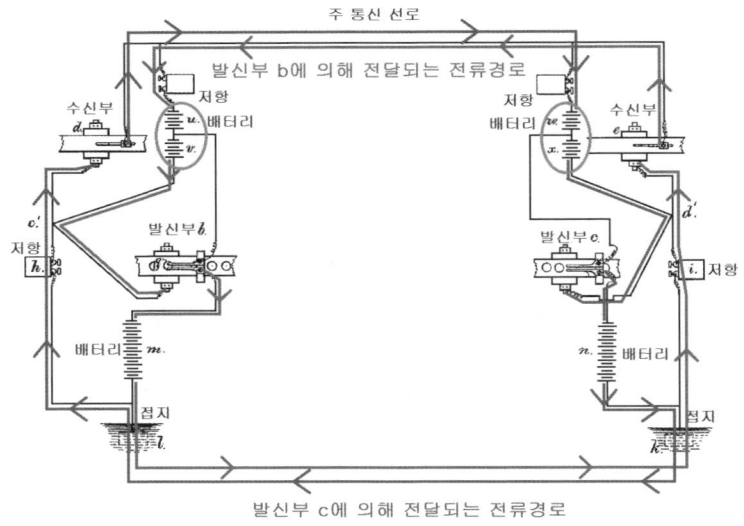

그림 4-24. 토마스 에디슨의 듀플렉스(Duplex)
전신기 특허의 대표도면265) 및 전류 흐름

그림 4-24를 통하여 토마스 에디슨의 듀플렉스 전신기에서 전류 흐름을 살펴보면 에디슨의 듀플렉스(Duplex) 통신이 죠셉 스텐스의 발명과 차별화 되는 점은 다음과 같다.

첫째, 배터리(m,n)의 (+)극을 접지 쪽으로 하여서 죠셉 스텐스의 듀플렉스(Duplex) 통신과 전류의 흐름이 반대라는 점이고,
둘째, 발신부(b,c)의 일단과 연결된 복수의 배터리(u,v,w,x)는 발신부의 온/오프 동작을 확실하게 하는 역할을 하며,
셋째, 배터리(m,n)와 직렬로 연결되어 ·(dot)와 -(dash) 신호를 확실하게 전달시키는 역할을 한다.

---

265) 하나의 전신 선로에 두 개의 전신 메시지를 반대 방향으로 보내는 듀플렉스(Duplex) 전신 방법의 특허, US156843호(1874년 11월 17일 등록, 1873년 03월 13일 출원)

이러한 토마스 에디슨의 듀플렉스 전신기 발명은 전신 분야의 혁신을 이룩할 정도의 상당히 혁신적인 발명은 아니지만, 죠셉 스텐스의 듀플렉스(Duplex) 통신보다 진보된 발명이라고 할 수 있을 것이다. 토마스 에디슨이 여기까지만 연구하고 멈추었다면 아마도 그저 그러한 발명가 중에 한 사람에 불과했을 것이다.

하지만, 토마스 에디슨이 위대한 점은 전신기에서 죠셉 스텐스의 듀플렉스(Duplex) 통신만큼 혁신적인 새로운 개념의 다이플렉스(Diplex) 통신을 새롭게 발명하였다. 다이플렉스(Diplex) 통신은 두 개의 메시지를 동일방향으로 보내는 새로운 전신기의 통신 기법이며, 더불어 토마스 에디슨은 죠셉 스텐스가 개발한 듀플렉스(Duplex) 통신에 자신이 개발한 다이플렉스(Diplex) 통신을 결합하여 새로운 통신 방법인 쿼드루플렉스(Quadruplex) 전신기 통신 방법을 에디슨 나이 31세인 1878년 미국특허 US209241호로 등록하였다.

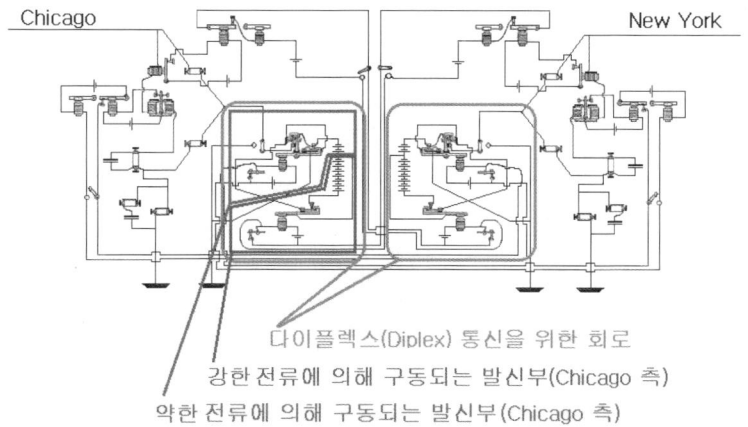

그림 4-25. 에디슨의 쿼드루플렉스(Quadruplex) 전신기 특허의 대표도면[266]

---

266) 하나의 전신 선로에 4개의 메시지를 주고받을 수 있는 쿼드루플렉스(Quadruplex) 전신 방법의 특허, US209241호(1878년 10월 22일 등록, 1875년 03월 23일 출원)

토마스 에디슨은 미국의 시카고(Chicago)와 뉴욕(New York)사이에서 그가 개발한 쿼드루플렉스(Quadruplex) 전신기 통신을 성공하였고, 4개의 신호를 각각 제어가 가능하다고 하여서 전신기 분야에서 토마스 에디슨의 4중 통신이라는 이름으로 더욱 널리 알려지게 되었다.

※ 에디슨이 새롭게 제안한 4중 통신(쿼드루플렉스)의 개념

듀플렉스(Duplex) + 다이플렉스(Diplex)
= 쿼드루플렉스(Quadruplex)

듀플렉스(Duplex), 다이플렉스(Diplex), 쿼드루플렉스(Quadruplex), 및 섹튜플렉스(Sextuplex)에 대하여 좀 더 쉽게 비유적으로 설명하자면, 듀플렉스는 하나의 도로[267]에 복수의 차량[268]이 양방향으로 이동할 수 있는 양방향 이동[269] 방법을 개발한 것이고, 다이플렉스는 도로를 2개 병렬로 배치하는 방법을 개발한 것이다. 쿼드루플렉스는 듀플렉스(양방향 통신) + 다이플렉스(병렬 통신)가 결합한 방법으로 도로가 2개 병렬로 배치된 것에 차량이 모두 양방향으로 이동시키는 방법(4중 통신)이며, 섹튜플렉스는 도로가 3개 병렬로 배치된 것에 차량이 모두 양방향으로 이동시키는 방법(6중 통신)을 의미한다[270].

---

[267] "도로"는 "전신 선로"를 비유적으로 말한 것이다.
[268] "차량"은 "전신 신호"를 비유적으로 말한 것이다.
[269] "이동"은 "통신"을 비유적으로 말한 것이다.
[270] 도로라고 생각하면 차량이 양방향으로 이동하는 것이 별로 어렵지 않지만, 단일 전신 선로에 전신 신호를 양방향으로 이동시키는 것은 죠셉 스텐스 및 토마스 에디슨의 발명에서 보는 바와 같이 약간 회로적으로 복잡하다.

토마스 에디슨의 전신기 분야 발명 경쟁자인 죠셉 스텐스(Joseph B. Stearns)는 전신기에서 듀플렉스(Duplex) 통신이라는 개념을 세계 최초로 제안하였고, 평생 4건의 특허를 출원 및 등록271)하였다. 그리고 그는 1880년대 후반에 사무엘 모스(Samuel Morse)가 설립한 그 당시 세계 최대의 전신 회사인 웨스턴 유니온(Western Union)社에게 자신의 듀플렉스(Duplex) 전신 발명(發明) 및 특허(特許)와 모든 권리를 양도하고 은퇴하여, 편안한 여생을 추구하였다.

하지만, 토마스 에디슨은 비록 듀플렉스(Duplex) 통신에 대하여 죠셉 스텐스 보다 늦게 발명하였지만, 듀플렉스(Duplex)와 다이플렉스(Diplex) 통신을 결합한 새로운 통신 방법인 쿼드루플렉스(Quadruplex)는 전신기의 4중 통신방법을 제안하였고, 그는 4중(쿼드루플렉스) 통신을 완성한 1878년 이후 10년 이상 전신기의 통신에 대하여 지속적으로 연구하였고, 드디어 에디슨의 나이 44세인 1891년 6중 통신인 섹튜플렉스(Sextuplex)를 발명하여 미국 특허 US452913호로 등록하였다.

토마스 에디슨은 전신기의 듀플렉스, 쿼드루플렉스, 및 섹튜플렉스 등 통신과 관련하여 34건의 특허를 등록하였고, 전신기와 관련하여 총 108건의 특허를 등록하여 전신기 분야에서 가장 많은 발명을 하였고, 진정으로 전신기 기술을 모두 완성한 위대한 발명가라고 할 수 있을 것이다.

비록 전신기와 관련하여 사무엘 모스가 세계 최초로 전신기를 발명했기에 토마스 에디슨의 이름이 다소 생소하게 들릴지 모르지만,

---

271) 하나의 전신 선로에 두 개의 전신 메시지를 반대 방향으로 보내는 듀플렉스(Duplex) 전신 방법의 특허는 US126847호, US 132931호, US134776호 및 US147525호이다.

전신기를 이야기하면서 에디슨이라는 이름을 빼고는 절대 전신 기술을 이야기 할 수 없으며, 토마스 에디슨 나이 22세 1869년 ·(dot)와 -(dash) 신호 길이를 보다 정교하게 전달하기 위하여 전신기 구조개선이 관한 미국특허 US91527호[272]를 시작으로 나이 47세 1894년 전신기 6중 통신인 섹튜플렉스(Sextuplex)에 관한 미국특허 US512872호[273]를 끝으로 전신기 한 분야에만 총 25년 동안 집요하게 연구한 위대한 발명가이다.

표 4-1은 전신분야의 대표적인 발명가인 사무엘 모스, 죠셉 스텐스 및 토마스 에디슨의 발명을 전체적으로 비교한 것이며, 이 표를 통하여 토마스 에디슨이 왜? 전 세계의 모든 발명가 중에서 가장 최고의 열정을 가진 천재(天才)인지 확실히 알 수 있을 것이며, 열정을 가진 천재는 무엇이 다른지 또한 알 수 있을 것이다.

전신기와 모스부호를 세계 최초로 발명한 사무엘 모스와 듀플렉스(Duplex) 통신을 세계 최초로 발명한 죠셉 스텐스도 통신의 시대를 혁신한 대단한 발명가임에는 분명하지만, 전신의 기술을 모두 집대성하여 완성한 토마스 에디슨의 발명들은 한마디로 타(他)의 추종을 불허하고, 진정으로 위대한 발명왕이라고 할 수 있을 것이다. **전신기 분야에서 세계 3대 발명가는 사무엘 모스, 죠셉 스텐스 및 토마스 에디슨이며, 누구도 이견(異見)이 없을 것이다.**

---

[272] 에디슨의 두 번째 특허이자 전신기 분야로 최초 특허인 프린트되는 개선된 전신기 특허, US91527호(1869년 06월 22일 등록, 출원일은 알 수 없음)

[273] 에디슨의 702번째 특허이자 전신기 분야로 마지막 특허인 6중 통신 전신기 특허, US512872호(1894년 01월 16일 등록, 1877년 06월 02일 출원)

표 4-1. 모스, 스텐스 및 에디슨의 전신기 발명 비교

발명가	특허 등록수	특허번호		특 징
사무엘 모스 (Samuel Morse)	4건	US1647호(최초특허) US3316호(전신선 피복) US4453호(수신부 개선) US6420호(발신부 개선)		전신기 개념을 세계 최초로 제안
죠셉 스텐스 (Joseph B. Stearns)	4건	US126847(듀플렉스 통신) US132931(듀플렉스 통신) US134776(듀플렉스 통신) US147525(듀플렉스 통신)		하나의 전신 선로에 두 개의 전신 메시지를 반대 방향으로 보내는 통신(듀플렉스)을 제안
토마스 에디슨 (Tomas Edison) 평생 총1093개 특허 및 디자인 등록	전신기 분야만 142건	전신기: 108건	오류해소/속도향상(구조개선): 71건	
			네트워크의 한계극복(통신방식): 34건	
			전신거리 한계극복: 3건	
		주식시세용 전신기: 30건		
		팩스: 4건		
	통신 방식 주요 특허	US96681호(발신부를 복수로) US131334호(수신부를 복수로) US147917호(듀플렉스 통신) US156843호(듀플렉스 통신) US178221호(듀플렉스 통신) US178222호(듀플렉스 통신) US178223호(듀플렉스 통신) US180858호(듀플렉스 통신) US217782호(듀플렉스 통신) US333290호(듀플렉스 통신) US480567호(듀플렉스 통신) US209241호(쿼드루플렉스 통신) US333291호(쿼드루플렉스 통신) US420594호(쿼드루플렉스 통신) US217781호(섹튜플렉스 통신) US452913호(섹튜플렉스 통신) US453601호(섹튜플렉스 통신) US512872호(섹튜플렉스 통신)		전신기 기술을 실질적으로 완성한 발명가 2중(듀플렉스 통신) 4중(쿼드루플렉스 통신) 6중(섹튜플렉스 통신) 을 모두 완성

> ※ 전신 분야 3대 발명가의 특허 등록수 비교
> 모스 : 스텐스 : 에디슨 = 4 : 4 : 142

전신기 분야에서 세계 3대 발명가인 사무엘 모스, 죠셉 스텐스 및 토마스 에디슨의 발명의 수(등록 특허의 수)를 살펴보면, 토마스 에디슨의 순수하게 전신기 발명이 총 142건으로 압도적으로 많다는 것을 확인할 수 있을 것이다.

토마스 에디슨의 명언(名言) 중에서 다음과 같은 말이 있다.

『 The most foolish excuse among excuses is "due to lack of time...." 』
『 변명 중에서도 가장 어리석고 못난 변명은 "시간이 없어서...."이다. 』

필자(筆者)가 에디슨의 전신기 발명을 바라보면 볼수록 가슴으로 다가오는 것은 바로 토마스 에디슨의 무한(無限)한 열정(Passion)이다. 그래서 토마스 에디슨의 그 무한(無限)의 열정(熱情)은 끝없는 감동으로 다가온다.

토마스 에디슨은 전신기 분야에서 사무엘 모스 및 죠셉 스텐스와 비교하여 수치적으로 35배[274]이상 특허를 등록받았고, 압도적으로 발명하였다. 하지만, 토마스 에디슨에게 전신기 발명은 그의 발명 전부도 아니고 10대 발명품 중 하나에 불과하다. 그리고 그의 전

---

[274] 사무엘 모스와 죠셉 스텐스는 4건의 특허를 등록받았고, 토마스 에디슨은 총 142건 특허를 등록받았음. 그러므로 수치적으로 에디슨은 142/4 = 35.5배 이상의 발명을 할 것이다.

체 특허 및 디자인인 1,093건의 단지 약 13%에 불과한 발명이고, 토마스 에디슨을 세계적인 발명가로 명성(名聲)을 주었던 발명품도 아니었다.

전신기 발명은 토마스 에디슨의 젊은 시절인 22세~33세까지 주로 연구한 그의 발명 인생의 시작이었고, **위대한 발명품을 태동시키기 전에 연습(演習) 또는 견습(見習)에 불과한 정도이며**, 여기서 토마스 에디슨의 발명에 대하여 전부 감동하기에는 너무나 성급하다고 할 수 있을 것이다.

☞4-5. 거리의 한계를 극복하는 전신기

토마스 에디슨은 320km[275] 정도인 전신거리의 한계를 극복하기 위하여 총 3건의 특허를 출원하였다. 에디슨의 나이 26세인 1873년 320km의 전신거리 한계를 극복하기 위하여 1,000km가 넘는 미국 동남부의 찰스턴(Charleston)에서 미국 동북부의 뉴욕(New York)까지 전신기 통신이 실험(實驗)에 성공하였고, 그 기술을 미국특허 US135531호로 등록하였다.

에디슨은 찰스턴(Charleston)과 뉴욕(New York)의 중간 지점인 린치버그(Lynchburg)와 워싱턴(Washigton)에 각각 전자석과 중간에 자동으로 전신을 받아서 전달하는 전신기를 배치함을 통하여 거리의 한계를 혁신적으로 극복할 수 있었다(그림 4-26 참고).

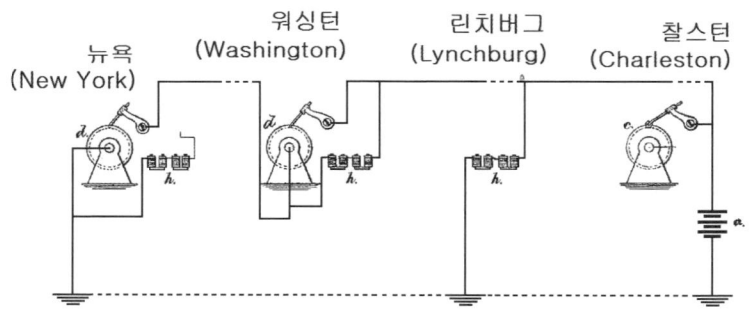

그림 4-26. 중간에 자동으로 전신을 받아서 전달하는 전신기를 설치한 전신 거리의 한계를 극복하기 위한 특허의 대표도면[276]

토마스 에디슨은 그림 4-27과 같이 전신기술의 거리의 한계를 극복하기 위하여 미국 동부의 주요도시를 중심으로 실험하였다.

---

275) 200마일(mile)
276) 전신 거리의 한계를 극복하기 위하여 중간에 자동으로 전신을 받아서 전달하는 전신기를 배치한 특허, US135531호(1873년 02월 04일 등록, 출원일은 알 수 없음)

— 에디슨이 320km 전신거리 한계를 극복한 라인
　US135531호 관련(1873년 등록)

— 에디슨이 4중 전신기 통신을 성공한 라인
　US209241호 관련(1878년 등록)

그림 4-27. 에디슨의 전신기 실험을 위한 주요 전신라인

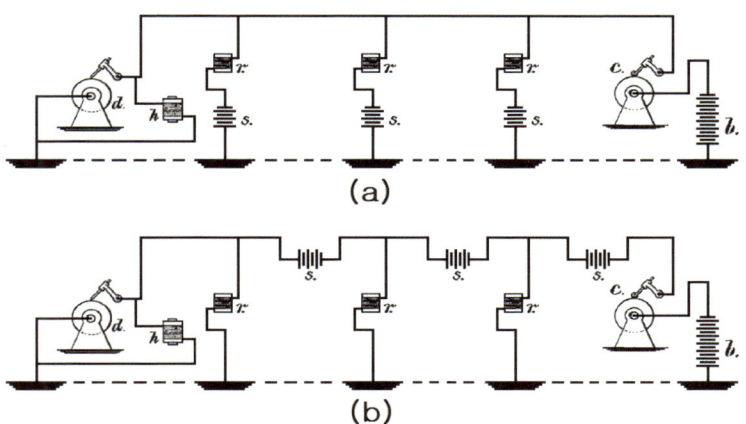

그림 4-28. 중간에 배터리를 배치함을 통하여 전신 거리의 한계를
극복하기 위한 특허 대표도면[277]

---

277) 전신 거리의 한계를 극복하기 위하여 중간에 배터리를 배치한 특허, US141776
　　호(1873년 08월 12일 등록, 1873년 01월 15일 출원)

275

토마스 에디슨은 320km의 전신거리 한계를 극복하기 위하여 중간에 자동으로 전신을 받아서 전달하는 방법을 대신하여, 중간에 약해지는 전신 신호를 보상하는 방법에 대하여 연구하였는데, 그 방법은 전신 라인 중간에 보조 배터리(S)를 배치하여 전신 신호를 보상하는 방법으로 에디슨의 나이 26세인 1873년 미국특허 US141776호로 등록하였다.

이 발명을 개기로 토마스 에디슨은 전기(電氣) 에너지의 독립(獨立)을 위한 배터리에 대하여 상당한 관심을 가지게 되었으며, 평생의 가장 긴 연구 주제이며 총 135건의 발명을 등록한 배터리에 대하여 관심을 가지게 된 개기가 마련되었다.

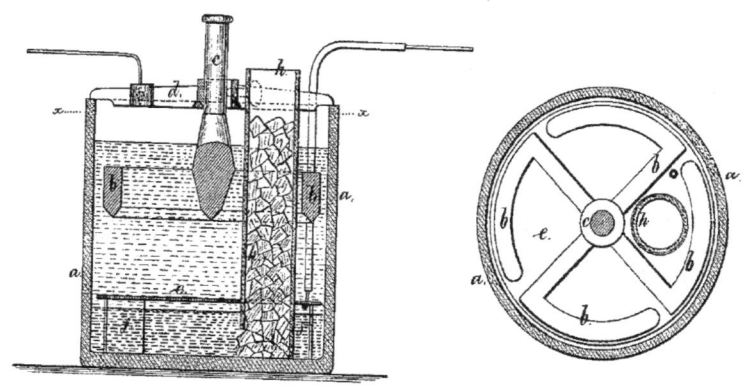

(여기서 a: 배터리 외함, b: 아연판, c: 아연판을 잡아주는 막대)
그림 4-29. 토마스 에디슨의 최초 배터리 특허의 대표도면[278]

그림 4-29는 토마스 에디슨의 최초 배터리 특허의 대표도면을 나타낸다. 이 특허는 에디슨 당시 가장 잘 알려진 1차 전지[279]인 볼

---

278) 볼타전지(Voltaic Cell)에서 배터리 전극 형상을 개선하여 배터리의 수명을 보다 향상시킨 특허, US142999호(1873년 09월 23일 등록, 1872년 11월 05일 출원)

276

타전지(Voltaic Cell)를 사용하여 전신거리 한계를 극복하기 위하여 전신선로의 중간에 배터리를 사용하는 그림 4-28과 같은 시도를 하던 중에 배터리의 성능을 더욱 개선시킨 미국특허 US142999호를 제안하였다.

이 발명의 볼타전지 배터리에서 일반적으로 양극(+)은 은(Ag)판 또는 구리(Cu)판을 사용하며, 음극(-)은 아연(Zn)판, 전해액은 황산(H_2SO_4)을 사용한다. 특히 음극(-)인 아연(Zn)판은 아연 이온(Zn^+)으로 황산(H_2SO_4)에 이온화 되는 특성을 보이는데, 토마스 에디슨은 아연(Zn)판의 이온화 특성을 더욱 향상시키기 위하여 아연(Zn)판과 황산(H_2SO_4)의 접촉면적을 마치 늘어진 바람개비 모양으로 최대한 넓게 배터리의 음극을 설계한 것이 이 발명의 기술적 특징이며, 이를 통하여 볼타전지에서 배터리 전압이 높으며, 배터리의 수명이 더욱 오래가는 배터리의 개발에 심혈을 기울인 발명이다. 토마스 에디슨에게 있어서 최초의 배터리 특허인 미국특허 US142999호는 에디슨에게 새로운 발명의 세계를 열어준 매우 특별한 발명이라고도 할 수 있다.

토마스 에디슨의 미국특허 US142999호가 "왜? 에디슨에게 매우 특별한 특허인지" 설명하기 위하여 토마스 에디슨의 초창기 100여 개의 발명을 모두 검토하였고, 표 4-2와 같이 필자(筆者)가 정리하였다.

표 4-2은 토마스 에디슨의 발명을 특허로 작성하여 미국 특허청에 제출한 초창기 약 100개의 발명을 살펴본 것이다. 토마스 에디슨의

---

279) 1차전지: 충전은 불가능하고, 방전만 가능한 전지로서, 대표적으로 볼타전지(Voltaic Cell), 망간건전지(Manganese Dry Cell, 그냥 건전지라고 함), 알카라인(Alkaline, 알카리 망간건전지이 줄임말임), 수은 전지, 산화은 전지가 있음
2차전지: 전기 에너지의 방전만이 아니라 충전도 가능한 전지를 의미하며, 대표적으로 납축전지, 니켈-수소(NiMH) 전지, 니켈-카드뮴(NiCd) 전지, 리튬-이온(Lithium-ion) 전지가 있음

최초 1번 발명은 비록 특허로 등록받았지만, 대중화에 실패한 전기투표 기록기(US90646호)이며, 그 이후 2번~66번 발명까지는 모두 전신기(Telegraph)에 대한 것이었다. 그리고 에디슨의 나이 27세인 1873년, 전신거리 한계를 극복하기 위한 전신기 성능을 개선하던 중에 배터리 성능을 개선하는 발명을 미국특허 US142999호로 등록받게 된다.

즉, 67번째 발명인 배터리 발명은 토마스 에디슨의 인생에서 전신기 다음으로 발명의 주제를 변화시킨 첫 번째의 발명이라고 할 수 있다.

표 4-2. 초창기 발명가 에디슨의 발명 주제변화

발명 순서	에디슨 나이	등록 연도	발명 분야	미국특허 등록번호	미국특허 [건]
1번	22세	1869년	전기투표 기록기	US90646호	1
2번~66번	22세~26세	1869년~1873년	전신기	US91527호 외	65
67번	26세	1873년	배터리 (1차 전지)	US142999호	1
68번~103번	27세~29세	1874년~1876년	전신기	US146812호 외	36
104번	29세	1876년	전기펜	US180857호	1

이후 68번~103번까지 전신기의 발명을 수행하였고, 104번에 전기펜[280]에 발명을 수행하여 토마스 에디슨의 인생에서 전신기 다

---

280) 토마스 에디슨의 전기펜 발명에 대해서는 4.6절 "에디슨의 사무기기 발명"에서 더욱 자세하게 설명하였다.

음으로 발명의 주제를 두 번째로 변화시킨 발명이 등장하게 된다. 하지만 105번 발명 이후에도 에디슨의 나이 33세인 1880년까지 전신기 발명을 집중하였으며, 토마스 에디슨의 발명에서 최초 약 130여건의 발명을 필자(筆者)가 일일이 살펴보면, 그 대부분 전신기에 대한 발명이다.

토마스 에디슨은 배터리에 대하여 25세 나이인 1872년 미국특허 US142999호를 출원하였고, 그 다음해인 1873년에 등록받은 것을 시작으로 79세 나이인 1926년 미국특허 US1908830호를 출원하였다. 바로 US1908830호는 에디슨의 마지막 발명인 1,084번째 미국 특허이며, 이 특허는 토마스 에디슨이 눈을 감은지 2년 후인 1933년에 등록되었다. 에디슨은 정확하게 54년 동안 배터리 분야에 대해서 연구했으며, 주로 충전과 방전이 모두 가능한 2차전지에 대하여 주로 발명하였으며, 배터리와 관련하여 총 135건의 발명을 수행하였다. 아마도 토마스 에디슨은 눈을 감는 그 순간까지 전기에너지의 독립을 꿈꾸지 않았나 생각해보게 된다.

토마스 에디슨은 전신기에서 전신거리의 한계를 극복과 ·(dot)와 -(dash) 신호를 명확하게 전달하기 위하여 발신부 및 수신부에 각각 전압 가변단자를 구비한 전신기를 나이 27세인 1874년 미국특허 US147313호로 등록하였다. 전신기의 발신부 및 수신부에 각각 인덕터(inductor)[281]의 크기를 변환시킬 수 있는 탭-인덕터(Tab-inductor)를 배치하여 발신부 및 수신부의 전압을 각각 가변시킬 수 있는

---

281) 인덕터(Inductor): 전기 소자 중에서 코일을 지칭한다. 특히 전류의 흐름을 방해하는 전기 소자로서 인덕터의 크기를 인덕턴스(Inductance)라고 정의한다. 단위는 헨리[H]이고, 미국의 과학자의 조셉 헨리의 이름에서 유래하였다.

것을 기술적 특징으로 한다. 본 필자가 전문가적 관점에서 바라보면, 이 발명에서 토마스 에디슨이 진정으로 고민한 것은 다음과 같다.

※ 전신기의 수신부와 발신부에서 전기에너지의 손실이 없이 전압변화가 가능하게 하는 방법은 무엇인가?

전기 및 회로이론을 잘 모르는 사람에게 이 발명이 뭐가 대단한지 전혀 이해가 가지 않을지 모르겠지만, 전기공학을 이해하는 사람에게는 이 발명은 토마스 에디슨 당시에 엄청난 발명을 한 것이라고 할 수 있다.

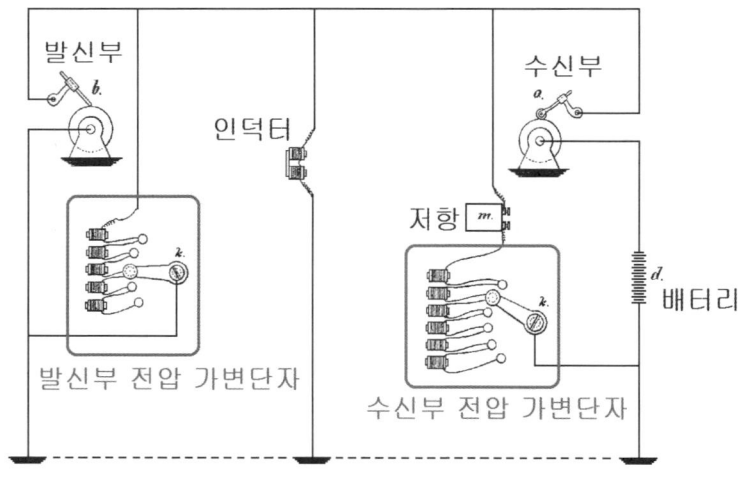

그림 4-30. 발신 및 수신 단자의 전압의 가변을 위한 가변단자를 구비한 전신기 특허 대표도면282)

---

282) 송신 및 발신 단자의 전압의 가변을 위한 가변단자를 구비한 전신기 특허, US147313호(1874년 02월 10일 등록, 1873년 07월 29일 출원)

토마스 에디슨의 이 발명이 대단한 이유를 설명하면 다음과 같다. 토마스 에디슨의 이 발명을 연구한 1873년 당시에는 단지 직류(直流, DC: Direct Current)라는 개념만 있었고, 교류(交流, AC: Alternating Current)라는 개념은 확립되지 않았다[283]. 교류(交流)라는 개념은 토마스 에디슨이 평생 받아들이지 않았던 전기(電氣)적인 개념이었다.

발신부 및 수신부의 전압 가변을 탭-저항(Tab-Resistor)을 사용하는 경우 전압의 가변은 가능하지만, 전력손실이 생기는 문제가 있었다. 하지만, 가변이 가능한 탭-인덕터(Tab-inductor)를 발신부 및 수신부와 병렬적으로 사용하는 경우 전력의 손실이 없이 전압 가변을 수행할 수 있는 장점이 있다.

그 원리를 간단하게 설명하자면, 탭-인덕터(Tab-inductor)의 가변으로 인덕터의 크기인 인덕턴스(Inductance)를 증가시키면, 발신부 또는 수신부와 병렬로 연결된 회로에 교류(交流) 저항[284]이 증가하게 된다. 일반적으로 직류 저항(R)은 에너지 손실을 발생시키

---

[283] 교류(交流) 전기시스템의 발전에 대하여 정리하면 다음과 같다. 1824년 프랑스의 과학자인 아라고(Dominique Arago)는 유도전동기 기본이론인 맴돌이 전류현상에 대하여 발견하였다. 이후 1860년대 후반 벨기에 공학자이자 발명가인 제노브 테오필 그람(Zénobe Théophile Gramme)은 세계 최초로 교류발전기를 제작하였고, 1866년 독일의 지멘스(Siemens)는 전자석을 사용하여 대용량 발전기 기술을 완성하였다. 1886년 루시안 고랄(Lucian Gaulard)과 존 깁스(John Dixon Gibbs)는 교류 전압을 가변 할 수 있는 변압기에 관한 특허를 등록받았으며, 철도 브레이크 발명가 및 사업가인 조지 웨스팅하우스(George Westinghouse)의 후원으로 1887년부터 에디슨의 경쟁자인 니콜라 테슬라(Nikola Tesla)가 교류전동기 및 교류배전 시스템 특허를 획득하였고, 조지 웨스팅하우스가 설립한 미국의 대표적인 중전기기 업체인 웨스팅하우스(Westinghouse)社를 통하여 교류(交流) 전기시스템이 완성되었고, 궁극적으로 직류(直流) 전기시스템만을 고집하던 토마스 에디슨은 전구를 세계최초로 발명하여, 발명의 아버지라는 칭호를 받기도 하였지만, 에디슨의 직류배전 보다 더욱 우수한 테슬라의 교류배전으로 인하여 그의 전구 및 전기사업은 완전하게 몰락하게 되었다.

[284] 교류저항을 임피던스(Impedance)라고 하면, 교류에서는 주파수(f)에 따라서 인덕터와 커패시터가 교류저항의 역할을 한다.

지만, 교류 저항인 인덕터(L) 또는 커패시터(C)는 에너지 저장 특성을 이용하여 교류의 흐름을 방해하는 역할을 하게 된다.

즉, 전신기는 ·(dot)와 -(dash)의 온/오프 신호가 발신부에서 수신부로 전달되기 때문에, 펄스(Pulse) 성분의 전류(電流)가 직류가 아닌 교류적인 특성을 가지게 되며, 발신부 또는 수신부의 병렬로 연결된 인덕터(Inductor)를 증가시키면, 이 부분의 인덕터의 크기 증가로 교류 저항이 증가하게 되고, 발신부와 수신부에 교류 저항이 상대적으로 저감되기 때문에, 발신부 또는 수신부에 전류의 흐름이 증가하게 되고, 이 부분의 상대적인 전압이 상승 및 펄스 신호가 더욱 정확하게 전달되는 특징을 가진다.[285]

토마스 에디슨의 특허를 살펴보면, 전신 거리의 한계를 극복하기 위하여 다양한 시도를 하였다는 것을 확인할 수 있었다. 그의 시도를 정리하면 다음과 같다.

첫째, 중간에 자동으로 전신을 받아서 전달하는 전신기(US135531호)
둘째, 전신 라인 중간에 보조 배터리(S)를 배치하여 전신 신호를 보상하는 전신기(US141776호)
셋째, 발신 및 수신 단자의 전압의 가변을 위한 가변단자를 구비한 전신기(US147313호)를 제안하였다.

결국 전신 거리의 한계를 극복하고, ·(dot)와 -(dash) 신호를 정확하게 전달하는 핵심은 전신기에서 배터리 전압을 조절하는 것이며, 이후에 에디슨이 전기의 전압제어 기술에 대해서 보다 적극적

---

[285] 필자(筆者)가 전문가 입장에서 수식이 없이 최대한 쉽게 설명하려고 노력하였다. 하지만, 이 글을 읽는 독자(讀者)께서 잘 이해할지 의문이며, 이보다 더 쉽게 설명하기는 쉽지 않을 듯하다. 암튼 이해하기 어려운 교류저항(임피던스)의 개념을 듣고있는 독자의 마음을 잠시 헤아려 본다.

으로 연구하게 되는 개기를 마련하게 되었고, 이는 에디슨의 전구, 전력배선, 발전기 전압제어, 전기기기 속도제어, 전기철도 및 전기자동차의 동력제어 등에 관한 발명을 이룩하는데 기반이고, 기틀이 되었다.

4-6. 전신 기술로부터 시작된 코넬의 꿈과 에디슨의 사무기기 발명

통신분야에 있어서 지구의 각 대륙을 연결시키는 전신 기술은 사무엘 모스(Samuel Morse)에 의해서 시작되었다면, 전신 기술의 완성은 토마스 에디슨을 통하여 이루어졌다고 할 수 있으며, 전신기와 관련하여 총 149건의 발명을 하였다.

특히 1880년대부터 본격적으로 미국의 주요 도시와 철도를 따라 미국 대륙에서는 전신 선로가 설치되었고, 1913년에는 이미 대서양을 통해서 미국과 유럽은 전신을 통하여 수많은 정보의 교류가 활발하게 이루어지고 있었으며, 대서양을 따라 아래쪽으로 남아메리카 및 아프리카의 남아프리카공화국을 통해서 인도에도 전신이 가능하였고, 태평양을 건너서 호주, 일본, 중국에 까지 전신을 하는 시대가 되어서 지구촌이 서로 연결되는 통신의 시대가 열리게 되었다.

그림 4-31. 1880년대 뉴욕의 전신선로(좌측) 및 철도인근의 전신라인(우측)

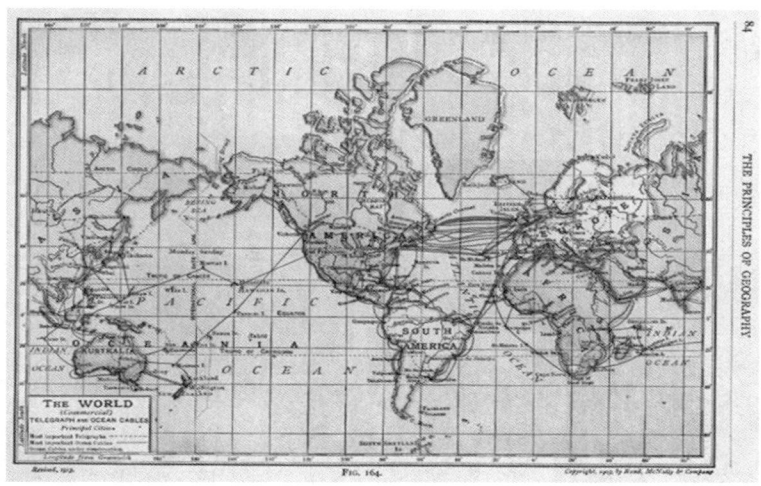

그림 4-32. 1913년 전 세계 전신망 현황

장거리 전신과 관련하여 전기 신호가 누설(漏泄)되는 것이 가장 큰 문제였고, 사무엘 모스(Samuel Morse)도 미국특허 US3316호를 통하여 전류(電流) 누설(漏泄)을 방지하기 위한 전선 피복에 대해서도 발명하였고, 토마스 에디슨도 미국특허 US141776호를 통하여 전신 라인 중간에 보조 배터리(S)를 배치하여 전신 신호를 보상하는 방법을 제안하기도 하였다.

이와 관련하여 전신 기술자인 에즈라 코넬(Ezra Cornell)[286]은 전신 선로를 공중(空中)에 설치하여 전류의 누설을 방지하는 방안을 제안하였고, 이후에 사무엘 모스와 함께 웨스턴 유니온(Western Union)社를 공동으로 설립하게 되었다. 그는 웨스턴 유니온社의 경영으로 막대한 돈을 벌었으며, 이후에 정치가로 변신하여 뉴욕주(州) 상원의원이 되었다.

---

286) 에즈라 코넬(Ezra Cornell: 1807년~1874년): 전신 기술자 출신으로 전신기의 발명가인 사무엘 모스와 함께 웨스턴 유니온社를 설립하였고, 후에 자신의 재산을 기부하여 코넬 대학을 설립한 미국의 기술자, 정치가이자 교육가

1865년 4월 코넬은 자신의 재산 50만 달러와 121만 미터제곱 (m2), 약 36만 평(坪)의 광대한 농장을 대학 설립을 위하여 기부하였고, 그가 기부한 농장부지 위에 코넬 대학[287]을 설립하여서 평생 꿈꾸던 소원을 이룰 수 있었다.

그림 4-33. 에즈라 코넬과 그가 설립한 코넬 대학

그는 다음의 글을 코넬 대학의 교훈(校訓)으로 남겼는데,

『 I would found an institution where any person can find instruction in any study 』

즉 번역하면 "저는 이곳에 어떠한 이가 어떠한 학문을 배우고자 오더라도 그 가르침을 찾을 수 있는 학교를 세우겠습니다."라는 것이고, 바로 세계적인 명문인 코넬 대학의 시작은 바로 전신 기술의 발전 속에서 태동하였다.

---

[287] 코넬 대학: 미국 뉴욕 주 이타카(Ithaca)에 있는 사립 종합대학으로 미국 동부 8개 명문 사립대학을 지칭하는 아이비리그(Ivy League)에 속하는 대학으로 약 50명의 노벨상 수상자를 배출한 미국의 명문대학

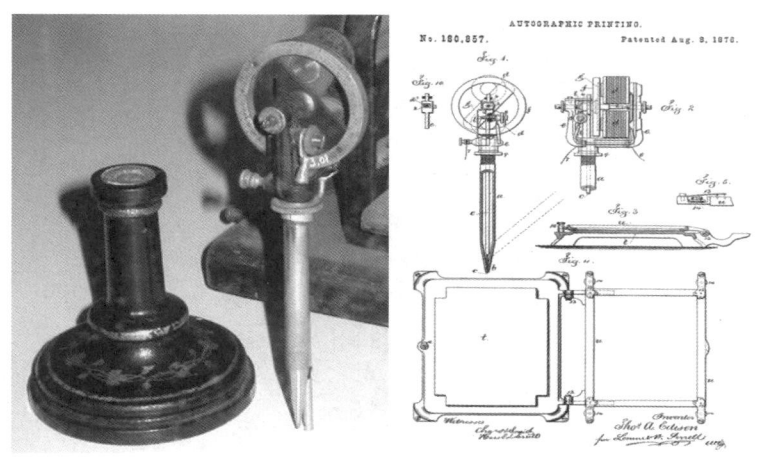

그림 4-34. 토마스 에디슨이 발명한 전기펜 및 전기펜 특허[288]

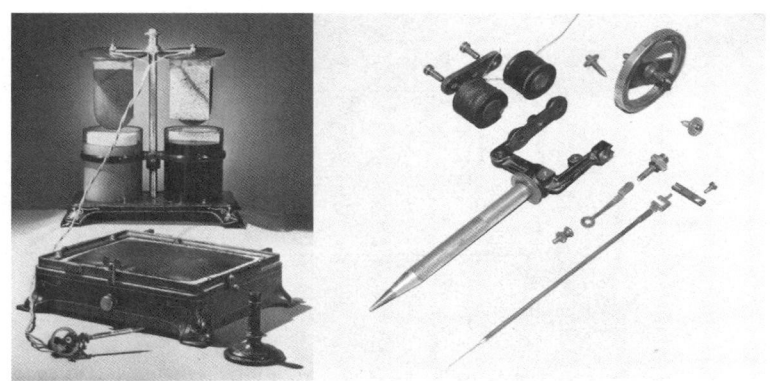

그림 4-35. 전기펜 장치의 전체구성(좌측) 및 펜의 세부구성(우측)

토마스 에디슨은 20대에 주로 전신기 발명에 집중하였지만, 1876년 에디슨 나이 29세에 전신기를 벗어난 새로운 발명을 시작하였는데 그것은 바로 복사를 위한 등사용 전기펜(Electric Pen, Stencil

---

[288] 복사를 위한 등사용 전기펜(Stencil Pen) 특허, US180857호(1876년 08월 08일 등록, 1876년 03월 13일 출원)

Pen)에 관한 발명을 미국특허 US180857호를 시작으로 총 4건[289]을 등록받았다.

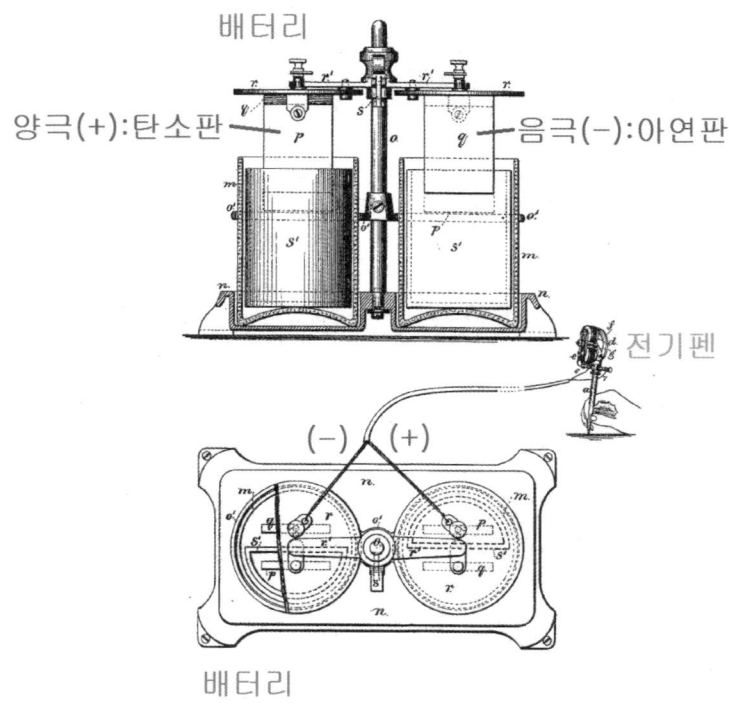

그림 4-36. 전기펜 특허(US180857호)의 배터리 구조

등사용 전기펜(Electric Pen)은 두 가지 용도로 사용될 수 있었는데, 첫째는 글씨를 쓰는 펜의 용도이고, 둘째는 같은 서류를 여러 장 만들 수 있는 복사기의 용도이다. 등사용 전기펜(Electric Pen)의 구조는 크게 ①배터리 부분, ②전기펜 부분 및 ③글자판 및 복

---

289) 토마스 에디슨의 복사를 위한 등사용 전기펜(Stencil Pen)에 관한 특허는 총 4건으로 US180857호, US1967474호, US203329호 및 US205370호이다.

사용지 출력 부분으로 구성되어 있으며, 먼저 이 발명은 그가 어릴 적부터 즐겨 연구하던 화학 실험을 바탕으로 양극을 탄소판(p), 음극을 아연판(q) 및 전해액으로 중크롬산칼륨(Bichromate Potash, $K_2Cr_2O_7$)과 황산(Sulphuric acid, H_2SO_4) 사용한 배터리[290]를 이용하였다. 이 배터리의 동력을 바탕으로 전자석(d)이 N극과 S극을 형성하게 되며, 정류자를 통하여 회전자(g)에 전류를 공급함으로서, 회전자가 회전한다. 그리고 이 회전력을 바탕으로 펜이 상하로 진동하여서, 잉크가 토출되는 것을 특징으로 한다.

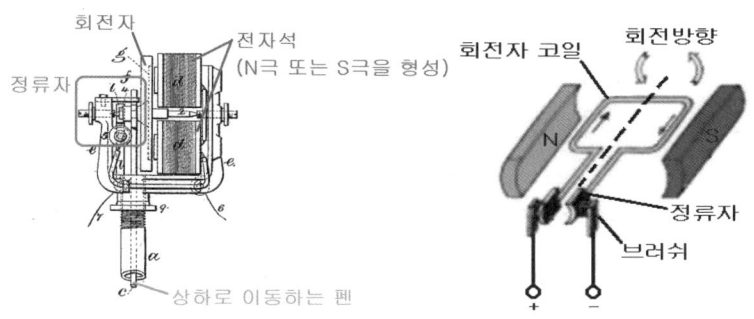

그림 4-37. 전기펜 특허(US180857호)의 전기펜 구조 및 일반적인 직류 모터의 구조 비교

토마스 에디슨의 전기펜(Electric Pen)은 일반적인 직류 모터의 구조를 평판형으로 변형시키는 형태이다. 코일로 이루어진 전자석은 각각 N극와 S극을 만드는 역할을 담당하고, 그 옆에 정류자와 브러쉬와 대응되는 구성을 통하여 회전자에 전류 공급함을 통하여 회전력이 발생하는 원리[291]를 이용한 것이다.

---

290) 이 배터리를 일명 중크롬산(또는 다이크로뮴산) 전지라고 하며, 전지의 기본 원리에 대해서는 1842년 R.W.E Bunsen이 발명하였다.
291) 이 원리를 전동기의 회전 원리이며, 플레밍의 왼손 법칙(Fleming's Left Hand Rule)으로 더욱 잘 알려져 있다.

289

그림 4-38. 전기펜의 동작 및 광고

에디슨의 전기펜(Electric Pen)은 작은 점을 뚫어 밀납용지를 등사판의 원지로 만들어 주었고, 둥근 원통형 밀대를 사용하여 종이를 압착하여 똑같은 서류를 여러 장 만들 수 있는 것을 특징으로 한다(그림 4-38 참고). 또한 토마스 에디슨은 여기에 그치지 아니하고, 1880년 에디슨 나이 33세에 전기펜을 발전시킨 세계 최초의 등사기(복사기)에 관하여 미국특허 US224665호로 등록하였다(그림 4-39 참고).

1883년 알버트 딕(Albert Blake Dick)[292]은 A.B. Dick社라는 사무기기 전문기업을 설립하였고, 1887년 토마스 에디슨의 미국특허 US224665호의 실시권을 허락받아서 Mimeograph293)라고 이름을 붙이고, 상표로도 등록을 받았고, 수동형, 자동형 등 다양한 등사기를 개발하여 세계적인 사무기기 전문기업으로 성장하였다.

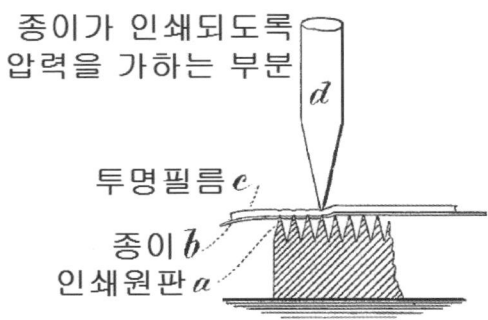

그림 4-39. 토마스 에디슨이 발명한 등사기 및 등사기 특허294)

---

292) 알버트 딕(Albert Blake Dick: 1856년~1934년): 1883년 등사기(복사기) 분야의 전문 기업인 A.B. Dick社를 설립하였고, 1887년 토마스 에디슨의 등사기 특허 US224665호의 실시권을 허락받아서 등사기를 생산한 미국의 기업가

293) 미국 등록상표 US3056815호

294) 세계 최초의 등사기(복사기) 특허, US224665호(1880년 02월 17일 등록, 1879년 03월 17일 출원)

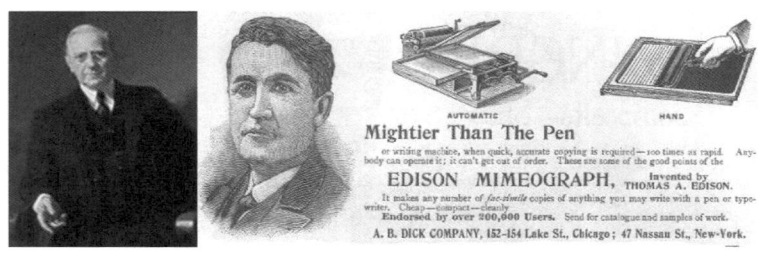

그림 4-40. 에디슨의 등사기 특허를 실시한 알버트 딕과 등사기 광고

그림 4-41. 자동형 Mimeograph 및 등사용 잉크(A.B. Dick社 제품)

지금은 많은 사람들이 등사기(謄寫機)에 대하여 잘 모르거나, 기억하지 못하고, 간편하게 버튼만 눌러서 복사를 할 수 있는 복사기(複寫機) 또는 스캐너(Scanner)만 생각하지만, 1950~1970년대까지만 해도 많은 사무실과 학교에는 등사실(謄寫室)이 있었으며, 그림 4-40에서 보는 등사기를 사용하여 문서를 인쇄하였다. 필자(筆者)도 초등학교 시절에 등사실(謄寫室)에서 풍겨 나오는 잉크(ink) 냄새와 가정 통신문과 시험지의 아련한 추억이 떠오른다. 하지만, **등사기(謄寫機)의 발명자가 전구(電球)의 발명자인 위대한 발명왕, 발명의 아버지 토마스 에디슨이라는 것에 대하여 이 책을 쓰면서 처음으로 인식**하게 되었다.

세계 최초의 등사기(謄寫機)의 발명자가 토마스 에디슨이라는 것에 대해서 대부분의 독자(讀者) 분들도 잘 알지 못했을 것이다. 바로 에디슨의 등사기(謄寫機) 발명은 토마스 에디슨이 전신기에 대하여 집중적으로 100여건의 발명을 수행하였고, 잠시 전신기에 대한 발명에서 잠시 벗어나서 복사를 간편하게 하기 위하여 **등사용 전기펜(Stencil Pen)과 등사기(謄寫機)를** 발명을 통하여 인류의 삶을 변화시키는데 상당한 기여를 하였다.

💡 4-7. 한발 늦게 특허 출원한 에디슨의 전화기 발명

토마스 에디슨에게 전신기와 연관하여 발명한 것이 바로 전화기 (Telephone)이다. 전신은 두 종류의 펄스인 ·(dot)와 -(dash)를 계속 조합하여 장거리 통신을 수행하는 방식이지만, 전류(電流)의 누설(Leakage)295) 등으로 인하여 제대로 통신이 수행되지 못하는 경우가 많았고, 자신이 전송하고자 하는 글을 ·(dot)와 -(dash)로 변환해야 하며, 다시 이를 전신기사가 글로 변화시켜야 하는 엄청난 번거로움이 있었고, 통신에 오류(誤謬)가 생기는 경우도 당연히 허다하였다.

1800년대 후반에 전화(電話)라는 기술은 이런 전신(電信) 기술의 한계를 완전히 뛰어넘은 통신의 패러다임(paradigm)을 변화시키는 혁명적인 기술이라고 할 수 있으며, 멀리 떨어진 사람을 마치 직접 옆에서 대화를 하는 것 같은 기술적 혁신을 완성시키는 일이었다.

이 전화에 대하여 세계 최초의 발명가에 대하여 많은 사람들은 아는 알렉산더 벨(Alexander Graham Bell)296)로 오해하고 있다. 하지만,

---

295) 누설전류(Leakage Current) : 전기(電氣)에서 누설전류는 매우 당연한 현상이다. 지금처럼 절연(絶緣) 기술이 발달하여 전선 피복 및 연결을 하는 경우 누설전류가 작지만, 수백 Km의 거리를 통하는 전신은 당연히 누설전류가 상당하며, 이로 인하여 ·(dot)와 -(dash)의 신호가 명확하지 않는 경우가 많을 것이다.

296) 알렉산더 벨(Alexander Graham Bell: 1847~1922년): 청각 장애인을 위하여 농아학교를 운영하면서 발성법을 지도하던 청각 및 언어장애를 위한 교사로서, 세계 최초로 전화기를 미국 특허청에 특허등록[참고로 세계 최초로 전화기 발명 및 특허출원자는 안토니오 메우치(Antonio Meucci)이다. 그는 가난하여 돈이 없어서 아쉽게도 특허를 임시특허만 하였고, 결국 특허등록은 받지 못했다. 훗날 이 사실이 알려졌고, 현재는 세계 최초의 전화기 발명가로 평가받고 있다.] 함을 통하여 전화기의 발명가로서 더욱 유명하게 되었다. 자신이 발명한 전화기 특허를 당시 세계 최대의 전신기 회사인 웨스턴 유니언(Western Union)社에 매각하고 싶었지만, 웨스턴 유니언社로부터 이를 거절 받고, 1877년 자신이 직접 벨 텔레폰(Bell Telephone)社를 설립하였다. 1881년 웨스트 유니언社와 전화기 소송에서 승소하여 전화기 사업의 일체를 인수받았고, 1910년 웨스트 유니언社에

진정으로 세계 최초의 전화기 발명자는 안토니오 메우치(Antonio Meucci)297)라는 가난한 이탈리아 출신의 미국 발명가이다.

그림 4-42. 안토니오 메우치와 그가 발명한 전화기

그는 1808년 이탈리아 피렌체(Firenze)에서 태어났으며, 1850년에 미국 뉴욕으로 이주하여 양초 공장을 설립하였다. 1854년 중병(重

　　합병하게 되었고, 1915년 뉴욕과 샌프란시스코를 연결하여 세계 최초로 미국 대륙을 횡단으로 전화개통을 성공하였으며, 현재 미국의 대표적인 통신회사인 AT&T(American Telephone and Telegraph)의 설립한, 미국의 발명가이자 사업가

297) 안토니오 메우치(Antonio Meucci: 1808년~1889년): 이탈리아 피렌체(Firenze)에서 태어났으며, 1849년 쿠바의 하바나(Havanna)에서 최초로 발명하기 시작했으며, 1854년 전화기를 발명을 완성하였다. 안토니오 메우치는 알렉산더 그레이엄 벨보다 무려 21년(메우치 - 1854년 전화기 발명/ 벨 - 1875년 전화기 발명) 앞서서 전화기를 먼저 발명하였으나, 가난하여 출원한 전화기 특허를 임시특허로 할 수밖에 없었다. 자신의 이름으로 등록하기 위해서는 특허 등록비가 필요했는데 돈이 없어서 정식 등록을 하지 못하고 임시특허를 등록했으며, 1876년 알렉산더 그레이엄 벨이 전화기를 발명했다고 미국 특허청에 정식으로 특허를 등록하자 이것을 문제 삼아 소송을 걸었지만, 소송 종결 직전에 심장마비로 생애를 마친 가난한 이탈리아 출신의 미국 발명가
참고로, 전화기는 1876년 알렉산더 그레이엄 벨이 최초로 발명한 것으로 오랜 기간 잘못 알려져 왔으며, 2002년 미국 의회는 최초의 전화 발명자를 안토니오 메우치로 인정받았다.

病)에 걸린 아내 에스테르 모치(Ester Mochi)와 대화를 위하여 발명하였다. 그는 전화기 발명 및 특허출원 이후에 1871년 일시적인 특허[298]를 얻었으며, 온전히 특허를 취득하기 위하여 250달러의 막대한 금액이 필요했다. 하지만, 가난한 안토니오 메우치(Antonio Meucci)는 매년 임시로 10달러씩 지불하며 갱신하였고, 마지막 갱신 년도고 1873년 이었다.

1876년 보스톤(Boston)에서 청각 및 언어장애를 위한 교사인 알렉산더 벨(Alexander Graham Bell)이 전화기에 대한 특허를 등록 받았고, 이 사실을 알게된 안토니오 메우치(Antonio Meucci)는 즉시 미국 특허청에 제소(提訴)했지만, 소송 종결 직전에 심장마비로 생애를 마쳤으며, 1887년 패소(敗訴)하여 전화기 특허권은 알렉산더 벨에게 인정되었다.

안토니오 메우치(Antonio Meucci)는 알렉산더 그레이엄 벨(Alexander Graham Bell)보다 무려 21년(메우치 - 1854년 전화기 발명/ 벨 - 1875년 전화기 발명) 앞서서 전화기를 먼저 발명하였으나, 특허료도 내지 못할 정도로 가난하여서 전화기 특허를 인정받지 못했다. 무려 110년 이상 전화기의 발명자가 알렉산더 그레이엄 벨(Alexander Graham Bell)이라고 잘못 알게 되었으며, 2002년 미국 의회는 최초의 전화 발명자를 안토니오 메우치(Antonio Meucci)로 인정하는 성명(聲明)을 발표하였다.

그림 4-41은 안토니오 메우치가 발명한 세계 최초의 전화기 구조를 나타내며, 메우치의 전화기는 송신부[299], 수신부[300] 및 배터리로

---

298) 통상으로 인정되는 등록 특하가 아님
299) 말하는 부분
300) 귀로 듣는 부분

구성되어 있으며, 알렉산더 벨(Alexander Graham Bell)의 전화기 발명과 매우 유사한 구조를 가지고 있었다.

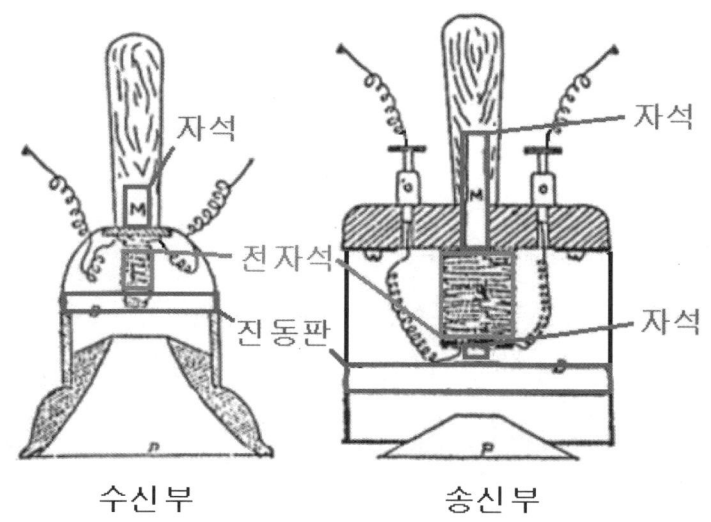

그림 4-43. 안토니오 메우치와 발명한 최초 전화기

안토니오 메우치(Antonio Meucci)의 발명이 세계 최초의 전화기 특허로 인정되었다면, 전화가 올 때 '벨이 울린다'라고 하지 않고, '메우치가 울린다'라고 하지 않았을까 생각해본다.

알렉산더 벨(Alexander Graham Bell)은 안토니오 메우치(Antonio Meucci)의 전화기 특허(特許)가 인정받지 못했으며, 그 행운으로 세계 최초로 미국 특허청에서 인정받은 전화기 특허권을 가지게 되었다. 또한 그 이유로 지금도 많은 사람들은 세계 최초의 전화기 발명자를 알렉산더 벨로 인식하고 있으며, 안토니오 메우치에 대하여 잘 모르는 것이 현실이다.

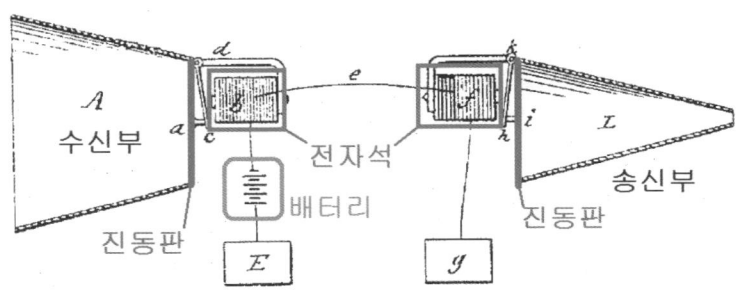

그림 4-44. 벨의 전화기 특허 US174465호[301]

그림 4-45. 벨과 그가 발명한 전화기(좌측:송신부, 우측:수신부)

알렉산더 벨은 1876년 2월 14일 "전신기 개량(Improvement Telegraph)"

---

301) 벨의 전화기 특허, US174465호(1876년 03월 07일 등록, 1876년 02월 14일 출원)

이라는 이름으로 세계 최초로 음성을 전기신호로 전달 할 수 있는 장치에 대하여 출원하였고, 1876년 3월 7일 US174465호로 등록되었다.

그림 4-43 및 그림 4.44를 통해서 알렉산더 벨과 안토니오 메우치의 전화기 발명을 비교해보면, 크게 ①송신부 ②수신부 ③배터리의 3가지 부분으로 구성되어 있으며, 송신부 및 수신부는 모두 사람의 소리가 떨리는 진동판(음성판)이 배치된 것을 기술적인 특징으로 하며, 송신부는 사람의 소리가 전자석을 통해서 전기 신호의 생성을 하며, 수신부는 전기 신호가 입력되고, 전자석을 통해서 진동판(음성판)이 진동하여, 전기 신호가 음성 신호로 변환되는 기술적인 메카니즘(Mechanism)이 실질적으로 동일한 것으로 판단된다.

알렉산더 벨(Alexander Graham Bell)의 전화기 특허(特許)는 진동판(음성판)을 소의 위(胃)를 잘라서 사용할 정도로 그 기술의 완성도가 낮았지만, 분명한 것은 세계 최초의 사람의 음성(音聲)을 전기(電氣) 신호로 전송한 특허(特許)로 인정받았으며, 동시에 벨은 세계적인 명성(名聲)을 얻게 되었다.

다만, 토마스 에디슨은 벨이 전화기를 발명할 당시에도 전신기의 성능 개선에 집중하였고, 전화기 발명에 대해서는 벨 보다 약 2년 가까이 늦은 1878년 1월 3일에 특허출원하였고, 1878년 4월 30일에 "말하는 전신기(Speaking Telegraph)"라는 이름으로 등록하였다.

알렉산더 벨(Alexander Graham Bell)은 전화기 특허 US174465호를 처음이자 마지막으로 유일하게 특허로 등록하였지만, 토마스 에디슨의 경우 전화기 분야에서 총 40건의 특허를 등록하였으며, 전화기 자체 성능개선 31건, 전화알람 5건, 복수의 전화기 연결 2

건, 교환기 1건 및 전화 녹음기 1건이다.

행운으로 알렉산더 벨(Alexander Graham Bell)은 전화기의 가장 원천(源泉) 개념을 특허로서 인정받게 되었지만. 토마스 에디슨의 전화기 발명은 전화기의 송화기(송신부 및 수신부), 스피커(Speaker), 음성 감도조절, 다(多)구간 통신, 교환기(交換機), 전화 녹음기, 전화알람(Telephone Alarm) 등 전화기와 관련하여 실질적인 모든 기술을 발명 및 완성하였다.

지금도 누구나 외국에서 전화를 통화하면서 "헬로(Hello)"라는 것이 습관적으로 사용되는데, 이 "헬로(Hello)"는 에디슨이 유행시킨 것이며, 벨은 "아호이(Ahoy)"를 제안하였다고 한다. "헬로(Hello)"가 아호이(Ahoy)"를 이긴 이유는 에디슨의 전화기가 벨의 것보다 더욱 확실하게 들렸고, 환영받았기 때문이다.

토마스 에디슨의 전화기 발명을 보다 자세하게 살펴보겠다.
토마스 에디슨의 총 40건의 특허는 세부적으로 총 8가지 세부기술로 구성되어 있으며, 에디슨의 전화기 특허의 분석에도 알 수 있듯이 에디슨이 가장 신경 쓴 부분은 전화기 자체 성능 개선이다.
토마스 에디슨은 40건의 특허를 모두 살펴보면, 결국 전화기 발명에서 에디슨의 최고의 관심은 사람의 음성(音聲)이 정확하게 전기(電氣) 신호로 전달되고, 전기(電氣) 신호가 음성(音聲)으로 정확하게 변환될 수 있는 송·수신부의 구조를 개선하는데 집중(集中)하였다는 것을 확인할 수 있었다.

토마스 에디슨의 전화기와 관련된 **총 8가지의 세부적인 기술**로 아래와 같이 구분된다.

   1) 세부기술1 : 전화기 송·수신부 특성향상 15건
   2) 세부기술2 : 탄소(Carbon)를 송·수신부에 적용 5건

3) 세부기술3 : 전화기 송·수신부 회로 7건
4) 세부기술4 : 전화기 음성 감도조절: 4건
5) 세부기술5 : 전화알람 5건
6) 세부기술6 : 복수의 전화기 연결 2건
7) 세부기술6 : 전화 교환기 1건
8) 세부기술7 : 전화 녹음기 1건

전화기 분야에서 세계 3대 발명가를 선정하자면, **전화기를 세계 최초로 발명한 안토니오 메우치(Antonio Meucci), 전화기의 특허권을 세계 최초로 인정받은 알렉산더 벨(Alexander Graham Bell) 및 세계적인 발명왕인 토마스 에디슨(Thomas Edison)으로 선정(選定)할 수 있으며, 그 누구도 이견(異見)이 없을 것이다.**

표 4-3은 전화분야의 대표적인 발명가인 안토니오 메우치, 알렉산더 벨 및 토마스 에디슨의 발명을 전체적으로 비교한 것이며, 이 표를 통하여 **토마스 에디슨이 왜? 전 세계의 모든 발명가 중에서 가장 최고의 열정을 가진 천재(天才)인지 확실히 알 수 있을 것이며, 열정을 가진 천재는 무엇이 다른지 또한 알 수 있을 것이다.**

※ 전화 분야 3대 발명가의 특허 출원(또는 등록)수 비교
　메우치 : 벨 : 에디슨 = 1 : 1 : 40

전신기 발명과 마찬가지로 전화기를 발명하는데 토마스 에디슨은 한마디로 단연 탁월했다고 할 수 있을 것이며, 안토니오 메우치, 알렉산더 벨과 비교하여 탁월한 발명을 수행하였다.

표 4-3. 메우치, 벨 및 에디슨의 전신기 발명 비교

발명가	특허 등록수	특허번호 및 특징		
안토니오 메우치 (Antonio Meucci)	0건 등록료 미납	전화기 개념을 세계 최초로 제안하고 특허출원 했으나, 가난하여 특허의 권리를 인정받지 못함		
알렉산더 벨 (Alexander Bell)	1건	US174465호 전화기 개념을 세계 최초로 특허로 등록 받음		
토마스 에디슨 (Tomas Edison) 평생 총1093개 특허 및 디자인 등록	전화기 분야만 40건	세부기술1. 전화기 송·수신부 특성향상: 15건		
		세부기술2. 탄소를 송·수신부에 적용: 5건		
		세부기술3. 전화기 송·수신부 회로: 7건		
		세부기술4. 전화기 음성 감도조절: 4건		
		세부기술5. 전화 알람: 5건		
		세부기술6. 복수의 전화기 연결: 2건		
		세부기술7. 전화 교환기 : 1건		
		세부기술8. 전화 녹음기 : 1건		
	전화기 특허의 세부적 분 석	세부기술1 (15건)	US203013호, US203014호 US203015호, US203018호 US208299호, US231704호 US329030호, US337254호 US438306호, US474230호 US474231호, US474232호 US492789호, US1425183호 US1702935호,	전화기 기술을 실질적 으로 완성한 발명가
		세부기술2(5건)	US222390호, US252442호 US257677호, US348114호 US406567호	
		세부기술3(7건)	US221957호, US266021호 US272034호, US274576호 US274577호, US340709호 US378044호	
		세부기술4(4건)	US340707호, US347097호 US422578호, US422579호	
		세부기술5(5건)	US203017호, US273714호 US282287호, US340708호 US438304호	
		세부기술6(2건)	US203016호, US203019호	
		세부기술7(1건)	US422577호	
		세부기술8(1건)	US1012250호	

전화기와 관련된 모든 기술은 결국 토마스 에디슨의 손에 의해서 완성되었다고 할 수 있을 것이다. 조금 더 정확하게 이야기하면, 1800년대 후반부터 1900년대 초반까지 전 세계의 전신기 및 전화기 기술을 완성한 사람은 토마스 에디슨이라는 것이다.

※ 통신(通信)과 관련하여 에디슨의 인류에 대한 기여
- 전신기 및 전화기 기술을 모두 완성한 발명가
- 사람과 사람 사이의 찬란한 연결을 이룩한 발명가

스마트 폰(Smart Phone)이 일반화된 현재, 스마트 폰의 송·수신부에는 사용되지 않지만, 유선(有線) 전화기는 지금도 탄소(Carbon)를 송·수신부에 사용하고 있기에 에디슨의 전화기 발명이 실질적으로 전 세계에 통신(通信)에 영향을 끼친 발명이라고 평가할 수 있으며, 사람과 사람 사이의 찬란한 연결을 꿈꾸는 토마스 에디슨의 꿈은 그의 182건의 발명(전신기 관련 142건 + 전화기 관련 40건)을 통해서 아름답게 완성되었다고 평가할 수 있을 것이다.

토마스 에디슨의 전신기 및 전화기 발명을 한건, 한건 바라보면서, 필자(筆者) 토마스 에디슨의 『무한열정(無限熱情)』에 대하여 『무한한 감동』을 느끼고 있다. 그리고 필자(筆者)는 여러분을 에디슨 여행에 안내하는 가이드(Guide)로서 행복하게 설명하고 있다.
특허 및 지식재산권과 관련된 일을 하는 나에게 "**토마스 에디슨과 접하는 지금 이 순간이 행복하고 즐거운데, 에디슨은 스스로가 얼마나 행복했을까?**"라는 생각이 머릿속을 스치며, 여러분에게 그 감동을 전하게 되었다.

다만, 아쉬운 점은 "토마스 에디슨은 너무 완벽을 추구하여서 전화기의 최초 특허 등록자라는 명예(名譽)를 알렉산더 벨(Alexander

Graham Bell)에게 양보하지 않았나?"라는 생각이 든다. 알렉산더 벨과 비교하여 **토마스 에디슨의 발명은 그만큼 완벽한 발명이었고, 더욱 정확한 음성을 전달하기 위하여 노력한 발명**이었다.

알렉산더 벨은 1876년 2월 14일 전화기 특허(特許)를 출원(出院)하였고, 토마스 에디슨의 최초 전화기 특허는 알렉산더 벨보다 정확히 1년 10개월 후인 1877년 12월 13일에 전화기 특허(特許)를 출원(出院)하였다.

토마스 에디슨은 나이 22세 ~ 30세(1869년 ~ 1877년)까지 총 9년의 시간동안 전신기 분야에 대하여 집중적으로 연구하였고, 드디어 30세에 새로운 통신방식인 전화기에 대하여 관심을 돌렸다.
토마스 에디슨의 최초 전화기 발명은 1878년 4월 30일에 미국특허 US203013호로 등록받았다.

안토니오 메우치(Antonio Meucci) 및 알렉산더 벨(Alexander Graham Bell)은 전화기 발명을 직접 시도하였다면, 토마스 에디슨은 무려 100여건 이상의 전신기 발명을 한 다음에 전화기 발명을 하였기에 에디슨의 최초 전화기 발명은 "향상된 말하는 전신기(Improvement in speaking-Telegraphs)"라는 이름을 등록되었다.

토마스 에디슨의 첫 번째 전화기 발명인 US203013호에서 에디슨이 발명한 것은 무엇인가? 바로 알렉산더 벨(Alexander Graham Bell)의 전화기 발명의 가장 취약한 부분인 수신부[302]를 개선(改善)하려고 혁신적인 전화기 수신부를 제안하였다.

---

302) 귀로 듣는 부분

그렇다면 벨(Bell) 전화기 수신부는 어떠한가?

알렉산더 벨(Alexander Graham Bell)이 전화기를 발명한 것은 대단하다고 평가할 수 있겠지만, **벨(Bell)이 발명한 최초의 전화기 수신부는 한 마디로 조악(粗惡)하다**라고 평가할 수 있다.

그림 4-46. 벨(Bell)의 발명한 전화기 수신부

그림 4-46에서도 볼 수 있듯이 벨(Bell)의 전화기 수신부는 전자석(電磁石)과 전자석의 자기장의 세기에 따라서 진동하게 되는 진동판으로 구분된다. 그런데 이 진동판의 진동으로 재생된 음성(音聲)이 공간(空間)으로 퍼지는 방식이기에 소리의 크기가 작고, 재생된 음성이 마치 모기 소리처럼 들리는 문제점도 있었다.

토마스 에디슨은 섬세하게 소리가 전달되는 전화기 수신부를 목표로 발명하였고, 수신부의 진동판 구조를 2단(段)으로 함으로 인하여 섬세하게 소리가 전달되는 수신부를 발명하였다.

그림 4-47은 토마스 에디슨의 전화기분야 최초 특허의 대표도면을 나타낸다. 그림을 자세하게 살펴보면,

첫째, 소리가 공중으로 퍼지는 방식이 아니라 모이지는 방식인 소리관이 배치되어 있으며,

둘째, 소리의 진동을 더욱 증폭시키기 위하여 진동판이 진동판1과 진동판2로 2중(二重)으로 배치되어 있으며,

셋째, 진동판2의 경우 소리의 진동이 더욱 섬세하게 하기 위하여 10여개 정도의 손가락 모양의 스프링이 진동판2와 붙어 있어서 전기(電氣) 신호를 음성(音聲)으로 변화시키기 위하여 전자석(電磁石)의 자기장의 변화를 더욱 섬세하게 움직이게 배치된 것을 기술적인 특징으로 한다.

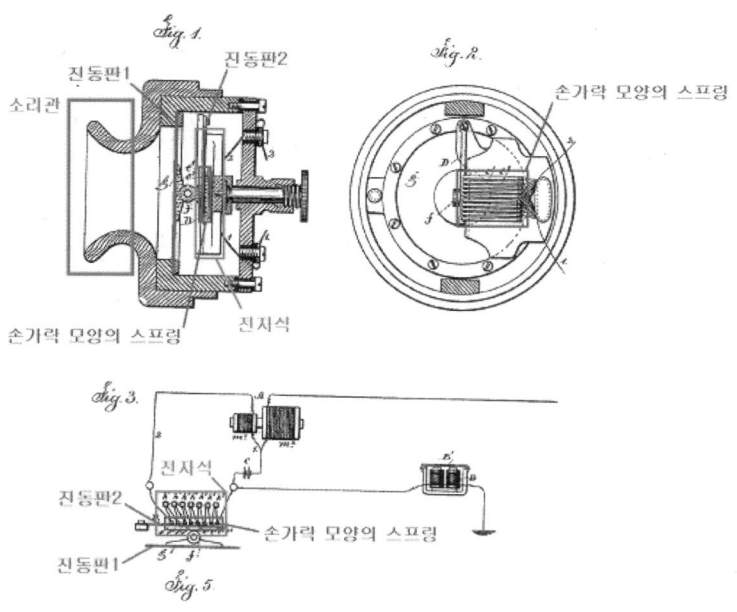

그림 4-47. 에디슨의 전화기 최초특허 US203013호303)

그림 4-43, 그림 4-46 및 그림 4-47에서 안토니오 메우치, 알렉산더 벨 및 토마스 에디슨의 전화기 발명의 수신부를 비교해자면, 알렉산더 벨이 개발한 그림 4-46의 전화기 수신부의 경우 진동판의 소리가 특정한 곳으로 모이는 소리관(管)이 없으며, 전체적인 공간(空間)으로 산란(散亂)하기에 전화의 소리가 가장 나쁜 특성을 보일 것이다.

반면 안토니오 메우치와 토마스 에디슨의 전화기 수신부는 모두 "진동판의 소리가 특정한 곳으로 모이는 소리관(管)"이 있으므로 소이가 집중되기에 더욱 전화기 소리가 명확하게 전달될 것이며, **토마스 에디슨의 전화기 수신부의 경우 소리의 ①진동을 더욱 증폭시키기 위하여 진동판이 2중(二重)으로 배치되며, ②소리의 진동이 더욱 섬세하게 하기 위하여 10여개 정도의 손가락 모양의 스프링이 진동판2와 붙어 있으므로 토마스 에디슨의 전화기 수신부가 가장 섬세하기 전화기 소리가 전달되는 수신부라고 생각된다**[304].

> ※ 메우치, 벨 및 에디슨의 전화기 수신부 성능 비교
> 에디슨의 전화기 수신부가 가장 우수한 특성을 가짐
> 에디슨 > 메우치 > 벨

전화기에 대해서 전체적인 발명을 제안한 안토니오 메우치와 알렉산더 벨의 발명을 비교해보면, **메우치는 벨보다 무려 21년(메우치

---

[303] 에디슨의 최초 전화기 특허, 수신부의 구조를 개선 US203013호(1878년 04월 30일 등록, 1877년 12월 13일 출원)

[304] 공학적 분석을 바탕으로 필자(筆者)의 평가이다. 물론 에디슨의 발명이 가장 늦게 발명하였기에 가장 우수한 특성을 가지겠지만, 안토니오 메우치와 알렉산더 벨의 발명을 비교해보면, 안토니오 메우치의 발명이 더욱 우수한 발명으로 판단된다.

- 1854년 전화기 발명/ 벨 - 1875년 전화기 발명) 앞서서 전화기를 먼저 발명했으며, 더불어 필자(筆者)가 공학적인 관점에서 판단하기에 21년 먼저 발명한 안토니오 메우치(Antonio Meucci)의 전화기 발명이 더욱 우수한 발명이라고 생각된다.

토마스 에디슨의 전화기 분야의 40건의 특허(特許) 중에서 가장 최고의 특허(特許)는 미국특허 US222390호이다.

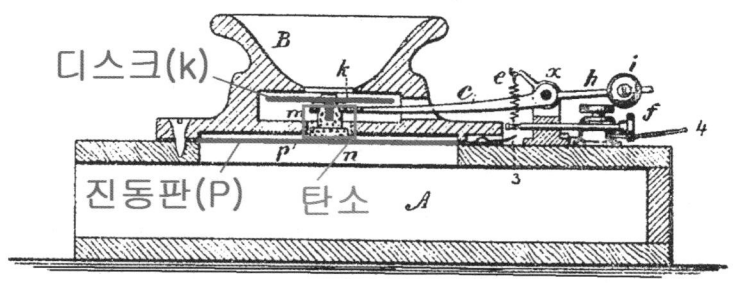

그림 4-48. 탄소 전화기 특허(송신부) US222390호[305]

토마스 에디슨은 이 특허에서 **전화기에서 가장 중요한 재료인 탄소(Carbon)**[306]을 디스크(k)와 진동판(P)사이에 사용한 것을 기술적 특징으로 하며, 발명의 명칭을 "**탄소 전화기(Carbon Telephone)**"로 명명(命名)하여서 등록받았다.

알렉산더 벨(Alexander Graham Bell)의 전화기로는 진동판에서 음성(音聲)의 감도가 상당히 떨어지기에 약 330 Km의 거리에 뉴욕(New York)-워싱턴(Washington)사이의 통화가 불가능했지만,

---

305) 디스크(Disk)와 진동판(음성판) 사이에 탄소(Carbon)를 사용한 에디슨의 전화기 특허 US222390호(1879년 12월 09일 등록, 1878년 11월 11일 출원)
306) 탄소(carbon): 고대로부터 알려진 단결정 물질로서, 석탄과 석유의 주 성분의 물질이다.

토마스 에디슨의 탄소 전화기(Carbon Telephone)는 이러한 거리의 한계를 극복 가능한 전화기 발명이었으며, 실질적으로 장거리(長距離) 전화의 시대를 펼치게 만든 발명이라고 할 수 있을 것이다. 무엇보다 이 발명은 전화기의 송신부(송화기)에 값싸고 감도가 우수한 탄소(Carbon)을 적용함으로써 음성(音聲)의 진동에 의해서 탄소(Carbon) 입자에 인가되는 압력이 변화하면 전기저항(電氣抵抗)이 변화되며, 이러한 전기 저항의 변화는 전류(電流)의 변화를 일으키기에 알렉산더 벨(Alexander Graham Bell)의 전화기보다 더욱 우수한 특성을 가진다.

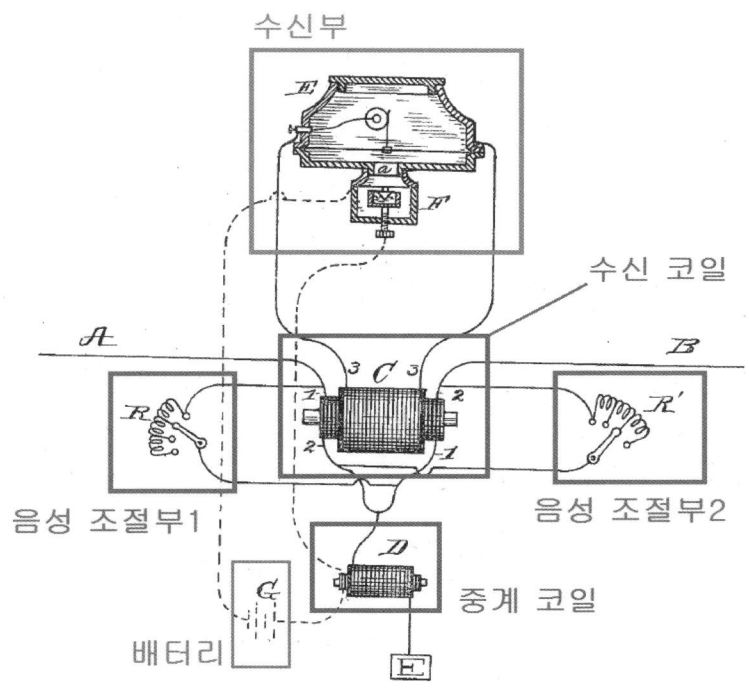

그림 4-49. 전화기 수신부의 음성 감도조절 특허(수신부)
US340707호[307]

그래서 1900년대 이후 지금까지도 대부분 전화기의 송신부는 토마스 에디슨이 발명한 탄소(Carbon)를 적용한 전화기가 사용되고 있다.

토마스 에디슨은 전화기 분야에서 수신부의 음성(音聲) 감도를 조절하는 것을 특징으로 하는 특별한 발명을 수행하였으며, 미국특허 US340707호로 등록받았다. 이 특허는 전화기 수신부의 음성(音聲) 감도를 조절하기 위하여 전화기 수신부에 탭-인덕터(Tab-inductor)를 배치하여 음성(音聲) 감도의 조절을 하는 것을 기술적인 특징으로 한다.

본 필자(筆者)가 전문가적 관점에서 바라보면, 이 발명에서 토마스 에디슨이 진정으로 고민한 것은 다음과 같다.

※ 전화기 수신부에서 전기에너지의 손실이 없이
음성 감도를 변화시키는 방법은 무엇인가?

전기 및 회로이론을 잘 모르는 사람에게 이 발명이 뭐가 대단한지 전혀 이해가 가지 않을지 모르겠지만, **전기공학을 이해하는 사람에게는 이 발명은 토마스 에디슨 당시에 엄청난 발명을 한 것**이라고 할 수 있다.

토마스 에디슨의 이 발명이 대단한 이유를 설명하면 다음과 같다.
토마스 에디슨의 이 발명을 연구한 1873년 당시에는 단지 직류(直流, DC: Direct Current)라는 개념만 있었고, 교류(交流, AC: Alternating Current)라는 개념은 확립되지 않았다[308]. 교류(交流)라는 개념은 토

---

307) 전화기 수신부의 음성 감도조절 특허 US340707호(1886년 04월 27일 등록, 1884년 12월 15일 출원)

308) 교류(交流) 전기시스템의 발전에 대하여 정리하면 다음과 같다. 1824년 프랑스의 과학자인 아라고(Dominique Arago)는 유도전동기 기본이론인 맴돌이 전류현상에 대하여 발견하였다. 이후 1860년대 후반 벨기에 공학자이자 발명가인 제노브 테오필 그람(Zénobe Théophile Gramme)은 세계 최초로 교류발전기를

마스 에디슨이 평생 받아들이지 않았던 전기(電氣)적인 개념이었다.

전화기 수신부에 음성(音聲)을 가변시키기 위하여 탭-저항(Tab-Resistor)을 사용하는 경우 전압의 가변은 가능하지만, 전력손실이 생기는 문제가 있었다. 하지만, 가변이 가능한 탭-인덕터(Tab-inductor, 음성 조절부1,2)를 전화기의 수신부와 병렬적으로 사용하는 경우 전력의 손실이 없이 전압가변을 수행할 수 있는 장점이 있다.

그 원리를 간단하게 설명하자면, 탭-인덕터(Tab-inductor)의 가변으로 인덕터의 크기인 인덕턴스(Inductance)를 증가시키면, 발신부 또는 수신부와 병렬로 연결된 회로에 교류(交流) 저항[309]이 증가하게 된다. 일반적으로 직류 저항(R)은 에너지 손실을 발생시키지만, 교류 저항인 인덕터(L) 또는 커패시터(C)는 에너지 저장 특성을 이용하여 교류의 흐름을 방해하는 역할을 하며, 전화기의 음성 감도를 가변시키는 기능을 수행한다.

토마스 에디슨은 전신기에서 장거리(長距離) 통신을 위하여 배터리와 탭-인덕터(Tab-inductor) 기술을 사용하였으며[310], 전화기에서는

제작하였고, 1866년 독일의 지멘스(Siemens)는 전자석을 사용하여 대용량 발전기 기술을 완성하였다. 1886년 루시안 고랄(Lucian Gaulard)과 존 깁스(John Dixon Gibbs)는 교류 전압을 가변 할 수 있는 변압기에 관한 특허를 등록 받았으며, 철도 브레이크 발명가 및 사업가인 조지 웨스팅하우스(George Westinghouse)의 후원으로 1887년부터 에디슨의 경쟁자인 니콜라 테슬라(Nikola Tesla)가 교류전동기 및 교류배전 시스템 특허를 획득하였고, 조지 웨스팅하우스가 설립한 미국의 대표적인 중전기기 업체인 웨스팅하우스(Westinghouse)社를 통하여 교류(交流) 전기시스템이 완성되었고, 궁극적으로 직류(直流) 전기시스템만을 고집하던 토마스 에디슨은 전구를 세계최초로 발명하여, 발명의 아버지라는 칭호를 받기도 하였지만, 에디슨의 직류배전 보다 더욱 우수한 테슬라의 교류배전으로 인하여 그의 전구 및 전기사업은 완전하게 몰락하게 되었다.

309) 교류저항을 임피던스(Impedance)라고 하면, 교류에서는 주파수(f)에 따라서 인덕터와 커패시터가 교류저항의 역할을 한다.

310) 송신 및 발신 단자의 전압의 가변을 위한 가변단자를 구비한 전신기 특허, US147313호(1874년 02월 10일 등록, 1873년 07월 29일 출원)

수신부의 음성 감도를 가변시키는데 탭-인덕터(Tab-inductor) 기술을 사용하였다[311].

토마스 에디슨의 천재성(天才性)은 바로 교류 저항인 임피던스(Impedance) 개념이 없었던 1800년대 후반에 임피던스 개념을 적극 이용하여 전기에너지의 손실 없이 전화기의 음성감도의 조절에 이용했다는 점이다.

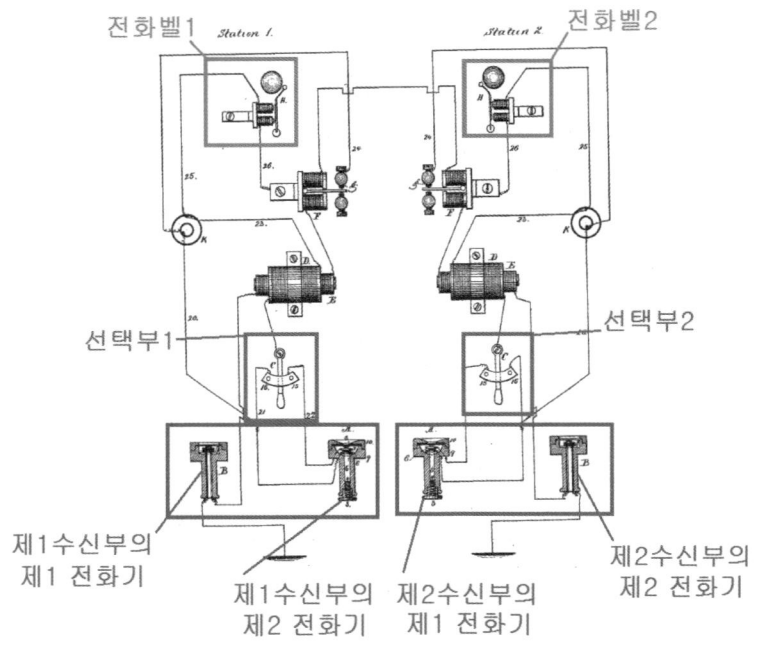

그림 4-50. 복수의 전화기를 선택적으로 연결시키는 특허 US203016호[312]

---

311) 전화기 수신부의 음성 감도조절 특허 US340707호(1886년 04월 27일 등록, 1884년 12월 15일 출원)

312) 복수의 전화기를 선택적으로 연결시키는 특허 US203016호(1878년 04월 30일 등록, 1878년 03월 07일 출원)

토마스 에디슨은 전화기에서도 사람과 사람사이의 찬란한 연결을 꿈꾸었으며, 특정(特定) 장소에 2개의 전화기 수신부를 배치했으며, 각 수신부에서는 선택부를 이용하여 2개의 전화기 중에서 어느 전화기를 사용할 것인지 결정할 수 있는 전화기 연결 방법을 제안하였다.

간단하게 말하면 전화기 분야에서 2:2의 통신을 할 수 있는 방법을 제안한 것이며, 미국특허 US203016호를 통하여 토마스 에디슨이 발명한 전화벨을 적용하는 모든 회로적인 발명을 특허(特許)로 등록받았다.

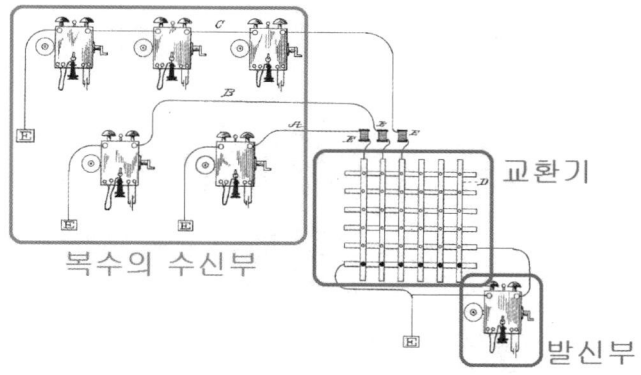

그림 4-51. 복수의 수신부 중에서 선택적으로 전화를
보낼 수 있는 교환기를 포함하는 전화기 특허의 대표도면313)

토마스 에디슨은 전화기 발명에서 사람과 사람사이의 찬란한 연결을 꿈꾸는 가장 하이라이트(Highlight) 발명은 바로 전화 교환기 발명이며, 특정(特定) 발신부에서 복수의 수신부 중에서 특정(特定) 수신부를 선택할 수 있는 다(多):다(多) 통신을 완성시킨 가장 핵심적인 발명이라고 할 수 있을 것이다.

---

313) 수신부를 선택적으로 보낼 수 있는 교환기를 포함하는 전화기 특허, US422577호(1890년 03월 04일 등록, 1884년 12월 1일 출원), 이 발명은 에디슨의 친구인 에스라 길리랜드(Ezra T. Gilliland)와 공동으로 발명한 특허이다.

그림 4-52. 토마스 에디슨이 발명 및 제작한 전화기[314]

토마스 에디슨의 전신기 및 전화기의 특허를 한건, 한건 바라보면, 바로 토마스 에디슨이 있었기에 지금 우리가 자유롭게 통신(通信)할 수 있는 시대(時代)를 살아가고 있다고 생각이 든다.

현재까지 전신기와 관련하여 사무엘 모스(Samuel Morse), 전화기

---

314) 전화기 특허, US221957호(1879년 03월 31일 등록, 1879년 11월 25일 출원)

는 알렉산더 벨(Alexander Graham Bell)이 세계 최초로 전신기 및 전화기 발명을 각각 특허(特許)로 등록받았기에 더 많은 사람에게 알려졌으며, 토마스 에디슨이 전신기 및 전화기에 대한 발명에 대해서는 거의 알려지지 않는 것 같다.

전신기 및 전화기와 관련된 토마스 에디슨의 모든 특허를 살펴보면, 에디슨은 사무엘 모스(Samuel Morse), 죠셉 스텐스(Joseph B. Stearns), 안토니오 메우치(Antonio Meucci) 및 알렉산더 벨(Alexander Graham Bell)의 전신기 및 전화기 분야의 세계적인 발명가와 비교하여 약 35~40배의 발명(發明)을 수행하여서 특허(特許)로 등록받았다.

※ 통신(通信)과 관련한 주요 과학자 및 발명가 정리
- 전신기의 아버지: 사무엘 모스
- 전화기의 아버지: 안토니오 메우치 및 알렉산더 벨
- 무선통신의 아버지: 굴리엘모 마르코니
- 전신기 및 전화기 기술의 완성자: 토마스 에디슨

이제 필자(筆者)는 전신기 및 전화기 기술을 모두 완성한 토마스 에디슨을 다음과 같이 평가하고 싶다.

※ 통신(通信)과 관련하여 에디슨에 대한 필자의 평가
- 전신기 및 전화기 기술의 완성자
- 사람과 사람 사이의 찬란한 연결을 이룩한 발명가
- 통신(通信)의 아버지

"전신기 및 전화기 기술의 완성자"

"사람과 사람 사이의 찬란한 연결을 이룩한 발명가"
그리고 토마스 에디슨을 『 통신(通信)의 아버지 』라고 극찬하고 싶다.

우리말에 "일당백(一當百)"이라는 말이 있다.
바로 **토마스 에디슨**이 다른 어떠한 과학자 및 발명가와 비교하여 **일당백(一當百)**의 발명가이자 과학자가 아닌가 생각해보면, 지금도 왜 미국이 세계 최고의 통신(通信) 기술을 가지고 있는 그 바탕에는 『 **통신(通信)의 아버지** 』인 토마스 에디슨이 자리하고 있음이 분명할 것이다.

✿4-8. 에디슨의 전신 및 전화기 특허를 기반으로 성장된 기업들

1867년 8월 설립된 Gold and Stock Telegraph社 및 1872년 5월 설립된 American District Telegraph社는 뉴욕 월 스트리트(Wall Street)315)에서 미국 전 지역으로 주식시세를 전달하기 위하여 에드워드 칼라한(Edward A Calahan)316)이 설립한 회사로서 1870년부터 에디슨의 미국특허 US123005호317) 등 주시시세용 전신기의 발명을 도입(導入)하여 사업화한 회사이다.

그림 4-53. 에드워드 칼라한(좌) 및 토마스 에디슨(우)

에드워드 칼라한(Edward A Calahan)의 회사가 기존의 전신 회사

---

315) 미국 뉴욕의 맨하튼 남쪽에 위치한 금융 구역으로 뉴욕 증권거래소와 은행 등이 밀집된 지역으로, 현재까지도 세계 자본과 경제의 중심지이다.

316) 에드워드 칼라한(Edward A Calahan: 1838년~1912년): 주식시세용 티켓, 티켓 테이퍼 및 다중 통신 전신기의 발명가이자 사업가

317) 주식시세용 전신기 특허, US126531호(1872년 05월 07일 등록, 출원일은 알 수 없음), 토마스 에디슨 발명 중에서 첫 번째로 성공한 발명으로서, 에디슨은 여기서 벌어들인 수익을 바탕으로 자신의 연구소인 멘로 파크 연구소(Menlo Park Lab)를 설립할 수 있었다.

와 차별화 된 점은 뉴욕의 주식시세를 가장 잘 전달할 수 있는 주식시세용 전신기의 생산 및 보급을 주도하였다는 것이다. 특히 Gold and Stock Telegraph社 및 American District Telegraph社의 설립자인 에드워드 칼라한은 주식시세용 티켓 및 티켓 테이퍼를 발명하였고, 토마스 에디슨에게 주식시세 테이퍼에 전신을 전송할 수 있는 주식시세용 전신기를 발명하도록 가장 크게 영향을 끼친 인물이라고 할 수 있을 것이다.

그림 4-54. 현재 주식시세표시(좌) 및
에디슨이 발명한 주식시세표시(우)

그림 4-55. 에디슨의 주식시세용 전신기의 연구원 및 생산자들

그림 4-56. 에디슨 인생에서 첫 번째로 성공한 발명인
주식시세용 전신기[318]

그림 4-54는 현재의 주식시세표시와 에디슨 시대의 주식시세표시를 나타낸다. 지금은 대형 디스플레이용 전광판에 다양한 색상으로 주식의 시세가 표시되지만, 에디슨 당시에는 뉴욕(New York)의 주식시세를 전신기로 전달받아 일일이 주식의 변화를 상황판에 표시하였는데, 이 때 반드시 필요한 장치가 바로 주식시세표시용 전신기이며, 토마스 에디슨의 1,093개의 특허 및 디자인 중에서 첫 번째로 가장 크게 상업화에 성공한 발명이라고 할 수 있을 것이다.

---

318) 주식시세용 전신기 특허, US123005호(1872년 01월 23일 등록, 출원일은 알 수 없음)

319

토마스 에디슨에게 가장 인연이 깊은 전신회사로 사무엘 모스(Samuel Morse)가 1856년 설립한 웨스턴 유니온社(Western Union Co.)[319]라고 할 수 있을 것이다. 에디슨은 나이 19세인 1866년에 전신기사로 웨스턴 유니온社에서 잠시 일했던 인연(因緣)도 있었다. 이후에 프랭클린 포프(Franklin L. Pope)[320]와 함께 Pope & Edison社를 설립하여 세계 최초의 전신기술 자문회사를 설립하였고, 이 회사를 통하여 토마스 에디슨은 전신기의 설계(設計) 및 보수(保守), 전신기 및 전신 케이블의 시험 및 카탈로그 제작 등의 업무를 하였다.

1870년부터 토마스 에디슨은 에드워드 칼라한(Edward A Calahan)의 영향으로 주식시세용 전신기와 관련하여 미국특허 US123005호 등을 출원하였고, 프랭클린 포프(Franklin L. Pope)는 American Printing Telegraph社를 설립하여 에디슨이 발명한 주식시세표시용 전신기를 판매하기도 하였지만, 그 당시 미국 전 지역에 전신시스템을 구축하고, 가장 큰 전신회사였던 웨스턴 유니온社는 프랭클린 포프 및 토마스 에디슨과 협의하여 Pope & Edison社의 모든 사업을 1만 5000달러에 매수하였고, 토마스 에디슨에게 분담금으로 5000달러가 지급되어서, 에디슨 인생에서 처음으로 거금을 손에 쥐게 되었다.

---

[319] 1845년 사무엘 모스는 자신의 전신기 특허를 바탕으로 마그네틱 텔레그래프(Magnetic Telegraph)社를 설립하였고, 1856년 하이럼 시블리(Hiram Sibley)라는 사업가와 함께 웨스턴 유니온(Western Union)社를 설립하여 미국 전 지역에 전신 시스템을 구축하였다. 한때는 전신기 분야에서 미국 최고의 회사로 성장하였지만, 1876년 알렉산더 벨이 발명한 전화기라는 새로운 통신 매체의 개발과 1881년 벨 텔레폰(Bell Telephone)社와 전화기 소송에서 패소하였고, 1910년 벨 텔레폰社에 합병되어서, 현재 미국의 대표적인 통신회사인 AT&T(American Telephone and Telegraph)의 모태(母胎)가 되었다.

[320] 프랭클린 포프(Franklin L. Pope: 1840년~1895년): 전신기술에 관련하여 다양한 책을 저술하고, 미국 전기기술자 협회 회장을 역임한 전신 및 전기기술자, 발명가 및 사업가

웨스턴 유니언社는 1800년대 후반 미국 최대의 전신기 회사로서, 이 당시 최종적인 사업 목표는 토마스 에디슨이라는 전신기 분야의 뛰어난 발명가이자 기술자를 자신의 편으로 만드는 것이었다. 결국 1871년 웨스턴 유니온社는 토마스 에디슨을 기술연구원으로 5년간 계약하고, 계약금 3만 5000달러, 연봉 2000달러 및 특허사용료를 매년 1000달러라는 그 당시 기준으로 매우 파격적인 조건으로 에디슨을 자신의 회사로 영입(迎入)하였고, 에디슨에게 주식시세용 전신기를 약 1200대 이상 주문하였다.

그림 4-57. 에디슨이 발명하고, Gold and Stock Telegraph社 및 웨스턴 유니온社에서 생산 및 판매된 주식시세용 전신기

에디슨은 웨스턴 유니온社로부주터 주식시세용 전신기를 주문받아서 7만 8000달러를 벌었고, 이 돈을 바탕으로 에디슨은 자신만의 발명 연구소인 제3 연구소인 멘로 파크 연구소(Menlo Park Lab)[321]를 설립할 수 있었다.

---

[321] 1876년 에디슨은 뉴저지에 멘로 파크(Menlo Park) 연구소를 설립하였고, 기계공, 화학자, 모형제작자 등 20여 명의 전문가를 고용하였다. 멘로 파크 연구소를 발명 공장이라고 부른 에디슨은 열흘에 한 건씩 간단한 발명, 6개월에 한 건씩 굉장한 발명을 해낼 것을 선언하였으며, 여기서, 전신기, 전구, 축음기, 전화기, 발전기 등 세계를 놀라게 하는 수많은 발명을 하였다.

웨스턴 유니온社는 전신기 분야에서 마치 공룡과 같은 회사로서, 두 개의 전신 메시지를 반대 방향으로 보내는 획기적인 통신 기법인 듀플렉스(Duplex)를 개발한 프랭클린 전신기(Franklin Telegraph)社의 죠셉 스텐스(Joseph B. Stearns)[322]에게 접근하여 그의 모든 특허[323]와 사업을 거액을 인수하기도 하였으며, 토마스 에디슨이 개발한 듀플렉스(Duplex)와 다이플렉스(Diplex) 통신을 결합한 새로운 통신 방법인 4중 통신방법인 쿼드루플렉스(Quadruplex)[324]의 기술 등을 사들이고 결국 전신기 분야의 최고의 회사로서 성장하게 되었다.

하지만, ·(dot)와 -(dash)로 통신하는 전신보다 사람의 소리를 전기 신호로 직접 전달시키는 혁신적인 통신방식인 전화기라는 기술을 1876년 알렉산더 벨(Alexander Graham Bell)이 특허등록 받음을 시작으로 전신의 시대는 서서히 막을 내리게 되었다.

---

[322] 죠셉 스텐스(Joseph B. Stearns: 1831년~1895년): 젊은 시절 전신기사 및 기술자로서 일하면서 성장하였고, Fire Alarm Telegraph Company의 관리자를 역임했고, 1869~1871년 프랭클린(Franklin Telegraph)社의 대표로서 일하면서, 1872년 두 개의 전신 메시지를 반대 방향으로 보내는 듀플렉스(Duplex) 전신 방법을 발명하였고, 특허로 등록받았다. 이후에 모스가 설립한 세계 최대의 전신 회사인 웨스턴 유니온(Western Union)社에게 자신의 듀플렉스(Duplex) 전신 발명과 모든 권리를 양도하고 은퇴한 미국의 발명가

[323] 하나의 전신 선로에 두 개의 전신 메시지를 반대 방향으로 보내는 듀플렉스(Duplex) 전신 방법의 특허는 US126847호, US132931호, US134776호 및 US147525호이다.

[324] 하나의 전신 선로에 4개의 신호를 보낼 수 있는 통신방법으로 듀플렉스(Duplex)와 다이플렉스(Diplex) 기술을 결합한 통신방법이다. 에디슨의 특허 US147917호, US156843호, US178221호, US178222호, US178223호, US180858호, US217782호, US333290호 및 US480567호가 있다.

그림 4-58. 벨이 발명한 전화기(좌측: 송신부, 우측: 수신부)

전화기와 관련하여 미국 보스톤(Boston)에서 청각 및 언어장애를 위한 교사인 알렉산더 벨(Alexander Graham Bell)은 전화기를 특허 출원하였고, 1876년 3월 7일 미국특허 US174465호[325)로 등록받았다.

알렉산더 벨은 자신의 전화기 발명을 그 당시 세계 최대의 전신기 회사인 웨스턴 유니언(Western Union)社에 10만 달러라는 금액으로 매각을 제안했지만, 미국의 전신 선로 및 시스템에 대한 거의 대부분의 권리를 확보한 전신 왕국(王國) 웨스턴 유니언社는 전신 선로와 전신기에 투자한 비용이 아까워서 알렉산더 벨의 제안을 거절하였고, 이에 1877년 알렉산더 벨은 변호사인 아버지의 도움을 받아 벨 텔레폰(Bell Telephone)社를 설립하였다.

전신과 비교하여 더욱 혁신적인 통신방법인 전화는 ·(dot)와 −(dash)를

---

325) 벨의 전화기 특허, US174465호(1876년 03월 07일 등록, 1876년 02월 14일 출원)

중간에서 전달하는 전신기사가 필요 없으며, 사람과 사람이 직접 통화할 수 있는 엄청난 장점을 바탕으로 급격하게 성장하기 시작하였다. 전화의 가치를 뒤늦게 깨달은 웨스턴 유니언社는 그 당시 최고의 발명가인 토마스 에디슨에게 손을 내밀게 되었다. 토마스 에디슨은 전화기와 관련하여 에디슨의 나이 30세인 1877년 출원하여 1878년에 등록받은 미국특허 US203013호[326]를 시작으로 총 40건을 등록받았다.

특히 에디슨의 전화기에서 더욱 정교한 음성의 전달을 위하여 약 200가지 종류 이상의 물질을 테스트하였고, 전화의 송신기(送信機)에서 가장 중요한 재료인 탄소(Carbon)를 찾아내었고, 에디슨의 나이 32세인 1878년 미국특허 US222390호[327]로 등록받았다. 이후 에디슨은 탄소판을 이용한 전화기에 대하여 지속적으로 연구하였으며, 38세인 1885년에 미국특허 US348114호[328] 및 39세인 1886년에 미국특허 US406567호[329]로 탄소판을 사용한 전화기의 구조를 최종적으로 완성하였다.

에디슨의 탄소판을 이용한 전화기는 알렉산더 벨의 전화기보다 더욱 뛰어난 성능을 발휘하고 있었으며, 벨 텔레폰社와 비교하여 전화기에 대하여 후발 주자인 웨스턴 유니언社는 에디슨의 도움으로 받아서 전신기와 함께 전화기 시장도 제패(制霸)하는 듯 보였다.

---

[326] 토마스 에디슨의 최초 전화기 특허 US203013호(1878년 04월 30일 등록, 1877년 12월 13일 출원)
[327] 탄소전화기 특허, US222390호(1879년 12월 09일 등록, 1878년 11월 11일 출원)
[328] 탄소전화기 특허, US348114호(1886년 08월 24일 등록, 1885년 10월 14일 출원)
[329] 탄소전화기 특허, US406567호(1889년 07월 09일 등록, 1886년 02월 19일 출원)

그림 4-49. 에디슨이 발명한 전화기[330]

하지만, 1879년 웨스턴 유니언社는 벨 텔레폰社와 특허 소송에서 전화기의 원천 특허인 벨의 미국특허 US174465호[331]의 권리를

---

330) 에디슨의 전화기 특허, US203013호 외 39건
331) 벨의 전화기 특허, US174465호(1876년 03월 07일 등록, 1876년 02월 14일 출원)

회피할 수 없는 것으로 판단하고, 전화사업 수입의 일부를 받는 조건으로 전화사업 전체를 벨 텔레폰社에게 양도하였다.

즉, 웨스턴 유니언社는 벨 텔레폰社와 특허 소송에서 패소(敗訴)를 인정하고, 전화기 사업을 정리하였고, 1910년 벨 텔레폰社에 합병(合倂)됨을 통하여, 현재 미국의 대표적인 통신회사인 AT&T (American Telephone and Telegraph)社의 모태(母胎)가 되었다.

그림 4-50. 웨스턴 유니언社 ▶ 벨 텔레폰社 ▶ AT&T社의 로고 변화

그림 4-51. 미국의 AT&T社의 기틀을 마련한 발명가
(사무엘 모스, 알렉산더 벨, 토마스 에디슨)

지금도 미국의 대표적인 통신회사인 AT&T社는 전신기를 세계 최초로 발명한 사무엘 모스(Samuel Morse), 전화기를 세계 최초로 특허(特許) 등록받은 알렉산더 벨(Alexander Graham Bell) 및 전신기와 전화기의 모든 기술을 실질적으로 완성하고 가장 많은 발명을 수행한 **통신(通信)의 아버지 토마스 에디슨(Thomas Alva Edison)**이라는 위대한 발명가들의 도전(挑戰)과 창조(創造) 정신

이 바탕이 되고 있으며, 전 세계를 하나로 연결시키는 대표적인 미국의 통신기업으로 새로운 도전을 계속하고 있다.

이제까지 필자(筆者)와 함께 떠난 "토마스 에디슨의 꿈, 발자취 그리고 에디슨 DNA"라는 제1부 여행을 정말 숨차게 달려온 것 같다. 토마스 에디슨의 시련과 도전을 살펴보면서, 에디슨의 스승[332]과 라이벌[333]에 대해서 살펴보았고, 에디슨의 10대 발명품[334]에 대해서 전반적으로 살펴보았으며, 토마스 에디슨의 제1 내지 제5 연구소[335]를 함께 방문하였다.

그리고 방문한 에디슨의 연구소에서 에디슨의 4대 연구원[336] 및

---

[332] 마이클 패러데이(Michael Faraday) 및 사무엘 모스(Samuel Morse)

[333] 니콜라 테슬라(Nikola Tesla)

[334] 토마스 에디슨의 10대 발명품
```
순위 : 분야                  건수 (분야별 최초출원과 관계된 정보)
1위 : 발전기, 전동기 및 전력배선 ··· 215건 (32세, 1879년, US218167호)
2위 : 축음기                ··· 189건 (30세, 1877년, US200521호)
3위 : 전구                  ··· 171건 (31세, 1878년, US214636호)
4위 : 전신기                ··· 149건 (22세, 1869년, US091527호)
5위 : 배터리                ··· 135건 (35세, 1882년, US273492호)
6위 : 광석 및 시멘트        ··· 102건 (33세, 1880년, US228329호)
7위 : 전기철도 및 전기자동차 ···  48건 (33세, 1880년, US248430호)
8위 : 전화기                ···  40건 (31세, 1878년, US203013호)
9위 : 영사기                ···  10건 (44세, 1891년, US493426호)
10위 : 전기기기 속도제어    ···   9건 (33세, 1880년, US228617호)
```

[335] 제1 연구소: 밀란(Milan) 집 지하실 연구소
  제2 연구소: 포트휴런(Port Huron) 역과 디트로이트(Detroit) 역을 운행하는 기차 안 연구소
  제3 연구소: 뉴저지(New Jersey) 주(州) 멘로 파크(Menlo park) 연구소
  제4 연구소: 뉴저지(New Jersey) 주(州) 웨스트 오렌지(West Orange) 연구소
  제5 연구소: 플로리다(Florida) 주(州) 포트 마이어스(Fort Myers) 에디슨-포드 겨울 연구소

[336] 찰스 베쳐러(Charles Batchelor), 존 오토(John F. Ott), 윌리엄 케네디 딕슨(W.K.L. Dickson) 및 프란시스 제헬(Francis Jehl)

에디슨이 사랑했던, 수많은 연구원들과 함께 사진도 촬영했으며, 미국의 특허정책 변화에 기여를 했던 대통령337)과 미국의 친특허(Pro Patent) 정책에 큰 혜택을 입은 주요 발명가338)를 만나 보았으며, 토마스 에디슨의 특허(特許)를 바탕으로 설립된 12개 사업 분야와 30여개 회사 중에서 중요한 회사들을 함께 방문하였다.

그리고 토마스 에디슨의 총 1,093건의 미국 특허 및 디자인 중에서 에디슨 인생에서 초창기 발명인 전신기(총 149건) 및 전화기 발명(총 40건)을 중에서 가장 핵심적인 발명과 사람과 사람 사이의 찬란한 연결을 꿈꾸는 발명왕 에디슨과 그의 발명 전시품들을 구체적으로 관람하였다.

이제 잠시 "토마스 에디슨의 꿈, 발자취 그리고 에디슨 DNA"의 제1부 여행을 마치고 잠시 휴식의 시간을 갖으려 한다. 그리고 제2부 여행에서는 아직 만나지도 못했던 에디슨의 913건의 발명(發明)과 토마스 에디슨의 수제자(首弟子)인 핸리 포드(Henry Ford)를 만날 것이며 및 에디슨 DNA(에디슨 발명정신)를 전수(傳受)받을 시간이 펼쳐질 것이다.

이 책에서 다 못 보여드린 더 많은 사진과 자료는 필자(筆者)가 박물관장으로 근무하는 에디슨-테슬라 특허 박물관(에디슬라 박물관)에 전시(展示)되어 있으며, 필자(筆者)가 주인으로 있는 네이버 카페(토마스 에디슨의 꿈, 발자취 그리고 에디슨 DNA)에 오셔서 차 한잔하면서 못 다한 이야기, 여행의 추억 및 격려의 글도 함께 남겨주시면 좋겠다.

---

337) 제7대 대통령 앤드루 잭슨, 제16대 대통령 에이브럼 링컨), 제32대 대통령 프랭클린 루즈벨트, 제40대 대통령 로날드 레이건
338) 빌 게이츠(William Henry Gates III), 스티브 잡스(Steve Jobs)

제1부 여행에 함께한 모든 분들에게 감사드리며, 제2부 토마스 에디슨의 꿈, 발자취 그리고 에디슨 DNA 여행에서 여러분과 반가운 얼굴로 뵙겠습니다.

에디슨 전문 가이드(Guide) 및 큐레이터(Curator)

배 진 용 올림^^

- 에디슬라 박물관 : www.edisla.kr
- 네이버 카페
  (토마스 에디슨의 꿈, 발자취 그리고 에디슨 DNA)
   - 카페주소 : http://cafe.naver.com/edisondna

부록 토마스 에디슨의 대표 발명

표. 토마스 에디슨의 대표 발명 리스트

나이	연도	발명의 내용/명칭	미국특허 등록번호
22세	1869년	전기투표 기록기	US90646호
25세	1872년	주식시세 표시기	US123005호
27세	1874년	자동 전신기(팩스)	US151209호
29세	1876년	전기펜	US180857호
31세	1878년	축음기	US200521호
31세	1878년	전화기	US203013호
31세	1878년	4중통신 전신기	US209241호
32세	1879년	전력배선	US218167호
32세	1879년	발전기	US222881호
33세	1880년	전구	US223898호
33세	1880년	복사기	US224665호
33세	1880년	전선 연결 장치	US227226호
33세	1880년	광석분리 장치	US228329호
33세	1880년	재봉틀	US228617호
34세	1881년	전류계	US242901호
34세	1881년	전구 진공을 형성하는 장치	US248425호
34세	1881년	전구 소켓 및 홀더	US251554호
35세	1882년	전기철도	US263132호
36세	1883년	충·방전 가능한 배터리	US273492호
37세	1884년	타자기	US295990호
37세	1884년	전선 피복	US297586호
37세	1884년	전봇대	US304087호
43세	1890년	전화 교환기	US422577호
43세	1890년	말하는 인형	US423039호
43세	1890년	배터리 충전기	US435687호
43세	1890년	권선기	US435690호
43세	1890년	전기자동차 모터 배치	US436127호
43세	1890년	전화 벨	US438304호
43세	1890년	퓨즈	US438305호
44세	1891년	무선통신	US465971호
45세	1892년	컨베이어 밸트	US471268호

나이	연도	발명의 내용/명칭	미국특허 등록번호
45세	1892년	피뢰기	US476988호
46세	1893년	영사기	US493426호
46세	1893년	유리판 생산장치	US506215호
46세	1893년	카메라	US589168호
51세	1898년	컨베이어 벨트	US602064호
51세	1898년	시멘트 석는 장치	US605668호
53세	1900년	압축기	US643764호
54세	1901년	베어링 윤활유 공급장치	US671314호
54세	1901년	광석분쇄기	US672616호
57세	1904년	광석 채굴 및 이송장치	US758432호
57세	1904년	필름	US772647호
57세	1904년	자동차 휠	US772648호
58세	1905년	시멘트 생산장치	US802631호
60세	1907년	배터리 전극판 생산장치	US804799호
60세	1907년	전기용접기	US847746호
60세	1907년	형광등	US865367호
63세	1910년	동력 전달 체인	US954789호
63세	1910년	하늘을 나는 장치(헬립콥터)	US970616호
64세	1911년	전화 녹음기	US1012250호
67세	1914년	정류기	US1099241호
69세	1916년	제본기	US1178063호
69세	1916년	녹음 스튜디오	US1190133호
69세	1916년	코팅기	US1201448호
70세	1917년	콘크리트 빌딩 틀	US1219272호
71세	1918년	안전 랜턴	US1266779호
72세	1919년	자동차 브레이크	US1290138호
72세	1919년	비행체(군사용 탄환)	US1297294호
74세	1921년	금속 세정 장치	US1369271호
81세	1928년	리튬을 사용한 배터리	US1678246호
82세	1929년	식물로부터 고무를 추출하는 방법	US1740079호

※ 토마스 에디슨의 전기투표 기록기 발명339)(1869년 22세)

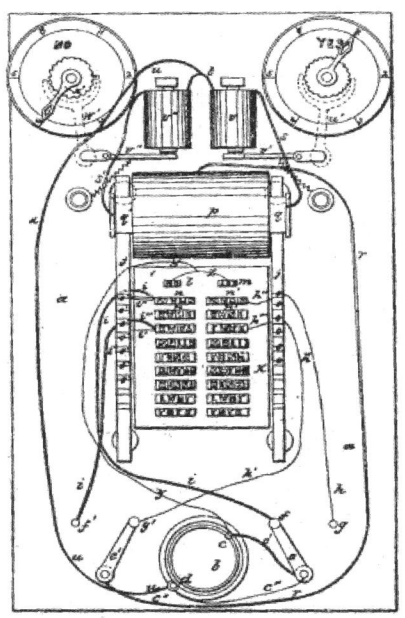

---

339) 미국 특허 US90646호: 전자석을 이용 계측장치로서 투표 결과를 빠르게 집계하는 장치(에디슨의 최초 발명품)

💡 토마스 에디슨의 주시시세 표시기 발명340)(1872년 25세)

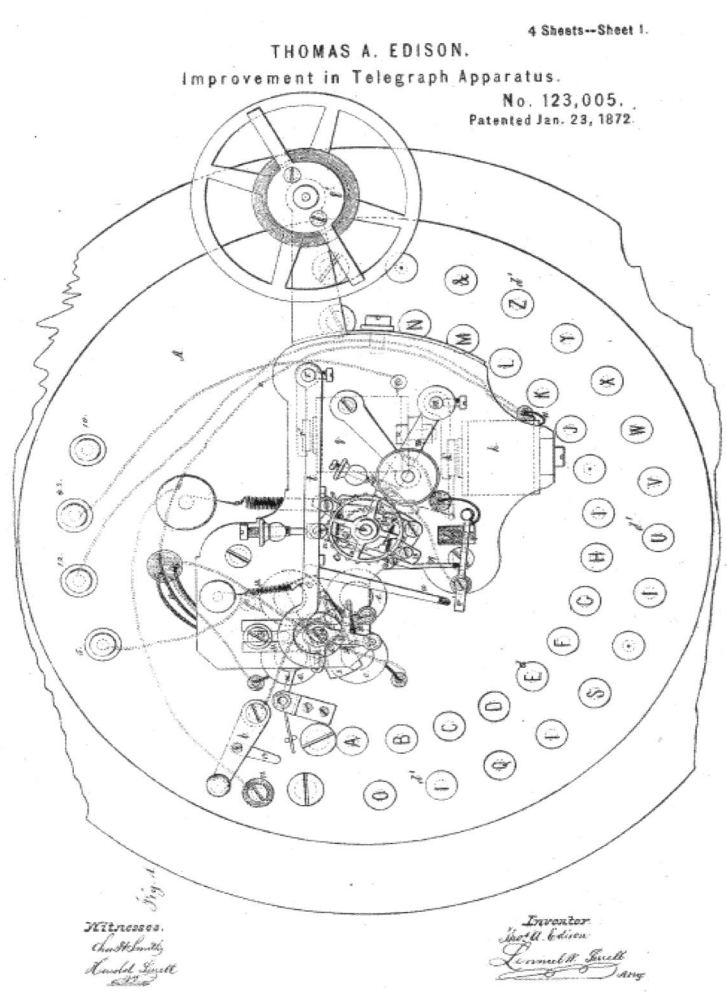

340) 미국 특허 US123005호: 전신기 기술을 주식시세 표시의 용도로 적용하여 원거리에서도 주가(株價)의 상태를 알려 줄 수 있는 장치(에디슨 발명 중 최초로 많은 돈을 얻은 대박 발명품으로, 여기서 얻은 수익금으로 에디슨의 수많은 발명품이 쏟아져 나온 멘로 파크 연구소를 설립하였음)

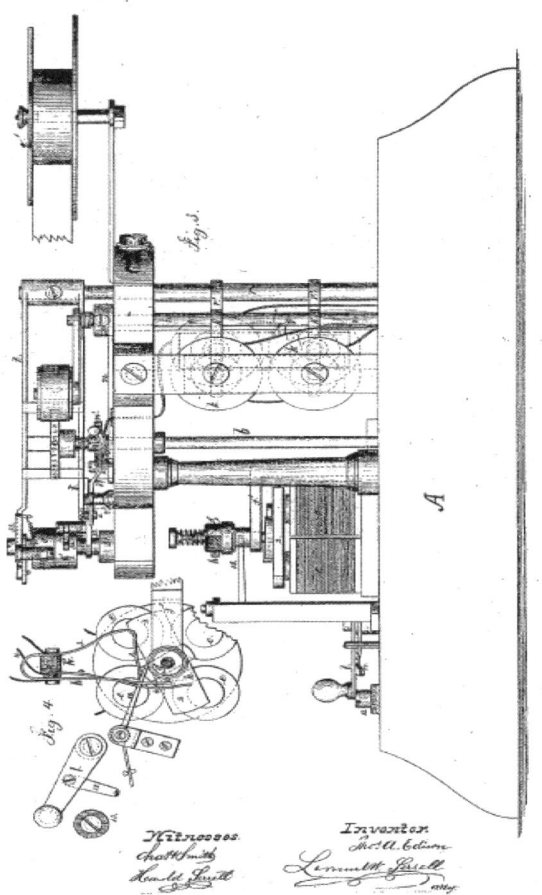

💡 토마스 에디슨의 팩스 발명[341](1874년 27세)

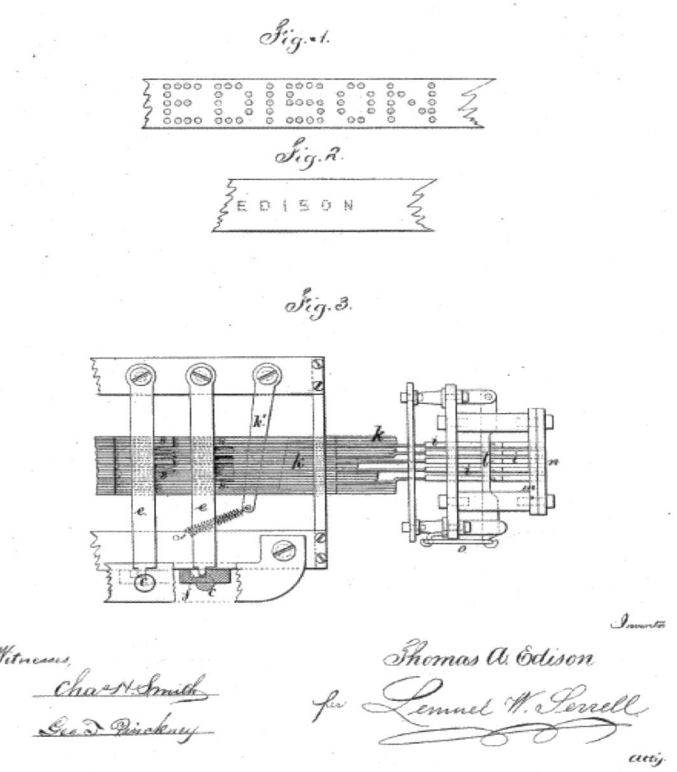

341) 미국 특허 US151209호: 단순하게 ·(dot)와 −(dash)의 모스 부호를 전송하는 것이 아니라 세계 최초로 문자를 원거리 전송 가능한 장치(에디슨은 1892년 45세에 문자를 문자로 전송 가능한 진정한 팩시밀리(US479184호)를 최종 완성함)

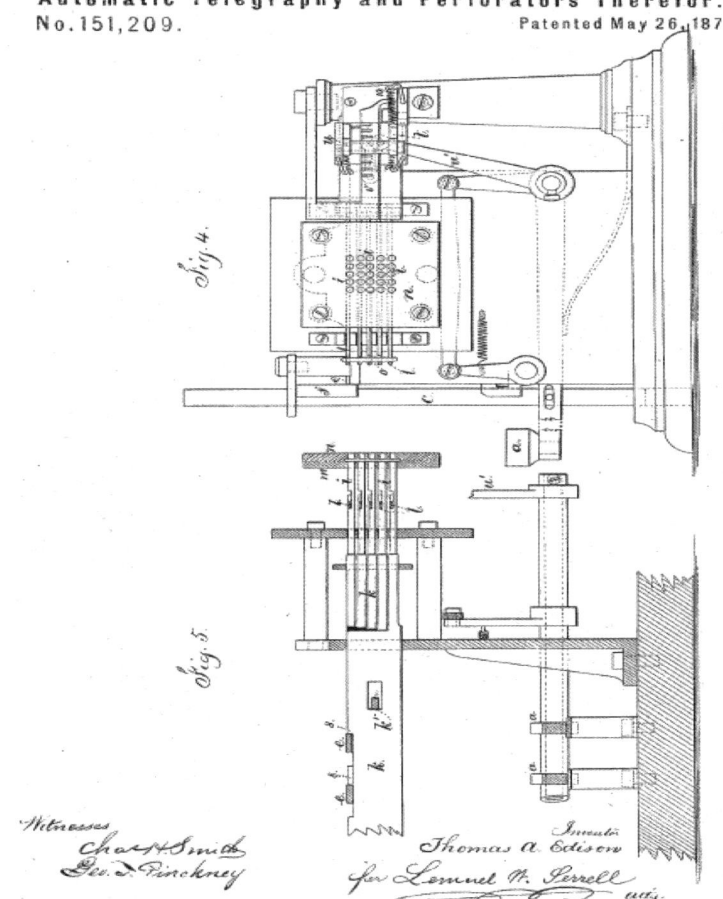

💡 토마스 에디슨의 전기펜 발명342)(1876년 29세)

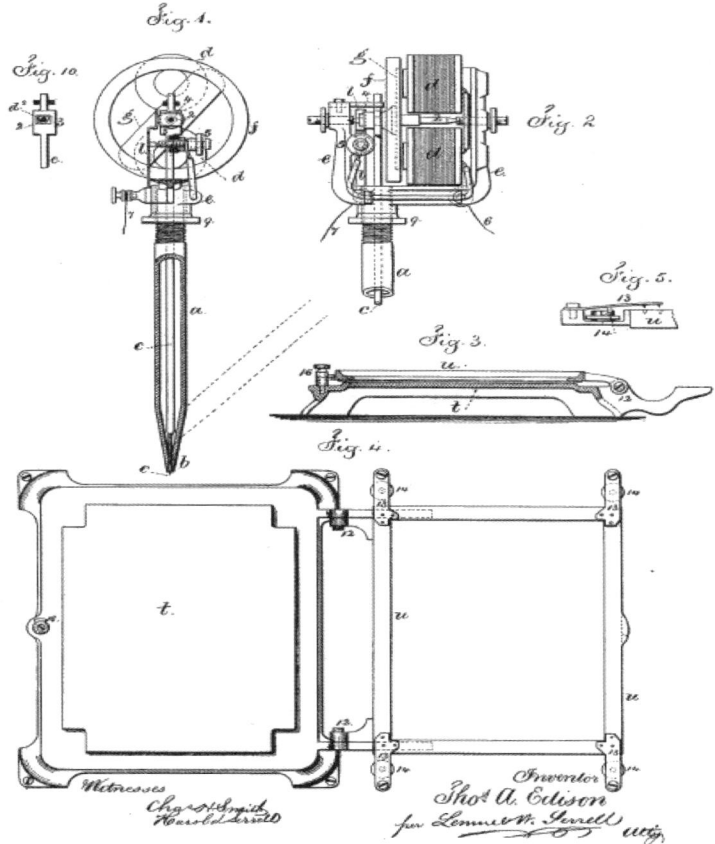

---

342) 미국 특허 US180857호: 잉크를 전기적으로 분사하고, 눌러서 글씨를 쓸 수 있는 세계 최초의 복사용 전기펜(Electric pen)

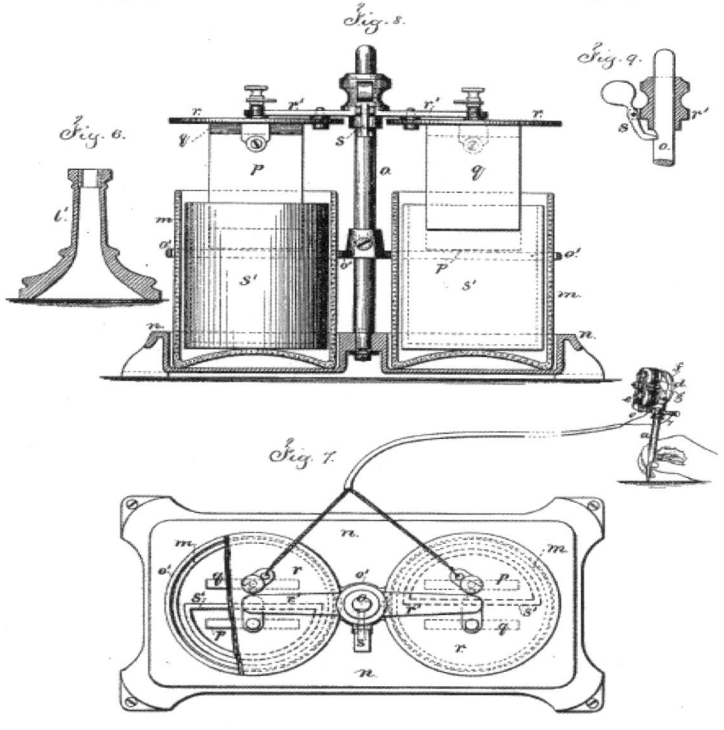

※ 토마스 에디슨의 전신기 발명343)(1878년 31세)

T. A. EDISON.
Quadruplex Telegraph Repeaters.
No. 209,241. Patented Oct. 22, 1878.

---

343) 미국 특허 US2090241호: 하나의 전신 선로를 이용하여 4개의 메시지를 보낼 수 있는 전신기(쿼드루플렉스(Quadruplex) 통신방법, 사무엘 모스가 설립한 전신 회사인 웨스턴 유니온社와 소송에 사용된 특허임)

토마스 에디슨의 전화기 발명[344] (1878년 31세)

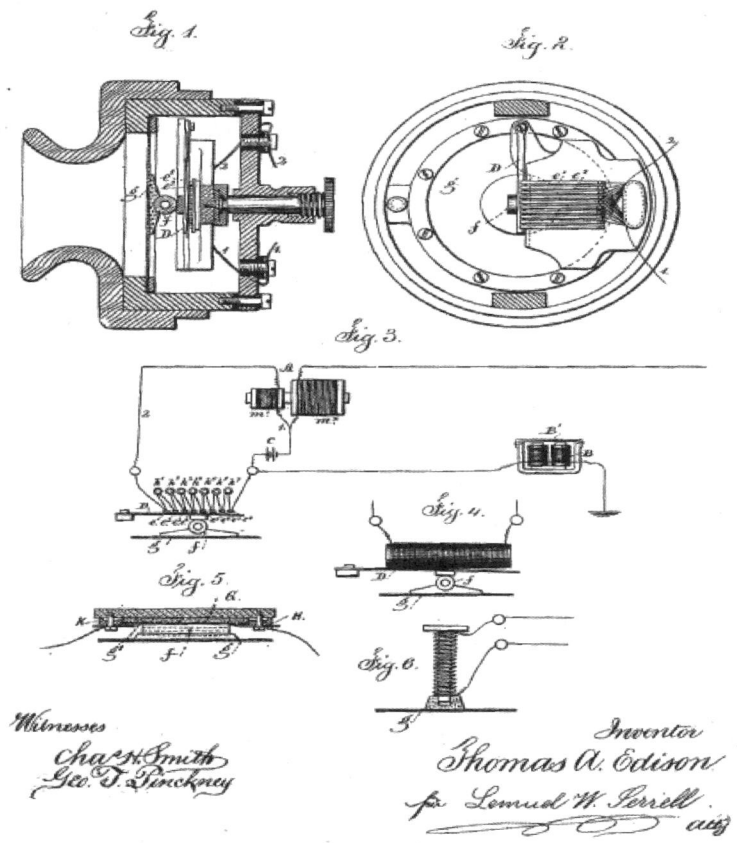

---

344) 미국 특허 US203103호: 사람의 음성 신호를 원거리로 전달가능한 송·수신 장치 (알렉산더 벨의 발명보다 늦게 특허를 신청하여서 전화기의 최초 발명가로 명성을 얻지 못했지만, 전화기 분야에서 가장 많은 특허를 등록받았고, 모든 전화기 기술을 완성함)

💡 토마스 에디슨의 전구 발명345)(1880년 33세)

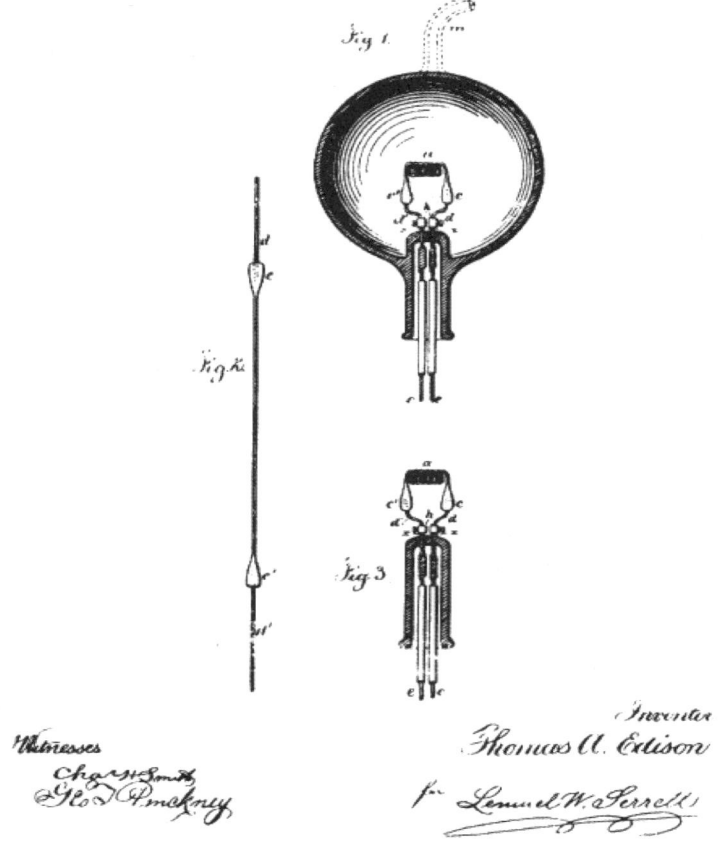

---

345) 미국 특허 US223898호: 전기를 이용하여 빛을 내는 전구를 세계 최초로 완성함
 (에디슨을 발명왕이라는 평가와 함께 세계적인 발명가로 명예와 명성을 가져다 준 발명품)

💡 토마스 에디슨의 복사기 발명[346](1880년 33세)

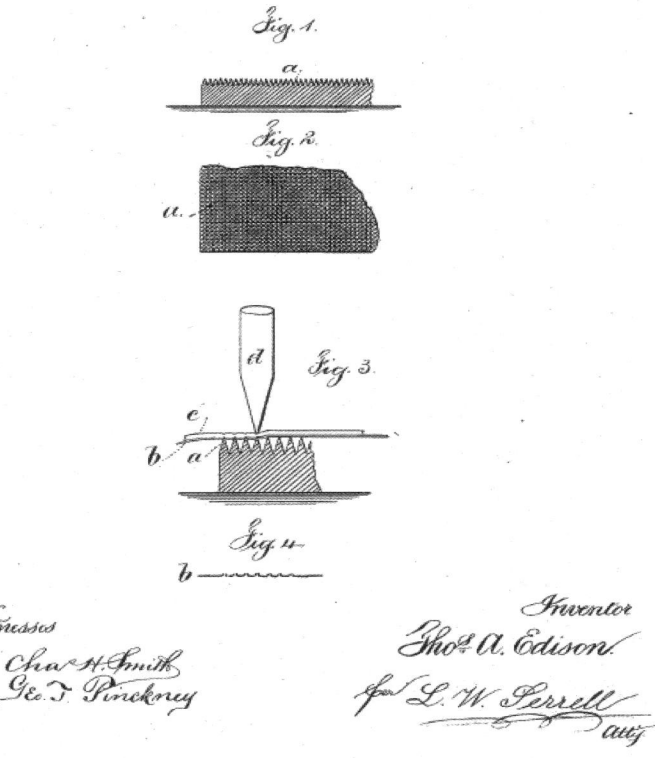

---

346) 미국 특허 US224665호: 문자나 도형을 복사하는 세계 최초의 장치(A.B. Dick 社를 통하여 사업화에 성공한 발명품)

정가 18,000원

세상을 바꾼 위대한 혁신가!!
토마스 에디슨의 꿈, 발자취 그리고 에디슨 DNA

2017년 02월 15일 초판 인쇄
2017년 02월 25일 초판 발행
저　자 : 배 진 용
발행처 : 더하심 출판사
주　소 : 서울시 서초구 서초대로 254 오퓨런스 빌딩 7층 712호
등　록 : 2016년 08월 31일, 제307-2016-43호
전　화 : 02-6250-3010
ISBN : 979-11-959873-3-7

※ 낙장 및 파본은 본사나 구입처에서 교환하여 드립니다.
※ 판권 소유에 위배되는 사항(인쇄, 복제, 제본)은 법에 저촉됩니다.